熱学思想の史的展開 1

熱とエントロピー

山本義隆

筑摩書房

まえがき

　熱病のような大航海時代を経て全地球的規模での活動を展開するに至った西欧近代は，新しい地球を発見し，地動説と近代物理学を生み出した．
　近代物理学はガリレオやデカルトによる機械論に始まる．それは，自然的物体を幾何学的形状と運動能力のみを持つものとして均質化することで，質を第一義とするアリストテレス自然学を越えて自然の定量化に成功した．同時にそれは，天体の運動の永続性・規則性にひきかえ地上物体の運動がかならず減衰しやがて停止するという日常的経験に依拠して天上と地上を区別したアリストテレスの二元的世界を打破するものであったが，そのことは，地上の運動に付随する摩擦や空気抵抗を捨象することではじめて可能となった．
　この素朴機械論の限界性を越えたのはニュートンである．彼は，摩擦や抵抗による運動の減衰を物質世界にとって避け難いものと認め，同時に物質間に働く力という観念を導入した．能動的な力概念は運動のこの減衰を補塡するため

には必須であった．しかしニュートンにとっても通常物質は受動的で非活性的であったから，力は通常物質とは区別された能動的存在としての〈エーテル〉に担われることになる．それは自然的世界の活動性の根拠に対するひとつの解答であり，こうして機械論により一度は均質化された世界にあらためて二元論的物質観が導入された．

世界の活動性の窮極の担い手としてのこの〈エーテル〉が，やがて，ヘールズの〈空気〉，ブールハーヴェの〈火〉，フランクリンの〈電気流体〉，シュタールの燃素を経て，クレグホンやラヴォアジェ等の熱物質＝〈熱素〉へと発展してゆく．それゆえ18世紀後半の熱素説は，熱運動論にたいする単なるオルタナティブではなく，熱を世界の活動性の窮極の源泉と見る汎熱的世界像を含意していた．それは17世紀の機械論的世界像にかわるもの，すくなくとも補完するものであった．しかも熱物質という観念は，ブラックによる熱量学の基礎の形成以降，その保存と平衡の概念により熱学の定量化を可能ならしめた．熱素説を単なる誤謬と片付けるには，その遺産はあまりにも大きい．

汎熱的世界像と熱素説を継承しながら，ワット以降の蒸気機関の発展に促されて，熱の生む動力（仕事）に原理的な制約があるのかという問題をはじめて提起しかつ解答を与えたのが，熱力学の端緒をなした1824年のカルノー論文であった．カルノーによれば，熱による動力の産出には温度差を必要とし，その最大効率は温度だけで決まる．

他方でマイヤーとジュールは，熱と仕事の等価的互換性

および全体としての保存を主張した．それは熱と仕事をエネルギーとして均質化するものであり，熱による仕事の産出には特殊な条件つまり温度差を必要とするというカルノーの主張とは，一見矛盾していた．なるほどカルノーが当初前提とした熱量保存則は否定されたとはいえ，熱は高温物体から低温にのみ流れ，温度差のない単一物体を冷やすことで仕事を得ることは，エネルギー保存には抵触しないものの現実には不可能である．

一方におけるカルノーと他方におけるマイヤーとジュールの主張の矛盾の止揚をとおして，クラウジウスとトムソンが熱力学を確立した．それは，エネルギーの保存に加うるに，エントロピーの増大すなわち自然界には非可逆過程が存在するという主張を原理とする．機械論が地球を諸惑星と平等化し世界を一元化するために一度は捨象した摩擦や空気抵抗，さらには熱伝導や物質の混合というエネルギーと物質の拡散・散逸が自然の原理であることをあらためて認めたのだ．

それは地球の理解にとっても，大きな前進であった．顧みれば熱学は，その発生の当初から，人間の唯一の生活環境でありまた巨大な熱機関でもある地球の理解をめざして発展してきた．その意義は，物理学の主流がミクロな世界へ収斂していった現代においても変わらない．人類の生存条件は，地球のエントロピー・バランスに負っているのである．

本書は，近代物理学の登場から今世紀初頭までの熱学思

想の展開を歴史的・実証的に跡付けることにより，熱学がなにを問題とし，またその現代的意義は何かを明らかにしようとしたものである．思想史の書ではあるが，熱学の教科書としても読むに堪えるものとしての配慮もしたつもりである．本書が広く多様に読まれることを切に望むものである．

　　　1986 年 11 月

著　者

再刊にあたって

　20年以上も昔に上梓した本を，ちくま学芸文庫で再刊していただくことになりました．

　あらたに版を組むということで，思いきってかなり手を加え，大幅に加筆・訂正をほどこし，自分では決定版とでも言うべきものになったと思っています．

　加筆は，細かな訂正ももちろんありますが，それ以上に，以前の論点を補強することを目的とし，論述を明晰にするように心がけました．もちろん新たに書き加えたテーマもあります．文章も読みやすくし，図版も増やしました．

　全体として技術が理論に及ぼした影響をより一層はっきりさせ，また社会的な背景の記述を補うことになりました．

　詳しくは，謝辞もふくめて，全3巻の末尾に述べさせていただく所存です．

　なお，邦訳書からの引用は，全体の統一のため，人名表記，漢字使用，その他に，著者の責任で若干の手直しがほどこされている場合があります．

　2008年8月

著　者

目　次

まえがき

第1部　物質理論と力学的還元主義

第1章　機械論的自然観と熱
　　　　——ガリレオをめぐって

Ⅰ　温度計の発明 ………………………………… 25
Ⅱ　アリストテレスの「質の自然学」 ………… 31
Ⅲ　アリストテレス論理学 ……………………… 36
Ⅳ　機械論的自然観と熱 ………………………… 40
Ⅴ　熱運動の特有の担い手としての〈火の粒子〉…… 45
Ⅵ　ガッサンディと〈熱の原子〉……………… 49

第2章　「粒子哲学」と熱運動論の提唱
　　　　——ボイルをめぐって

Ⅰ　錬金術における質の物化傾向 ……………… 55
Ⅱ　ボイルと機械論哲学 ………………………… 58
Ⅲ　「粒子哲学」と経験主義 …………………… 63
Ⅳ　運動学的粒子論 ……………………………… 68

Ｖ　ボイルによる熱運動論の提唱 …………………………… 72
　　Ⅵ　特殊的作用能力の容認と物在論の始まり …………… 77

第3章　「ボイルの法則」をめぐって
　　　　――ボイル，フック，ニュートン

　　Ⅰ　大気圧と真空の発見 ………………………………………… 85
　　Ⅱ　空気の弾性 …………………………………………………… 89
　　Ⅲ　ボイル‐フックの実験 ……………………………………… 93
　　Ⅳ　「ボイルの法則」のフックによる説明 ………………… 103
　　Ⅴ　ニュートンの粒子間斥力と静的気体像 ………………… 109

第4章　引力・斥力パラダイムの形成
　　　　――ニュートンとヘールズ

　　Ⅰ　ニュートンによる力概念の導入 ………………………… 114
　　Ⅱ　ニュートンの影響 ………………………………………… 119
　　Ⅲ　『光学』の《疑問》とニュートンの物質観 ………… 123
　　Ⅳ　スティーブン・ヘールズ ………………………………… 128
　　Ⅴ　斥力概念と二元論的物質観 ……………………………… 133

第5章　一元的物質観の終焉
　　　　――デザギュリエ

　　Ⅰ　亡命者デザギュリエ ……………………………………… 142
　　Ⅱ　「標準的動力学的粒子論」 ……………………………… 145
　　Ⅲ　蒸発のメカニズム ………………………………………… 149
　　Ⅳ　一元的物質観の隘路 ……………………………………… 154
　　Ⅴ　斥力と空気中の音速 ……………………………………… 158

    Ⅵ 一時代の終り ……………………………………… 163

第6章 能動的作用因としての〈エーテル〉
　　　——もう一人のニュートン

    Ⅰ 1740年代の物質論的転回 ………………………… 167
    Ⅱ ニュートンの〈エーテル〉論 …………………… 171
    Ⅲ デカルトの宇宙流体との相違 …………………… 178
    Ⅳ 能動的原理としての〈エーテル〉 ……………… 183
    Ⅴ 汎〈エーテル〉的宇宙論 ………………………… 186
    Ⅵ ニュートンの〈エーテル〉と古代自然哲学 …… 192

第2部　熱素説の形成

第7章 不可秤流体と保存則
　　　——ブールハーヴェとフランクリン

    Ⅰ オランダ人ブールハーヴェ ……………………… 205
    Ⅱ 物質としての〈火〉 ……………………………… 212
    Ⅲ 〈火〉の元素の思想的起源 ……………………… 218
    Ⅳ 化学の方法としての物在論 ……………………… 222
    Ⅴ 保存と平衡——定量的物質論 …………………… 225
    Ⅵ フランクリンと電気流体 ………………………… 229

第8章 スコットランド学派の形成
　　　——マクローリン，ヒューム，カレン

    Ⅰ イングランドの地盤沈下 ………………………… 237
    Ⅱ スコットランドの大学の変化 …………………… 242

Ⅲ　コリン・マクローリン ………………… 246
　　　Ⅳ　スコットランド哲学 …………………… 250
　　　Ⅴ　カレンによる化学の独立 ……………… 253
　　　Ⅵ　力学的還元主義との訣別 ……………… 257

第9章　熱容量と熱量概念の成立
　　　　——カレンとブラック（その1）

　　　Ⅰ　ジョーゼフ・ブラック ………………… 264
　　　Ⅱ　カレンによる問題の設定 ……………… 267
　　　Ⅲ　熱平衡の意味と温度概念 ……………… 273
　　　Ⅳ　熱容量と熱量概念の確立 ……………… 278
　　　Ⅴ　熱と物質の間の引力 …………………… 285

第10章　潜熱概念と熱量保存則
　　　　——カレンとブラック（その2）

　　　Ⅰ　化学変化と熱——カレン ……………… 289
　　　Ⅱ　カレンの直面した困難 ………………… 292
　　　Ⅲ　炭酸ガス発見の論理と方法 …………… 295
　　　Ⅳ　〈溶解〉の原因としての熱 …………… 302
　　　Ⅴ　融解熱の測定 …………………………… 305
　　　Ⅵ　気化熱の測定と熱量保存則 …………… 309

第11章　熱物質論の形成と分岐
　　　　——ブラック，クレグホン，アーヴィン

　　　Ⅰ　ブラックと熱物質論 …………………… 314
　　　Ⅱ　クレグホンの熱物質論 ………………… 317

Ⅲ　断熱変化をめぐって ……………………………… 322
　Ⅳ　アーヴィンの比熱変化理論 …………………… 327
　Ⅴ　熱物質論の二つのパラダイム ………………… 334

第12章　熱素理論と燃焼理論
　　　　——初期ラヴォアジェ

　Ⅰ　ラヴォアジェと化学の体系化 ………………… 338
　Ⅱ　1766年の出発点——〈空気〉とは何か ……… 343
　Ⅲ　「奇妙な理論」——化合物としての〈空気〉 … 346
　Ⅳ　燃焼理論の出発点におけるシュタールとラヴォア
　　　ジェの違い …………………………………… 350
　Ⅴ　新しい燃焼理論と〈火〉 ……………………… 355
　Ⅵ　転倒された「燃素」としての「熱素」 ……… 359
　Ⅶ　ラヴォアジェの熱素理論 ……………………… 363

注 …………………………………………………………… 369

【第2巻目次】
第3部　熱量学と熱量保存則

第13章　熱量学の原理の提唱

  I クロフォードの動物熱理論
  II ラヴォアジェの問題意識
  III ラプラスの問題意識
  IV 一般的《熱量保存則》の提唱
  V 潜熱概念の拡張
  VI アーヴィン理論への反証

第14章　気体の熱膨張と温度概念批判

  I アモントンとその後
  II フランス革命のもたらしたもの
  III ラプラスによる問題提起
  IV ゲイ=リュサックの測定
  V ジョン・ドルトン
  VI ドルトンの温度目盛
  VII 普遍的温度目盛の追究

第15章　断熱変化と気体比熱をめぐって

  I ドルトンによる断熱変化の測定と解釈
  II 音速の問題をめぐって
  III ゲイ=リュサックの実験
  IV ドラローシュとベラールの比熱の測定

第16章　解析的熱量学の完成

　　I　解析的熱量学の前提
　　II　断熱変化の問題（1816 年）
　　III　熱量保存則の意味
　　IV　ふたたび断熱変化をめぐって（1823 年）
　　V　熱量保存則の問題点

第17章　「熱運動論」は何ゆえに非力であったのか

　　I　進歩史観の誤謬
　　II　「ラムフォード神話」の実態
　　III　摩擦熱と熱素説
　　IV　ラムフォードの語る「運動」の実態
　　V　ラムフォードの実験とジュールの解釈
　　VI　熱素説と熱量保存則
　　VII　気体分子運動論について

第4部　熱の動力——カルノーとジュール

第18章　新しい問題の設定——熱の「動力」

　　I　カルノーの忘れられた論文
　　II　カルノーの前提と問題設定
　　III　熱素説と熱的宇宙論
　　IV　カルノーの熱的自然観 = 社会観
　　V　ワット以前の蒸気機関の発展と欠陥
　　VI　ワットの改良——分離凝縮器

Ⅶ　ワットの改良——膨張原理
　　　Ⅷ　P-V 図と仕事量の表現
　　　Ⅸ　高圧機関とフランスにおける発展

第19章　理想的熱機関の理論

　　　Ⅰ　カルノー論文の目的
　　　Ⅱ　カルノーの予備定理とその背景
　　　Ⅲ　カルノー・サイクル
　　　Ⅳ　カルノーの定理

第20章　カルノー理論の構造と外延

　　　Ⅰ　カルノー理論の前提
　　　Ⅱ　カルノーの定理の解析的表現
　　　Ⅲ　カルノー関数の実験的決定
　　　Ⅳ　カルノー理論の外延と気体定理
　　　Ⅴ　議論の再構成と熱力学の意義

第21章　間奏曲——熱波動論の形成と限界

　　　Ⅰ　19 世紀以前の状況
　　　Ⅱ　ヤングの光と熱の波動論
　　　Ⅲ　熱にたいする実証主義的不可知論
　　　Ⅳ　ヒューエルの熱波動論
　　　Ⅴ　カルノーの遺稿と熱力学第 1 法則

第22章 〈力〉の保存と熱の仕事当量

- I 特異点ローベルト・マイヤー
- II 最初の論文の基調
- III 〈力〉とその保存則
- IV 〈力〉の顕現形態としての熱
- V 普遍定数としての熱の仕事当量

第23章 熱と仕事の普遍的互換性の証明

- I 電磁気学の前線の拡大
- II 先駆者ファラデーと〈力〉の統一
- III ジュールの出発点
- IV 電磁誘導と熱の力学的生成
- V 熱の仕事当量 J の最初の決定
- VI その後の J の決定と熱素説の否定
- VII 流体摩擦の実験とジュールの勝利

第24章 熱の特殊性とエネルギー変換の普遍性

- I トムソンとジュールの出会い
- II トムソンのこだわり
- III 熱の特殊性を無視するジュール
- IV 熱の特殊性に固執するカルノー
- V トムソンのジレンマ

注

【第3巻目次】
第5部　熱力学の原理の提唱

第25章　熱の普遍性の原理——熱力学第1法則の確立

　　Ⅰ　ホルツマンの主張
　　Ⅱ　ヘルムホルツの寄与
　　Ⅲ　クラウジウスの解
　　Ⅳ　熱関数が存在しないことの論証
　　Ⅴ　熱力学第1法則と内部エネルギー

第26章　熱の特殊性の原理——熱力学第2法則の提唱

　　Ⅰ　熱の特殊性の原理
　　Ⅱ　第2法則とカルノーの定理の再証明
　　Ⅲ　理想気体への適用
　　Ⅳ　飽和蒸気の問題
　　Ⅴ　飽和蒸気の比熱

第27章　カルノー関数と絶対温度をめぐって

　　Ⅰ　「真の温度」とは——熱素論的解決の破産
　　Ⅱ　関数概念としての温度概念への転換
　　Ⅲ　熱力学の原理の提唱
　　Ⅳ　熱の動力の表現
　　Ⅴ　ヘルムホルツの主張をめぐって
　　Ⅵ　圧力による氷点降下
　　Ⅶ　グー‐ジュール効果をめぐって

第28章　ジュール‐トムソン効果と絶対温度の定義

- I　トムソンの問題意識と〈理想気体〉仮説
- II　〈理想気体〉仮説の実験的検証
- III　ジュール‐トムソン効果の実験
- IV　絶対温度の定義と決定
- V　〈理想気体〉について
- VI　気体分子運動論についての補足

第29章　熱力学第2法則の数学的表現

- I　絶対温度と熱エネルギーの特殊性
- II　「第2法則の数学的表現」
- III　クラウジウスの視点
- IV　〈変換〉の定量化
- V　〈変換の当量の法則〉
- VI　〈変換の当量の法則〉の若干の解釈
- VII　可逆サイクルにたいする第2法則の数学的表現
- VIII　クラウジウスの絶対温度

第6部　エネルギーとエントロピー

第30章　第2法則からエントロピーへ

- I　第2法則からエントロピーの導入まで
- II　可逆変化とエントロピーの定義
- III　非可逆変化とエントロピーの増大
- IV　クラウジウスの62年論文——〈分散〉

Ⅴ　65年論文——〈実在熱の変換値〉

　　　Ⅵ　熱拡散と物拡散の和としてのエントロピー

第31章　熱力学の体系化にむけて

　　　Ⅰ　クラウジウスの結論

　　　Ⅱ　トムソンとエネルギー散逸

　　　Ⅲ　「エネルギー散逸」と「エントロピー増大」

　　　Ⅳ　マクスウェルの考察

　　　Ⅴ　エントロピー極大と化学平衡

第32章　自由エネルギーと熱学の体系

　　　Ⅰ　ギブズとその出発点

　　　Ⅱ　熱力学的曲面と相平衡

　　　Ⅲ　平衡条件の一般論

　　　Ⅳ　自由エネルギーと平衡条件

　　　Ⅴ　自由エネルギーと最大仕事

第33章　ネルンストの定理と熱力学第3法則

　　　Ⅰ　化学親和力と自由エネルギー

　　　Ⅱ　ギブズ-ヘルムホルツ方程式

　　　Ⅲ　ネルンストの考察

　　　Ⅳ　ネルンストの定理とその意味

　　　Ⅴ　熱力学第3法則

第34章　熱学と熱的地球像

　　Ⅰ　熱力学をどう見るべきか
　　Ⅱ　機械論的世界の成立とその一面性
　　Ⅲ　ニュートンと熱学の起源
　　Ⅳ　熱学が意図してきたもの
　　Ⅴ　「地球の熱的死」について
　　Ⅵ　エネルギーとエントロピー

注
参考文献
人名索引
あとがき

熱学思想の史的展開　1

第1部 物質理論と力学的還元主義

第1章　機械論的自然観と熱
—— ガリレオをめぐって

I　温度計の発明

　現在では，熱力学の立場からは，熱とはエネルギーの移動の一形態であり，また温度は理想的熱機関の効率で定義されている．18世紀末から19世紀初頭には，熱と温度は実体としての「熱素」ないし「熱物質」の外延量と内包量と考えられていたのだが，今日ではこのようにすぐれて抽象化された関係概念なのである．

　他方で，19世紀後半以降の分子運動論の立場からでは，熱の流れとは多数の分子の無秩序な運動（熱運動）の持つエネルギーの移動を指し，温度とはその熱運動の激しさの指標であると解されている．そして通常は，分子論的立場がよりファンダメンタルなレベルで熱力学を基礎づけるものと見なされている．

　その二つの理論の萌芽は17世紀における機械論的自然観にまでさかのぼる．とはいえ，以下に見るようにその自然観が直接に熱運動論を生み出したのではけっしてないし，機械論から直線的に熱力学が生まれたわけでもない．

近代の自然観は，精密な測定と正確な観察にもとづいて自然の中に数学的法則を読み込む数学的実証主義，そして物質から色や匂いや味のようないっさいの感性的性質をこそげ落し，物質的物体を大きさと形状と位置変化としての運動能力のみを有する幾何学的物体に均質化し，その性質や振舞いをその運動と形状から説明する素朴な機械論的自然観として始まった．その創始者の一人はガリレオだが，その自然観のなかに熱現象をはじめて包摂し，また熱現象の定量化の第一歩を記したのも，じつはガリレオ本人であった．

　実際ガリレオ・ガリレイ（1564-1642）とその友人たちは，気体温度計の——すくなくとも記録に残っている——最初の発明者として，熱さ冷たさの感覚を熱による気体の体積変化（熱膨張）によって明示するという着想を得た．

　ガリレオの温度計は図 1.1 のようなもので，倒立したバルブの管内の液体（水かワイン）の高さで温度を測ったといわれる．その温度計に目盛がついていたのかどうかは不明だが，その後，同様の構造で温度目盛のついたものも作られていった（図 1.2）．17 世紀初頭（1610 年代）にその温度計を組織的に利用した一人はガリレオの友人のサグレドであり，彼は夏の最高の暑さを 360°，雪の日の室内の温度を 130°，雪の温度を 100°，雪と塩の混合物の温度を 0°と決めた[1]．ファーレンハイトによる精密な目盛のともなった 2 定点温度計の考案はそれからほぼ 100 年後のことであるが，ともあれガリレオとサグレドのこの試みは——医

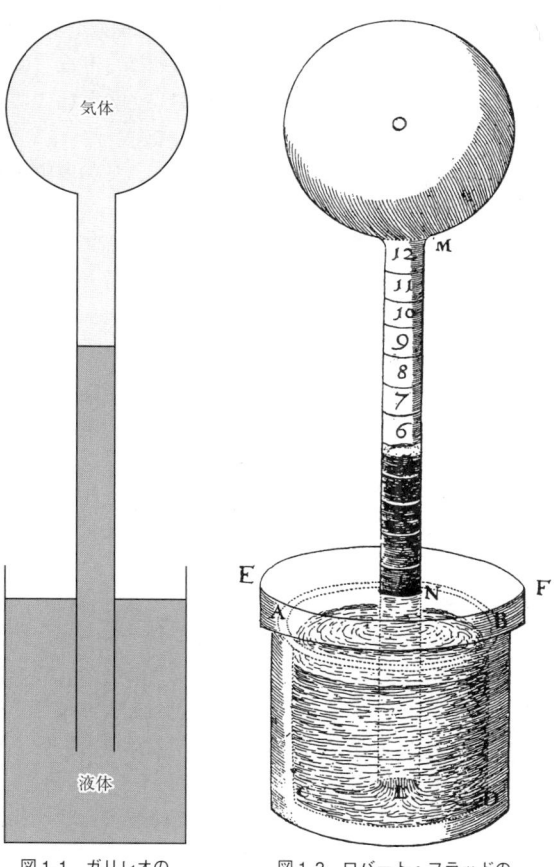

図1.1 ガリレオの温度計

図1.2 ロバート・フラッドの温度計（1626）

療の世界を別にすれば——熱現象の定量化の発端であろう.

なお,自然の数学的把握と機械論的自然観はしばしば同一視されているし,現にガリレオはその双方の創始者に数えられるが,かならずしも同じものではない.

その前者,ガリレオの数学主義について,その歴史的前提をすこし見ておくのがよいだろう.

「アルキメデス主義者でしかもプラトン主義者である若きガリレオの努力は,自然の数学化というはっきりした目標に向けられていた」と捉えるアレクサンドロ・コイレは,その背景を次のように語っている.すなわち「自然学における数学主義は——たとえ自覚されなかったとしても——プラトン主義であり,……プラトンへの回帰なのである」.「ガリレオの時代にあっては数学主義とはプラトン主義を意味していた」[2].

しかし,本来プラトンにあっては「真の意味で知ることのできるもの」したがって学的考察の対象として厳密な数学的理論の適用されるのは,永遠に存続する「真実在（イデア）の世界」であり,その範例は変わることなき天体の運動にのみ見出されるのである.それにたいして人間の感覚がとらえることのできる変化に富んだ現実世界は「真実在」の影ないし似姿でしかなく,そこにはせいぜいが蓋然的な憶測が語りうるだけだとされていた.

したがって,生成・消滅の果てしない地上の自然現象に数学的法則を読み込み,それを誤差のともなう現実の実験と測定によって検証するという意味での数学的実証主義を

プラトン主義と捉えるのは，やはり無理がある．「プラトン主義」の呼称にこだわるにしても，ガリレオは「プラトン哲学の含意する二元論を克服し」つまり「プラトンによって設定された数学と自然科学の区別を撤廃し」,「量と数の支配が単に算術と幾何学に限定されるものではなく，むしろ自然そのもの，すなわち経験的所与なるもの，経験的に移り変わっていくものの総括態にまで及んでいるものだということを……示そうとした」のであるかぎり「符号を変え転調したプラトン主義」（カッシーラー）とでも言わなければならないだろう[3]．

実際には，16世紀に数量化を強く促したのは，技術と商業からの圧力と刺激であった．

広域化・大規模化した商業は，両替や利息や利益配分に複雑な計算を必要とするようになったばかりでなく，複式簿記を生み出すことで商品と資本の数と量による一元的な管理を確立した．そもそもが商品経済はさまざまに異質な商品をその交換価値において量的に一元化することによって成り立っているのだ．

また鉱山業や冶金業の発展と貨幣経済の広がりにともなう試金術の進歩はのちの分析化学の基礎となる精密測定の技術を進歩させ，機械技術の大型化も設計と製作のために正確な作図と採寸を必要としていた．遠洋航海の発展は航海技術と天体観測を結びつけ，封建貴族の没落による土地所有権の移動と近代国家の形成は土地測量や地図製作における精密化を促し，常備軍の形成による軍隊の近代化・大

規模化も武器や装備の規格化を推進することになった．

それらはいずれも数量化傾向を推し進める要因であったが，プラトン主義とはおよそ無関係であり，そのために必要な算術や製図法は，商人のための商業数学の学校や職人の工房，そして軍のアーセナルで開発され発展させられてきたのである．アリストテレスは大工の実用幾何学と幾何学者の厳密な論証幾何学を峻別している（『ニコマコス倫理学』1098a30)[4]．15世紀のフィレンツェのプラトン主義者ピコ・デラ・ミランドラも「神的な数学」を称揚しつつ，それを「近頃ではとくに商人たちが精通している術」としての「商人の算術」と混同せぬようにと強調している[5]．しかし，近代初頭に自然の定量的観測に力を発揮したのは，まさしく「大工の幾何学」であり「商人の算術」であった．

自然の量化を推進したガリレオの数学主義は，プラトン主義というよりは，商業と技術の進歩を土台とし，商業と技術がもたらした物の見方を自然に適用したものと見るべきであろう．ちなみに，こと温度概念にかぎって言うならば，その定量化の起源を医療の分野に辿ることができるが，これについてはすぐ後で見ることにしよう．

ともあれ，温度を客観化・定量化し測定可能とすることによって，すなわち，熱さ・冷たさを不確かで主観的な人間の皮膚感覚から分離し，その度合を安定で客観的な測定装置をもちいて正確な数値に定めることによってはじめて，近代科学としての熱学の幕が開けられたのである．というのも，近代以前の自然学は定性的（質的）なものであって，

量的関係を対象とする近代物理学とは概念の構成が異なるからである．

II　アリストテレスの「質の自然学」

　近代とそれ以前の自然観の対照は，熱の本性——より正確には，人間の皮膚に熱く感じられている事柄の本性——が何であるのかという議論に，より著しい．

　というのも，機械論的自然観が標榜する物質の幾何学的均質化とは，とりもなおさず熱さ・冷たさというような物質の諸々の状態や性質を物質の形状や配置や運動のみから導き出されるべき「被説明事項」と見なすことであるが，これにたいしてガリレオ以前までを支配してきた〈火〉・〈空気〉・〈水〉・〈土〉を四元素(エレメント)とするアリストテレス自然学は，「質（性質）」そのものを第一義的なものとする「質の自然学」であったからである．そしてそれゆえにまた，それは定量化に馴染まない自然学であった．

　アリストテレス自然学においては，熱（温）・冷（寒）・乾・湿はそれ以上還元不可能な質であり，それゆえそれらの性質こそが第一義的に「要素」とされるべきもので，他方「四元素」と称される〈火〉・〈空気〉・〈水〉・〈土〉は，それらの性質の担い手として，あるいは性質の物化された基体として第二義的なものであった．

　『生成消滅論』においてアリストテレスは「われわれが探求しているのは知覚可能な物体の始元であるが，ここで

いう知覚可能な物体とは，触知可能なもののことであり」(329b8)と語り，自然学の出発点を直接可感的な性質——なかんずく，可触的性質——に置くとともに，その目標が可感的物質の「始元(はじめ)」すなわち「要素(エレメント)」の探求にあることを明らかにする．

そのさいアリストテレスは，可感的な諸々の性質を柔剛，粘脆，粗滑というような対立性質の図式に整序する．というのも「知覚可能な物体の質料というものは，存在するが，しかしそれは離れてあるものではなくつねに反対対立〔対立性質〕をともなっており，そしてこの質料から要素が生じる」(328a25)からである．

そのうえで，これらすべての対立性質がことごとく熱・冷もしくは乾・湿のいずれかの対立に還元されうること，またそれ以下には還元されえないことが「論証」される（その「論証」が説得的か否かはここでは問わないが）．したがって，この四性質が可感的自然の「要素」であり，その可能な四通りの組み合せ（熱乾，熱湿，冷乾，冷湿）のそれぞれが「単純なるものとして現われている物体，すなわち，火，空気，土，水と対応して，それらの属性をなしているのである」．(330b2)

そのさい，乾と湿あるいは冷と熱が対立性質だということは，乾が湿の単なる不足や欠除ではなく，冷も熱の単なる不足や欠除ではないということを意味している．それはアリストテレス自然学にあって，「重さ」とは宇宙の中心としての地球の中心に向かう傾向性を表し，逆に「軽さ」

とは地球の中心から遠ざかろうとする傾向性を表し，したがって「重い」「軽い」が重量の多少を意味しないのと同断である．実際，「中間のものは反対のものどもより成る」(『自然学』(188b24))とあるように，たとえば中間温度とは単に熱の適度の不足とか適度の保有ではなく，あくまで熱と冷の双方の適度の割合での混合状態を指している．つまり，熱と冷は量的に一元化できない異質で対立した性質なのである．アリストテレスの『形而上学』には「数学者は，その研究にさきだって，あらゆる感覚的なものを，たとえば重さと軽さ，堅さとその反対の性質，さらに熱さと冷たさ，およびその他の感覚的な反対諸性質を剥ぎすてる」(1061a29)とはっきり記されている．重さと軽さや熱さと冷たさは数量的に扱われるべきものではなかったのだ．したがってそこからは，定量的な温度概念は生まれてこない．

しかし，中世後期になってアリストテレス自然学がスコラ学としてヨーロッパの大学で教えられるようになると，「質の度合（強さ）」を考えることにより，自然学にたいする定量化の傾向もすこしずつ芽生えてくる．

温度概念の定量化について言うと，それは医学の世界で始まった．

中世ヨーロッパの大学で絶大な権威を有していたのは，ガレノス医学であった．古代ギリシャのヒポクラテス医学とアリストテレス自然学を統合した紀元1世紀の医師ガレノスの医学理論は，アリストテレスの四元素理論に照応して，熱・湿に対応する血液，熱・乾に対応する黄胆汁，冷・湿

に対応する粘液，冷・乾に対応する黒胆汁の四体液を想定し，健康状態とはその四体液の適正に混和した状態であると考える．裏返せば，四体液間のバランスの失調が疾病の原因となり，それによって体温の変動がもたらされると考えられていた．そしてここからきわめて素朴な形であれ，定量的温度概念が生まれていた．ガレノスは温と冷の度合いをそれぞれ4段階で表していたと伝えられる．

温度概念の起源が医療にあることは，語源的にも追跡しうる[6]．実際，ラテン語で「正しく混和する・節制する」の意味をもつ動詞 temperare に派生する名詞 temperatura には「正しい調和・適度・温和・節制」の意味があり，そこから「体質・気質」を意味する仏語の tempérament が派生し，それが「温度」を意味する英語の temperature や仏語の température の語源になっている．

現実に1578年にベルンのヨハン・ハスラーの著した『論理的医学について』には，人間の居住地域（緯度）ごとの定量的な標準体温表が掲載されている（図1.3）．表で，第1列が9段階の温度，第2列が中庸（0度）の上下の温と冷の各4段階のガレノス温度，そして第3～5列はそれをさらに3段階に分割したものを表している[7]．ところでハスラーの主張では，温帯地方の居住者の標準体温は中庸温度で，熱帯地方に住む人種の体温はそれより4度高く，極地に住む人種の体温はそれより4度低いとされている．しかしそういう事実は実際にはないから，彼の所説はなかば想像の産物であろう．結局のところ，この時代まで医療の

II アリストテレスの「質の自然学」

PROBLEMA I.

Ordines ab extremo ad extremum. Numerus numerans	Ordines à temperie media. & Numeri Numeranti.	Tertiarŭ partium numeri à mediocritate. seu Numeri numerati.	Tertiarŭ partium, numerus ab extremo. siue Numeri numerans.	Cœlestes gradus, tertijs ordinum partibus congruentes.	Gradus cœlestes, medijs ordinibus respondentes.	
9	4	12	27	90	≡ 90	⎫
		11	26	$86\frac{2}{3}$	≡ 85	
		10	25	$83\frac{1}{3}$		
8	3	9	24	80	≡ 80	
		8	23	$76\frac{2}{3}$	≡ 75	
		7	22	$73\frac{1}{3}$		
7	2	6	21	70	≡ 70	C.H
		5	20	$66\frac{2}{3}$	≡ 65	
		4	19	$63\frac{1}{3}$		
6	1	3	18	60	≡ 60	
		2	17	$56\frac{2}{3}$	≡ 55	
		1	16	$53\frac{1}{3}$		
5	0	0	15	50	≡ 50	⎫
		0	14	$46\frac{2}{3}$		0
		0	13	$43\frac{1}{3}$	≡ 45	⎭
4		1	12	40	≡ 40	⎫
		2	11	$36\frac{2}{3}$		
	1	3	10	$33\frac{1}{3}$	≡ 35	
3		4	9	30	≡ 30	
		5	8	$26\frac{2}{3}$	≡ 25	
	2	6	7	$23\frac{1}{3}$		F.S.
2		7	6	20	≡ 20	
		8	5	$16\frac{2}{3}$	≡ 15	
	3	9	4	$13\frac{1}{3}$		
1		10	3	10	≡ 10	
		11	2	$6\frac{2}{3}$		
	4	12	1	$3\frac{1}{3}$	≡ 5	⎭

図1.3 Johann Hasler の温度表 (1578)

III　アリストテレス論理学

　話を戻すと，アリストテレス自然学では，たとえ熱自体というものは自存せず，熱はつねに乾または湿と結びついてのみ実在するにしても，熱は〈火〉と〈空気〉における熱さや温かさの基体として実体的に存在することになり，それ以上の説明を要しないし，また説明は不可能である．したがってまた，水の蒸発や氷の融解というような熱現象は，現象的には，冷にして湿なるものが熱（温）にして湿なるものへ，冷にして乾なるものが冷にして湿なるものへ変化することとして説明され，実体的には，冷なる要素の喪失と温なる要素の獲得，あるいは乾なる要素の喪失と湿なる要素の獲得と解釈されることになる．

　そのかぎりでこの自然観が，その単純さゆえに多くの事柄を説明する概念構造と論理構成を提供したということは，たしかに理解しうることだ．とはいえこれほど素朴な物質観が千年以上ものあいだ命脈を保ったということは，キリスト教と癒着し学校哲学（スコラ哲学）として権威づけられたことからだけでは説明づけられない．じつは，その生命力はアリストテレスの論理学と形而上学の包括的で隙のない壮大な体系に支えられていたのであった．

アリストテレス論理学においては，おびただしい事物のうちから，同一の性質を共通にもつことで特徴づけられる対象がひとつの種にまとめあげられ，この共通の諸徴表を表すものとして概念——種概念——が抽象される．さらにまた，いくつかの種概念の共通の徴表を表すものとしてより高位の類概念が得られる．

いわば個々の固有名詞をともなった犬や馬や人間から，「犬というもの」「馬というもの」「人間というもの」という概念が，またそこから「動物というもの」という概念が抽象されるわけだ．しかるに，そのような思考操作が単なる主観的恣意や無内容に堕すことを防止しているのは，その論理学を形而上学が補完しているから，つまりそのようにして得られた抽象概念のそれぞれにたいして形而上学的実体の存在が想定されているからである[8]．

その思想は，やがて中世スコラ学において，事物を真にそのものたらしめている本質としての「実体的形相」という観念を生み出すにいたる．中世スコラ学の最大の権威トマス・アクィナスの『存在者と本質について』には，「実体的形相」と「質料」が結合することにより，「それ自体として自存する存在が生じ，この両者の結合からある本質が生じる」とある[9]．

したがって熱現象を考察する視座も，熱現象がどのような変化の法則に支配されているかが問題なのではなく，すべての個別物体から熱いないし温かい物体を括弧で括り出し，それらに共通した徴表を捉え，そこから熱の形相を探

究することが中心的課題になるが，その処方は，論理学的にも存在論的にも妥当で確固たるものと信じられていた．また逆に，この自然学に手をつけるためには，論理学と存在論まで全面的に作り直すことが要求された．アリストテレス自然学の強固さの根拠である．中世から近代初頭にかけての熱の理論はほとんどがこのアリストテレス理論の延長線上にあると言ってよい．

たとえばフランシス・ベーコンの場合を見よう．彼は1620年の『ノヴム・オルガヌム』において「熱は，物体全体の一様な膨張運動ではなく，物体の比較的小さな分子間の膨張運動（motus expansivus per particulas minores corporis）であり，しかも同時に，阻止され反発され撃退される運動である」と，なるほど今から見てそれなりにもっともらしく語っている[10]．ベーコンが熱運動論の創始者であるとしばしば語られてきたゆえんである．たとえば科学史家メアリー・ボアスは，熱についてのベーコンのこの所説を「その探究の方法は退屈で不必要に込みいっているが，その結論は非の打ちどころがない」と評している[11]．

しかし，帰納法の創始者といわれているベーコンの科学の方法は，『ノヴム・オルガヌム』によれば，「熱の本性において一致する事例」と「熱の本性が欠如している事例」をすべて網羅し，そののち「熱の形相からもろもろの本性を排除ないし除外する例」を挙げて誤った理解をふるい落してゆくならば，おのずから「熱の形相」が浮かび上り，「熱の本質」が帰納されてゆくというものである[12]．つま

III アリストテレス論理学

りベーコン自然学の目的は，多くの経験的観測から事物の本質ないし「形相」を見出すことにあり，それはむしろアリストテレス論理学を踏襲したものというべきであろう．

　事実，熱についての彼の論証は，すべての熱い事物を通覧し，それらに共通に内在し感覚器官に熱さを感じさせる要素すなわち「種としての熱」を同定し，そこから「類としての運動」を導き出すというものであり，結論上の一致だけからベーコンの理論を現代的な熱運動論の先駆と見ることはかなり無理がある．

　現代の熱運動論は，熱と運動（仕事）の等価的互換性から結論づけられたのであり，その互換性が熱い物体に共通する徴表として発見されることはけっしてない．

　事実ベーコンは，「運動について私が述べたこと，すなわち，運動は熱にたいして種にたいする類のようなものであるということは，熱が運動を生むとか，運動が熱を生むということを意味するのではなく，熱それ自体ないし熱の本質が運動であって，それ以外の何ものでもないということを意味すると解されなければならない」（傍点—引用者）と語り，熱と運動の互換性を明白に否定している[13]．

　このように，近代のはじまりにおいても，アリストテレスの影響は強固であった．ガリレオでさえも，初期には，質の実体視というアリストテレス的発想に囚われていた．1590年代に書かれた手稿『運動について』では，ガリレオは次のように語っている．

物体は，鉄が火のなかにあるかぎり冷たさを奪い取られ熱さに向かわせられるのと同じように，投げる人の掌にあるかぎり，重さを奪い取られ上向きに動かされる．駆動力すなわち軽さは，鉄が火から遠ざけられた後も熱さを維持するのと同じように，その物体のなかに維持される．そして，火がもはや存在しなくなってからは熱さが鉄のなかで減少してゆくのと同じように，投げる人が投射物体にもはや接触していないときには込められた力は投射物体のなかで減少してゆく[14]．

すなわち，この時点でガリレオは，重さにたいして軽さを対置し，その両者を物体に付与したり物体から取り去ったりできる実体のように扱っているが，まったく同様に，熱さを実体視し，同時にそれと対立するものとしての冷たさをも想定していたのである．アリストテレス自然学の影響が顕著に見て取れよう．

IV 機械論的自然観と熱

ガリレオが機械論的自然観をはじめて明示的に語ったのは，スコラ派との強いられた論争の書『偽金鑑識官』(1623)においてであった．

同書が，彗星の本質をめぐるガリレオの誤った推論という科学史上の不名誉にもかかわらず，思想史上で重要視されているのは，ここではじめてガリレオが機械論的自然観

のテーゼを明確に提唱したからである．すなわち，物質の色や匂いや味や手ざわりなどの可感的性質は，感覚主体との関係においてのみ存在する主観的なもの（第二性質）であり，物体の形状・個数・配置・運動（位置変化）のみが客観性を持つ第一義的なもの（第一性質）であるという立場である．そのことはまた，窮極物質自体は無性質性において均質だということを前提としている．

そして現在のわれわれの目的にとってはなはだ興味深いことは，このガリレオの機械論のテーゼが，ほかならない熱の本質をめぐる論争の過程において述べられていることである．

　まず，私たちが熱と呼んでいるものについて，いくらかの考察を加えておく必要があります．と申しますのは，熱の真の属性であり性質であるものは，私たちが触れて暖められるそういう物質に，現実に内在するところのものであると信じられていますが，このあまねく広くゆきわたって作り上げられている熱概念が真実からどれほど遠いものではないかと，私は大いに疑問を持っているのです．（傍点—引用者）

このようにガリレオは，熱さの感覚の実体視とその物体への内在性を否定した上で，ほかでもないその点の解明を目的として，一般論としての機械論的自然観の主張へと転ずる．

たとえば，触覚に感じられる物体の粗さと滑らかさの相違が「触れた物体の形状が粗いか滑らかか，鋭いか鈍いか，堅いか柔らかいか，という差による」のと同様に，味覚や嗅覚のバラエティーもまた，つまるところ「微粒子の多少，その運動の速い遅い，形の差違」による．

　このような推論を経てガリレオの到達した一般的結論は次のようなものであった．

> 　私たちのうちに，味，匂い，音を生じさせるのに，外的物体について，その大きさ，形，数，遅いもしくは速い運動といった以外のものが必要だとは思いません．そのうえ，鼻，舌，耳をそぎとってしまったら，形，数，運動はたしかに残りますが，匂いも，味も，音もまったく残りはしないと判断します．これらのものは，生きている動物の外にあっては，名辞にすぎないのだと私は思います．

この一般的結論のひとつの具体例として，熱は扱われている．

> 　外在物に内在する性質とみなされていた多くのものが，まさに私たちのうちにしか実在せず，私たちの外においては名辞にしかすぎないことをこれで知ったのです．そこで熱とはこういう類のものである，と信じたいのです[15]．

熱感覚にたいする端的に機械論的な理解である．

この点に関しては，機械論哲学のいま一人の創始者フランスのルネ・デカルト（1596-1650）の主張も同列である．デカルトによれば「火に近づくと私は熱を感覚するし，あまりにもそばに近づけば苦痛を感覚しさえするにしても，火のなかにはそうした熱に類似した何ものかがあると，またさらにはそうした苦痛に類似した何ものかがあると，〔私を〕説服する〔ことのできる〕何らの根拠もまさしくない」（『省察』）のである．したがってデカルトもまた

> 哲学者たちがしているように，熱，冷，湿，乾と呼ばれる性質を私が使わないのを見て奇妙だと思われるならば，私は次のように言いたい．これらの性質はそれ自体が説明を要するように見えるし，また私たちのまちがいでないとしたら，これらの四つの性質ばかりでなく他のすべての性質も，生命のない物体のあらゆる形相さえも，その形成のためそれらの物質の内にその諸部分の運動・大きさ・形・配列のほかはなにひとつ仮定する必要なしに説明されうるのである．（『宇宙論』傍点—引用者）

と主張している．

のみならずデカルトは『気象学』において次のように語り，熱と冷の感覚を運動の大小・強弱のみに純化することになる．

われわれが触れる物体の微小部分が，微細な物質の小さい諸部分によってか，あるいは他の何らかの原因によってふつう以上に強く，あるいは弱く動かされるとき，それらはわれわれの神経のなかで触覚を感じる器官である神経の小さな糸をふつう以上に強く，あるいは弱く動かす．そしてそれらが神経の小さい糸をふつう以上に強く動かすとき，われわれのうちに熱さの感覚がつくられ，ふつうより弱く動かすときには冷たさの感覚がつくられる．

このかぎりでアリストテレスの質の物化の理論は完全にしりぞけられたことになる[16]．

　こういう素朴機械論は，通俗的には受け入れられやすかったようで，その後1世紀以上にわたって力をもつことになった．幼少期に新教徒迫害を逃れてオランダに渡ったユグノー（フランス人プロテスタント）のティソ・ド・パトが18世紀はじめに書いたユートピア小説『ジャック・マセの航海と冒険』では，登場人物の一人が「本質的には同一種類の物質しか存在しないのだが，それが形をとったり運動するに応じて，われわれのなかに感覚器官によってある効果を生むのだ．われわれはその効果を身体に帰属させ，暑いとか冷たいとか明るいとか何色だとか呼んでいる」と語っている[17]．

　当時，新科学の信奉者は自然をあまりにも単純に見ていたようだ．

V　熱運動の特有の担い手としての〈火の粒子〉

しかし熱感覚にたいするこのような素朴機械論的把握がストレートに熱運動論へと導いたわけではない．

ガリレオは熱を物質的事物の性質と見ることを拒否したのだから，当然そこから現代的な意味での「熱運動論」へと進むであろうとわれわれは期待する．しかしガリレオは，摩擦による発熱現象にたいして「熱を生じさせるのは，やすりをかけることそのものではなく，じつは比較にならないほど微細な別の実体，それが原因なのです」と語り，われわれをいささか混乱させる[18]．実際彼は，熱運動の固有の担い手として〈火の粒子〉なる特有の物質を措定する．

　私たちが一般に火（fuoco）という名で呼んでいる，私たちに熱を生み，熱さを感じさせる物質は，さまざまの形を持ち，非常な速さで運動する無数の微小の粒子であることを，私たちはほとんど確信しています．この微小の粒子は，私たちの身体に衝突し，きわめて小さいため，そのなかに入り込みます．そして，これらが私たちの身体を通過するときに生じ，私たちにも感覚される接触が，じつは私たちの「熱」と呼ぶものの性質なのです．

もちろん機械論的自然観に立つかぎり，この〈火の粒子〉を特徴づけ他と区別する徴表もまた機械論的なもの，すなわち「運動」でなければならない．ガリレオの言葉にもう

すこし耳を傾けよう.

> 火には,形,数,運動,浸透,接触以外にもうひとつ別の性質があり,それが熱であるという意見には,私は同調しません.……感覚的なものが取りのぞかれれば,熱は単なる名辞にすぎないのですから,この熱は,まったく私たちに属するものだと確信します.またこの性質は,火の粒子が私たちの肉体を通過し接触するときに,私たちの内に生ずるのですから,火の粒子が静止しているときにその作用が生じないことは,明らかです.……熱を生じさせるには,火の粒子があるだけでは充分ではなく,さらにその運動が必要なのです[19].

このようにガリレオにとって熱とは,すくなくともタテマエ上はあくまでも〈火の粒子〉の偶有性としての運動である.しかしガリレオの場合も〈火の粒子〉は,現実にはたとえ熱運動をしていなくてもやはり〈火の粒子〉として他と区別された特殊な存在物なのである.

裏返せば,熱運動とは物質粒子(分子)一般の運動ではなく,あくまで特殊〈火の粒子〉の運動でなければならないのだ.したがってガリレオは「この〔運動が熱の原因という〕主張を常識的な意味でとりあげて,石や鉄や木は運動によって熱を持たねばならないというのは,ひどく根拠のないゆきすぎだと考えます」と語り[20],現代的な意味での熱運動論をむしろ否定してしまう.

そのことは、生石灰と水の化学反応（$CaO + H_2O \rightarrow Ca(OH)_2$）における発熱現象のガリレオによる説明に、特段に顕著に見て取れる。ガリレオの言うところでは、「生石灰の石の孔」のなかには一定量の〈火の粒子〉が封入されている。しかしそのかぎりでは〈火の粒子〉は静止しているために、熱を感じさせることはない。しかしこの生石灰を水中に入れるならば、一方で〈火の粒子〉は空気中にあるよりも「はるかに大きな運動傾向をもち」、他方で「生石灰の石の孔は、空気よりもはるかに一層水によって広げられ」、そのために〈火の粒子〉が速度をもって逃げ出し、その結果として人間には熱が感じられることになる[21]。

しかもこの説明方式の適用は、化学反応に限定されるものではない。固体の摩擦による発熱というような力学現象にも適用される。摩擦の場合も、摩擦によって物体内に含まれていた〈火の粒子〉の出口が開かれ、〈火の粒子〉が速度をもって飛びだし、その結果として熱が感じられるというのである。

ガリレオは、おのれの自然学の集大成ともいうべき晩年の『新科学対話』（1638）においても、熱による金属の融解に次のように同様の説明を加えている。

　火の粒子が金属の細かな孔（きわめて細かなため、空気や他の流体の最小の粒子さえ入れぬほどの隙間）に侵入して、その間の小さな真空をみたし、これらの金属微粒子を、この同じ真空の作用でありそれらがばらばらに

なるのを妨げているところの吸引力から解放するのだという点から,この現象が説明されるのだと考えました．こうして金属の粒子は自由に運動することができ,それで固まりは流動的になり,火の粒子がその内部に残存している間はそのままの流動状態でいます．しかし,火の粒子が去ってあとに以前の真空が残ると,元来あった吸引力が戻って,金属の各部分はふたたび固着するのです[22].（文中「真空の作用でありそれらがばらばらになるのを妨げているところの吸引力」については後述,（3-Ⅰ）参照）

これらの議論をよく検討するならば,ガリレオが「熱は〈火の粒子〉の運動である」と結論づけた根拠は,運動が熱を生み出すとか熱が仕事をするという両者の互換性からではなく,熱を生む火（または炎）が,他の何物よりも激しく運動し,他の何物にも浸透してゆき,それらを溶かし燃焼させ変質させるという観察にあることがわかる．その背景には,この時代まで,熱の使用は調理や暖房や金属精錬といった直接使用がほとんどすべてで,熱を動力に変換して使用する技術が,火器をのぞいては,生まれていなかったということが考えられる．

結局〈火の粒子〉は,静止していて熱を感じさせないときにも〈火の粒子〉であるのだから,それを他の物質一般から区別するものは,ガリレオの弁明にもかかわらず,偶有性としての運動状態ではなく,粒子そのものの属性ということになる．要するに「運動」よりも「火の粒子」にア

クセントが置かれているのだ．それは窮極物質の均一性という機械論の前提からの逸脱と言える．こうしてガリレオ自身が，機械論の限界性を告白したことになる．

そして，このガリレオの主張からは，結果的に「熱物質論」や「熱量保存則」への道が拓かれることはあっても，熱と運動の等価交換を意味する「熱運動論」に直接つながることはない．

VI ガッサンディと〈熱の原子〉

ガリレオがアリストテレス主義と訣別したといっても，歴史を超越した概念を自在に創り出すことはできない．熱に関しては，ガリレオは，古代原子論に依拠してアリストテレス主義に対抗したのである．

たしかに味や匂いや手ざわりなど感官に感じられる性質の差が，その刺激を与える原子の形状が尖っているか角ばっているか丸みをもっているか等の差によるものであり，匂いや味そのものは真実なものではないと最初に語ったのは，デモクリトスとレウキッポスら古代原子論者であった．彼らは「〔それらの〕知覚される性質の何ものも本性を有しない．……冷たいものにも温かいものにも本性があるのではなくて，形態が変わると，それがまたわれわれの変化をもたらす」とはっきり語っている．しかしデモクリトスにあっては，火と熱は動くもの一般であって，魂までを含む[23]．それゆえガリレオの〈火の粒子〉がデモクリトスを

直接継承したものとは必ずしも断言しきれない.

むしろガリレオが直接に〈火の粒子〉の観念を得たのは,紀元前1世紀の原子論者ルクレティウスの長編詩『事物の本質について』からであろう．そこでは

> 火がついて燃え上がるものはすべて，他でもない，その物質の中に，火を発したり，光を放ったり，火花を飛ばしたり，灰を広く飛散させうる基となるこれらの原子を内蔵しているのである[24].

と明白に〈火の原子〉が語られている．

ルクレティウスのこの長編詩は，デモクリトスらの原子論を中世を通じてヨーロッパ社会に伝承したことで有名であるが，そこでは「原子は色のみを欠いているのだと考えてはならない．それのみか，温度も，寒気も，また強い熱も全然なく，音も有せず，湿気も含まず乾いていて，自体からは何ら固有の香を発することもない」「重要なることはまず第一に，感覚を有する物を造る原子は，いかに微細なものであるか，いかなる形態を具えているか，さらには，その運動，順序，配列はどうであるか，という点である」とあるように[25]，デモクリトスと同様，感性的質を原子の形状や運動に還元するという点で，機械論的自然観の先駆をなしている．

しかしルクレティウスの場合，たとえば動物を構成しているものは「骨，血液，血管，熱（calor），液体，肉，筋

肉であるが，これとてもまた，それぞれ異なった物であって，それぞれ形態の異なった原子からできているものである」とあるように熱は時には物質と同列に扱われているのである．原子論でさえも，熱の本質をめぐってはアリストテレス主義における質の物化傾向に逆らえなかったのだ．

とすれば，ガリレオは，ルクレティウスにおける熱の物質視を克服しつつも，なおかつルクレティウスから〈火の原子〉という観念を受け継ぐことによって，時代的制約を体現していると言えよう．

この点は，ガリレオに大きな思想的影響を受けながらデモクリトスやルクレティウスの原子論を近代に復活させたピエール・ガッサンディ（1592-1655）にはより顕著に見て取れる．

ガッサンディにとって，物が熱いとは，その物が〈熱の原子〉を数多く含むことを意味していた．熱さや痛さの感覚は，この〈熱の原子〉が「皮膚の孔に入り込み，身体のすべての部分に浸透する」ことによるというのである．論文『熱さと冷たさ』では次のように書かれている．

　私は熱の原子という言葉を用いる．というのも，それは熱を生み出す，すなわち，諸物体に入り込み，それらを分散させ分解する力を有しているからである．このような原子を含み，それを放出しうる物体は熱いと考えられる．というのも，その放出によって熱の感覚を刺激するからである．そして放出されたその原子が物体を離れ

たならば，その速やかな運動が通常火とか炎とか呼ばれるものを作り出す[26]．

このようにガッサンディは，熱運動に固有の原子があるという立場をガリレオと同様にルクレティウスから受け継いでいる．のみならずガッサンディは，〈冷の原子〉まで想定しているのである．ガッサンディによれば，物体が冷たいとは，〈熱の原子〉の欠如ではなく，その物体が〈冷の原子〉を多く保有することであり，〈冷の原子〉は不活発で鋭く尖った角ないし歯を持ち，それが皮膚に与える刺激が冷の感覚だとされる[27]．特定の感覚の原因を物体の幾何学的形状に求めるゆき方はなるほど機械論的であるが，しかしこのかぎりで，熱と冷はやはり量的に一元化の不可能な対立性質である．そこにわれわれは諸性質を対立図式に整序するアリストテレスの論法の根強い影響を見て取ることができる．実際，「さまざまの形で，アリストテレスの質的な哲学が姿を変えて彼の著述の中に再登場した」のである（ウエストフォール）[28]．

付け加えるならば，デカルトもまた，「宇宙でもっとも微細でもっとも浸透力のある流動体」として「火の元素」を考えている．それは「他の物体の諸部分のどれよりもはるかに小さくて，はるかに速く動く[29]」（『宇宙論』）．しかしデカルトの場合は，「第1元素（火）」と「第2元素（空気）」と「第3元素（土）」の相違は幾何学的形状のちがいだけで，質的な差ではない．つまり，もともと単一の物質とし

ての「第3元素」がこすり合さってまわりが削られ丸くなったものが「第2元素」で，その削り屑が「第1元素」である．その意味でデカルトの機械論ははるかに一貫している[30]．しかしそれゆえにまた，デカルト機械論はより非現実的であった．「水を構成する微小部分は小さいウナギのように長く，なめらかで，すべっこく，つるつるしており，……」というような，『気象学』におけるデカルトの主張にいたっては，滑稽でさえある[31]．

ともあれ，この〈火の原子〉〈熱の原子〉という観念こそが，その後の紆余曲折を経て，1世紀のちにクレグホンやラヴォアジェらの熱物質論として，定量的に法則化される熱学へのひとつの端緒を与えたのである．事実，ガッサンディは，「もしも熱の原子が，その運動にたいする障害物によって微小な空間に閉じ込められたならば，それらは，潜在的な熱と呼ばれる」と語っているが，これは後のブラックの潜熱概念を予感させるものといえよう．その点では「生石灰の石の孔に閉じ込められた火の原子」は熱を感じさせることはないというガリレオの主張も同列である．

*

ガリレオの提唱した自然の数学的把握と機械論的自然観は，古典力学の形成という局面では，強力な思想的拠り処を与えた．事実，ガリレオの天才は，古典力学の基礎——地上物体の運動理論——の構築においてもっともよく発揮された．というのも，物質を幾何学的に均質化する機械論

的自然観は，ほかでもない，物質的物体の特殊性を捨象してその普遍的振舞いのみを対象とする力学の方法と概念を権利づけるものだからである．後に見るように，素朴機械論が力の概念を欠落させていたがゆえに不充分なものであったにしても，機械論が古典力学——すくなくともその運動学の部分——を準備したことは間違いない．

しかしかかる素朴な自然観は，ほかでもない物質の特殊的性質そのものを対象とする化学においては，端的に無力を露呈することになる．

ガリレオが〈火の粒子〉を論ずるときに真っ先に挙げた例が，生石灰と水の化学反応であったことは示唆的である．というのも，固体一般と水ではなく，特殊に生石灰と水との反応においてのみ発熱が見られるということは，その特殊性の何らかの形での存続と実体化を強いるものである．それゆえ，物質粒子一般の運動ではなく特殊な〈火の粒子〉の運動を必然とする．

質の差違を捨象することが許されない分野——化学——では，アリストテレス主義の質の物化傾向は強靱な生命力を発揮した．18世紀末に熱物質論を唱えたラヴォアジェやドルトンがともに化学者であったのも偶然ではあるまい．そして，逆説的であるが，熱学の定量化はむしろこの熱物質論のサイドから始まることになる．

次章では，質そのものを対象とする化学の領域に機械論哲学を貫徹させようとしたイングランドのボイルに話題を転じよう．

第2章 「粒子哲学」と熱運動論の提唱
——ボイルをめぐって

I 錬金術における質の物化傾向

　個々の物質の特殊的性質そのものを問題とする化学においては，アリストテレス主義の「質の物化（実体化）傾向」はより顕著に認められる．ラヴォアジェが反応の様式とその定量的把握にのっとって元素を基礎づけるまでは，元素とは，特段に顕著な感性的質の担い手，ないしいくつかの物質に共通に認められる類的性質の基体を指していた．たとえば「フロギストン（燃素）」は，ある部類の物質に共通に見られる「可燃性」の担い手として実体的に導入されていた[1]．

　この「質の物化傾向」は，ギリシャ時代から近代初頭まで連綿と営まれた錬金術の思想基盤のなかにも見て取ることができる．

　錬金術における物質の人工転換——変成——の夢を，物欲に取り付かれた無知な人間の妄想や迷信と片づけることはできない．ニュートンでさえも，生涯錬金術の実験に耽っていたのだ．なるほど中世の錬金術においては，たと

えば四元素に人間の力によって支配と制御の可能な「地の精（gnome）」「水の精（nymph）」「空気の精（sylph）」「火の精（salamander）」を対応させるというような，アニミズムや神秘主義がまつわりついてはいるものの，錬金術はそれなりに一貫した物質観に支えられていた．それはアリストテレスの元素理論にも通底するものである[2]．

すなわち，個々の物質がさまざまな性質を呈するのは，それらの物質がその性質の数だけの自存的実体から構成されているからだという発想である．したがってたとえば，錫や鉛からその溶けやすさや柔かさを取り去る，つまり溶けやすさや柔かさの基体を除去することにより，錫や鉛を銀に近づけることが可能になり，さらに水銀から流動性や揮発性のもとにある基体を除去し光沢のもとになる基体を付加することによって，水銀を金に変えることができると信じられていた．もちろん古代以来の錬金術は，そのような変化を推進する根源的で能動的な原質が自然の内に存在するという確信に支えられていたが，その点は後に触れることにする．さしあたってここでは，錬金術における質の物化傾向にだけ着目してもらえばよい．

中世末から近代初頭にかけて，アリストテレス自然学の権威をもっとも執拗に攻撃し，真理の判定基準を注釈家によって権威づけられた古代の文書や手の込んだ修辞にではなく，実験と観察に求めるべきことを声高に主張したのは，概して新プラトン主義ないしヘルメス主義の影響下にあった錬金術師や占星術師や魔術師たちである．

なかでも，一応体系だった理論を展開しひとつの思想潮流を形成したのは，パラケルススとその後継者たちであった[3]．パラケルススが生まれたのは新大陸発見の翌 1493年，死んだのはコペルニクスの『天球の回転について』の出版の 2 年前の 1541 年であり，彼もまた中世と近代の分水嶺に立つ一人である．実際彼は，アカデミズム医学からは手を汚す職人仕事として蔑まれていた外科の重要性を語り，妨害と干渉をはねのけ臨床の経験と患者の観察を基礎とする医学を追求・実践した．通常のドイツ語で講義をしたのも彼がはじめてと言われる．そして彼は，疾病は体液のバランスの失調によるというそれまで大学で教えられていたガレノス医学を退け，治療における医薬――とりわけ鉱物性の医薬――の重要性を語ることになる．

にもかかわらず，パラケルススの理論はけっして近代的なものではない．錬金術と医学を結びつけ医化学（iatro-chemistry）の道を拓いたパラケルススは，アリストテレス自然学と四元素説に対抗して，あるいは四元素説を基礎づけるものとして，〈硫黄〉〈水銀〉〈塩〉を「三原質（tria prima）」とする新しい物質観を提唱した[4]．それは多くの信奉者を獲得し，17 世紀中期にいたるまでアリストテレス主義と学校哲学（スコラ学）にかわる新学説として称讃されると同時に，敵対者からは激しく攻撃されてきた．

しかしその根底にある思想は，やはりさまざまな物質にさまざまな度合で認められる類的性質の分類と物化の処方であった．パラケルススの「三原質」とは，つまるところ

火にたいする不活性一般の純粋基体としての〈塩〉，可燃性と可変性一般の純粋基体としての〈硫黄〉，流動性と揮発性一般の純粋基体としての〈水銀〉を表していた．ひらたく言えば，すべての物体は燃やせば一部が蒸発し，一部が消滅し，一部が灰として残るが，そのそれぞれが〈水銀〉と〈硫黄〉と〈塩〉に対応しているわけである[*]．

つまり，アリストテレスが感性的質を実体化したのにたいし，パラケルススは物理的・化学的属性を実体化したと言える．

その意味では，パラケルスス主義も「質の物化傾向」という点でアリストテレス主義と同一地盤上にあり，同一地平での異説でしかなかった．

II　ボイルと機械論哲学

アリストテレス自然学から錬金術にいたるまでの旧来の物質観＝元素観に新しい物質観を対置し，ガリレオとデカルトが力学思想ではたした役割を化学において担ったのは，ロバート・ボイルであった．

1627年——フランシス・ベーコンの死の翌年——にアイルランドで裕福なコーク伯爵の息子として生まれたボイル

---

[*]　もちろん，ここで言われる〈硫黄〉や〈水銀〉は特定の原子番号をもち特定の反応をする元素としての硫黄や水銀ではなく，また〈塩〉も酸の水素原子を金属ないし金属性基で置換したものとしての塩ではなく，いずれもがそれ自体では捉え難い抽象的で形而上学的な実体なので，〈　〉で囲んでおく．

は，青年時代に大陸に学び，ガリレオが死にニュートンが生まれた年にはイタリアに滞在中であった．このように時代的にもうまく回り合わせたボイルは，経済的にも恵まれ，自費で高価な実験装置や試料を誂え，また，ロバート・フックのような有能な助手を雇うことができた．

なによりも膨大な著作で知られるボイルは，そのいささか「退屈で冗長 (tedious and verbose)」(ドルトン)[5]な文体からはそれほどの才気も感じさせないのだが，その飽くことない実験と著述——とくに公開実験と平明な著作——によって近代科学の傑出した宣伝家・普及者の地位を占めている．

そして，後に「近代化学の父」と呼ばれるようになったボイルは，一方ではベーコンの経験主義と功利主義の精神を信奉しつつ，他方では大陸における新科学の忠実な後継者として機械論的自然観を化学の領域に貫徹せしめた先駆者でもあった．この点では，バートが「ボイルは，一般にはそうと認められていないけれども，真に哲学的才幹をもった思想家である」と評しているのは傾聴すべきであろう[6]．

前章に見たように，機械論哲学は，物質の諸性質を被説明事項と位置づけるのだが，この思想をボイルは，アリストテレス主義と学校哲学にたいしてのみならず，パラケルスス主義の〈化学者 (chymist)〉と〈化学 (chymistry)〉にたいしても自覚的に対置している．要するに旧来の学校哲学のゆきづまりを越えるものとして名乗りを上げたパラケルスス主義と機械論哲学が，新しい科学の盟主の座をめ

ぐって張り合っていたのであり，ボイルは化学の戦線での機械論のスポークスマンであった．

　学校哲学の不満足さと不毛さのために，多くの偉大な学識ある人々が，とりわけ医師（physician）が，学校哲学の四元素を〈化学者〉の三原質（three principles）で取り換えることに納得しているけれども，そして私は実用的な技（art）としては〈化学〉そのものを好感的に見てはいるけれども，……私は，〈化学〉が諸々の質の本質の厳密な探究には満足のゆくものをほとんど与えないであろうと思っている．というのも，すぐにわかるように，三原質のいずれによってもまず導き出しえない多くの質があるからである．……私が主要に意図することは，ほとんどすべての質——その大部分はスコラ派によっては説明されないままに放置されているか，さもなければ一般に私には理解不可能な実体的形相なるものに関連させられているのだが——が機械論的（mechanical）に作り出されているのだということを，実験によってあなた方に納得させることである．私の言う物体的作用因（corporeal agent）とは，物体それ自身の諸部分の運動や大きさや形状や配置（contrivance）以外では生じない働き——通常その属性が機械的装置（mechanical engine）のさまざまな作用に事寄せて語られるので，私はその属性を物質の機械的作用（mechanical affection）と呼ぶのだが——のことである[7]．（『形相と質の起源』(1666)）

ボイルはみずからの物質観を「粒子哲学（corpuscular philosophy）」と称している．しかしこの言葉は誤解を招きやすい．というのも粒子論的ないし原子論的な物質観は，それまでにもすくなからず存在していたからだ．ボイルの思想をそれ以前と決定的に分かつのは，自然的世界を自動機械のように見るこの徹底した機械論にこそあった[8]．

そしてこの立場を——とりわけこの立場にもとづく四元素説と三原質説の批判を——全面展開したのが，近代化学の端緒となった『懐疑的化学者』であった．出版はロンドン王立協会創始の翌1661年である．

標題が示すように同書は，新しい理論の積極的提唱というよりは旧来の理論の批判に重点が置かれているのだが，そこでボイルは，「（パラケルスス派の）論証そのものについて言うならば，それは不確実な基礎の上に築かれていて，私には論証的でも真実でもないように思われます．たとえば同一の質が多数の物体の中に見出される場合に，どの物体もみなあるひとつの物体の性質を帯びたからといって，その質がそれらの諸物体に属さねばならないとは，どうして明らかなことと言えるでしょうか」（傍点—引用者）と語って，質の物化の論理構造そのものに疑問を呈している．ボイルに言わせれば「混合物体のいろいろな質が何よりも錬金術的〔パラケルスス的〕な仮定によってか，アリストテレス的な仮定によってか，どちらかで説明されなければならない必然的な道があるわけではないのです」[9]．

そしてそれらにかわる第三の道を明らかにしたものこそ

が，ボイルによれば機械論的自然観なのである．すなわち

　〔パラケルスス派の〕〈化学者〉のどこに欠陥があるかといえば，その理由は，アリストテレス派やそのほか二三の理論が質の起源を説明するのに完全でないのと同じ理由であります．……というのは，事実，物質の作用，したがって自然現象の最大部分は，諸物体の小部分の運動と組織に依存しているように思われるからです．……
　物体全体の呈するあれやこれやの性質は，必ずしもそれに照応する成分物質の存在のためでもなく，その量の豊富さのためでもなくて，むしろあれこれの要素が一定の仕方で組み合さって全体を作り上げているその特殊な組織によるものなのです．……ちょうどこれは時計の働きと同じことです．時計で，針が文字盤の上を動き，ベルが鳴り，動力に関係があるそのほかの働きが行われるのは，歯車が真鍮であるか鉄であるか，あるいはある金属とほかの金属との部分とでできているとか，また錘りが鉛でできているとかいうためではなくて，いくつかの部分の嵩(かさ)，形，大きさ，そしてそれらの間の適合性によるのです．ですから歯車が銀，鉛，木であって，錘りが石や煉瓦であったとしても，もし動力の仕組みや仕掛が同じなら，同じように時計は動くでしょう[10]．

ここに私たちは，混じり気なしの機械論哲学の起源と根底に真正面から対峙することになる．

III 「粒子哲学」と経験主義

　自然を自動機械のように見るボイルは, その点ではデカルトと一致しているが, ボイルの機械論的自然観をデカルトの観念論的機械論と区別しているのは, ボイルの徹底した経験主義である. したがってまたボイルは,「理論」にたいしてデカルトほどの確信を表明することはない.

　ボイルはフランシス・ベーコンの経験主義（実験哲学）を信奉して, 機会あるごとに実験の重要性を指摘し, 実験データの充分な集積をまたずして性急に仮説を立てたり, 恣意的に体系を捏造することを戒めている. そのボイルの態度は, いまだに事実の蒐集と整理の段階にあり, 力学と異なり定量的に捉えられた法則の皆無であった当時の化学の現状には, よく即応していた. したがって, 彼の多くの言明を表面的になぞるかぎりでは, すべてを物体の運動と組織構造に還元するいささか性急な彼の機械論は, 彼の自称ベーコン主義に悖るかのようにも思える.

　『懐疑的化学者』は, ボイルの分身であるカルネアデスと, ボイルに好意的で物分りのよい聞き役, そしてアリストテレス派とパラケルスス派の計四人の人物の対話という――ガリレオの『対話』とほぼ同一の, しかし文学的効果としてはいまひとつ及ばない――形式を採っているが, そこでボイルは, 分身カルネアデスの口を借りて, 次のように語っている.

私が元素の混合によって生ずると言われている諸物体そのものを試験し，それを拷問にかけてその構成原質を自白させるために忍耐強く努力したとき，私はただちに元素の数というものは，哲学者によってうまくいっているどころかたいへんな熱心さで論争されているのだと思うようになりました[11]．

　この言葉は，実験における目的意識性の契機がいま少し強調されていたならば，1世紀以上後にカントが近代科学の方法を特徴づけるものとして語った「理性は一定不変の法則に従う理性判断の諸原理を携えて先導し，自然を強要して自分の問いに答えさせねばならない．……理性は本式の裁判官の資格を帯びるのである．……裁判官となると，彼は自分の提出する質問にたいして，証人に答弁を強要することになる[12]」という標語を先取りするものとなったであろう．

　それゆえに，たとえボイルが事あるごとにベーコンを称揚し，ベーコン主義者であることを自認していたとしても，ボイルの経験主義が，実際にはベーコンの言うような経験事実の白紙の立場での蒐集とおのずと結論に導くはずの帰納ではなかったことを示している．事実ボイルの実験は，特定の自然観と物質観に導かれて行われている．つまりそれは，もっぱら「機械論哲学者たちに，彼らの物質理論のための実験的基礎を提供し……，頭の中にある既存の思想を証明し強化するため」のものであった（バターフィール

ド)13).

『懐疑的化学者』でボイルは「私は〈化学者〉の言う原質の意味と同じように, 元素の名のもとに, ある原初的な単一の, すなわちまったく混合していない物体 (primitive and simple, or perfectly unmingled bodies) を言っているのです. それは何かほかの物体で作られているのではなく, 完全な混合物体と言われるものを直接に作り上げている成分のことであって, 混合物体は窮極的にはその成分へと分解されるのです」と語っているが14), そのかぎりで当時の一般的元素観と選ぶところはないように思える.

しかし「この言葉はしばしば引用され, しばしば誤解されてきた」(ウエストフォール)15).

というのも, このすこし手前で「いやしくも何らかの元素あるいは原質を認める必要があるのかどうかを疑うことは, べつに不合理なことではありません」と言っているように, ボイルは, アリストテレスの四元素やパラケルススの三原質にかわる元素を何らかの実体に特定し積極的に対置するという姿勢を持っていないばかりか, そのような立論そのものに懐疑的なのだ.「私は, 何らかの普遍的な単一の物体があって, それが前存在的な元素だとして自然がそれを使ってほかのすべての物体をどうしても複合しなければならない必然性を, なぜ信じなければならないか, わからないのです」16). つまりボイルが先に旧来の元素理論を語ったのは, ひとえにそれを批判するためであった.

いみじくもトーマス・クーンが言ったように「ボイルが

アリストテレス派の"元素"やパラケルスス派の"原質"を追放し、それらを現在一般的に受け入れられている元素の定義で置き換えたと、しばしば考えられているのを見出すのは、驚くべきことである[17]」.

実際、ボイルは、それまでの特定の性質の担い手としての実体論的な元素や原質にたいして、それと同じ土俵上で異なる元素観を展開しているのではない。彼の眼目はあくまで機械論の立場からの旧来の元素論の批判にあった.

> ですからアリストテレス派が四つの始源的な質〔熱・冷・乾・湿〕を備えた四つの元素の結合と性質からあらゆる混合物の同一性と多様性をひき出そうとする無駄な骨折りをやめて、これらの仮定的元素の最小部分の大きさと形からそうしたことをひき出そうとするならば、四元素説から今よりもっと多数の複合物がおそらく作り出せるでしょう.……つまりこれらの元素的物質がいっそう普遍的で多産な属性を持つために、ここからきわめていろいろな組織（texture）を作り出すことができ、その組織の違いによってたがいにきわめて異なった混合物体ができるのです。アリストテレス派の四元素について言えることはいわゆる〔パラケルスス派の〕〈化学〉的原質にもあてはまります[18].（『懐疑的化学者』）

ボイルの物質観では、「自然の最小単位 or 基本単位（minia or prima naturalia）」が存在し、「元素」と呼ぶべきもの

は，その最小単位の均質な物質粒子の塊ないし群（mass or cluster）としての事実上分解不可能な第一次結合状態のことであって，すべての物体はそれらの複数個の凝塊（concretion）としての第二次の結合状態よりなる．

『個別的質の歴史』（1666）には

> 相互に結合しやすい単一粒子の集合体は，容易には分解されない持続性のある粒子状の塊を構成する．この塊を一次的集塊（primary concretion），もしくは事物の元素（element）と呼ぼう．そしてこの一次的集塊もたがいに結びついて複合物体を構成し，こうしてできた複合物体もまた他と結合して多重複合体を形成する[19]．

とある．つまるところボイルにとっての「元素」とは，自然の階層構造の中でその時々の実験技術によって人為的に分解可能な限界という相対的な存在でしかないのである．

したがってボイルは，一方では上に見たように「純粋で均質な物体」として元素を定義しながら，他方では，私は「どんな物体も真の原質あるいは元素として認めずに，なおそれは複合されており完全に均一ではなく，どんな小さくともいくつかの数の個性ある物質に分解できると見なさねばならぬと考えている」と語り，元素を特定しうる可能性を否定してさえいるのだ[20]．

実は，ボイルの著作全体を通して見ると，彼は「元素」という言葉を使っているときもあるが，その意味はかなら

ずしも一貫してはいない．すくなくともそれは，物質の真の窮極の構成要素をさしているのではなく，さしあたっての実験事実を整合的に説明する仮説にすぎない．

いずれにせよ元素の数をアプリオリに四つとか三つに限定するアリストテレスやパラケルススの議論はボイルにはおよそ現実離れしたナンセンスにしか見えなかったのである．

IV　運動学的粒子論

上に見たように，ボイルにとって本当の意味で「原質」と呼ぶべきものは，構成粒子の機械論的属性，つまり運動と形状である．

のみならずボイルは，ある場合には運動（静止を含む）を第一義的なものと見て，形状や大きさに先行させている．ガリレオにおいては同レベルにあった「運動・静止」と「形状・大きさ」とが上下に置かれたのだ．

この立場をボイルは『懐疑的化学者』の最終節で，端的に，「あるがままの世界の原質は三つであり，それは物質・運動・静止である」と表現している．そしてそのことから次のように議論を進めている．

　　さらに私は，なぜ諸物体の色，匂い，味，流動性，固さ，そのほかの質が，これら三つの原質（運動・静止・物質）からわかりやすく導き出されると信じているのか，さらにエピキュロスの三つの原質（大きさ・形・重さ）

のうちの二つ（大きさ・形）が，どのようにして物質と運動から導き出されるのかを，一般的にお話ししなくてはなりません．すなわち，運動は物質をさまざまに攪乱しいわば混乱させ，物質の諸部分をひき離すのに必要なのです．そして実際に諸部分がひき離されると，その部分部分は，どれも必然的にある大きさ，ある形，その他を持たねばならなくなります[21]．

これには若干の注釈が必要だ．ここで「物質」というのは，ボイル自身の表現では「すべての物体に共通なひとつの普遍的物質（catholic or universal matter）——延長を有し分割可能で不可透入的な実体」（『形相と質の起源』）の謂である．そしてそれを特徴づけているのは不断の運動である．

　　私たちの理論によるならば，私たちが住む世界は物質の不動のないし雑然とした集まりではなく，オートマトンすなわち自動機械（self-moving engine）であり，そこではすべての物体に共通の質量の大部分がつねに運動している．

そして，現実に見られる物質の多様性をこの無性質で単一種類の「物質」からより基本的なレベルで説明するものとして，その「運動」が位置づけられている．すなわち

この物質は，その本性からして単一であるがゆえに，諸物体に見られる多様性は必然的にそれらを構成している物質以外の何ものかから生じなければならない．また，もしもそのすべての（現実的ないし区別しうる）部分がそれらの間で永続的に静止しているのだとすれば，物体にいかにして変化が生ずるかわからないことであるから，その普遍的物質を多様な諸物体に分類するためには，その区別しうる部分のいくつかないしすべては運動していなければならない．そしてその運動は，物体のこの部分が一方向に，他の部分が別の方向にというように，多様な傾向を持たねばならない[22]．（『形相と質の起源』）

ボイルのこの思想は，もちろんその後も変わることはなく，1674年に書かれた『機械論的仮説の優位と根拠について』においても，「物体的諸事物の諸原質のうちでは，物質と運動が最小にして充分で，かつ第一義的なものである」と主張されている[23]．
　そして運動の優位性というこの思想がもっとも力を発揮するのは，ほかでもなく熱現象の説明においてであった．実際ボイルは，物質の温度変化のみならず，相転移のような状態変化までも，構成粒子の運動状態の変化に還元する．

　多くの知覚されえない粒子が一個の可視的物体に合一されたならば，そしてそれら〔知覚されない粒子〕の多くないし大部分が運動させられたならば，その運動の原

因は何であれ，その運動自体が，それらの粒子が構成する〔可視的〕物体の大きな変化や新しい質を作り出すであろう．というのも，運動は，たとえそれが物体中に目に見える変化を引き起こさないときでさえ——……鉄が木や他の鉄によって活発にこすり合されたときには，その部分が私たちの感覚には熱く感じられるように——多くの作用を引き起こしうるが，それだけではなく，その運動は，その運動を得た物体の組織にしばしば目に見える変化をも引き起こすのである．……

こうして水は，その部分に必要とされる動揺（agitation）を失うことによって，氷に見られる固さと脆さを得るし，同時に，それが液体のときに有した透明度の多くを失うことが知られている[24]．（『形相と質の起源』）

このようにボイルは水の凍結や，また次節で見るように水の蒸発を，すべて熱運動に帰せしめている．しかしボイルの場合，相転移の問題で決定的に重要な力の概念がまったく欠落している．

これまで琥珀が示す静電気力や，磁石と鉄に見られる引力のような作用を，スコラ学や魔術思想は，それ以上に説明不可能な「実体的形相」や「隠れた性質」や「共感と反感」として済ましてきた．しかし機械論は，旧来のそのような態度はもとより，力を単に物質の有する基本的性質として済ますこと自体を怠慢な説明放棄と見なす．機械論（mechanism）にとって，力とりわけ遠隔的に作用するよ

うに見える力は,その伝達の媒体とからくり(メカニズム)が明らかにされなければならないのである.当時の機械論・原子論の基本的立場を,ガッサンディの原子論をイギリスに輸入したワルター・チャールトン(1620-1707)が「自然の一般法則」として挙げた次の3項目に見出すことができる.すなわち「1:すべての効果は原因を有する,2:原因は運動のみによって作用する,3:何ものも距離をへだてて作用することはない」[25].

このような「粒子哲学」——運動を第一義的なものとし力の概念を欠落させた(ないし力を運動の結果と見る)機械論的原子論——を,科学史家スコーフィールドは「運動学的粒子論(kinematic corpuscularity)」と名付けた[26].それは後にニュートンが導入した粒子間の力(引力・斥力)の概念を説明原理とする「動力学的粒子論(dynamic corpuscularity)」との対比で語られている.

その問題は後章(4-Ⅰ)に譲り,さしあたり機械論の立場からのボイルの熱理論を見てゆこう.

V ボイルによる熱運動論の提唱

ボイルは,普遍的物質の運動を第一義的とする「粒子哲学」の論理的帰結として,微視的粒子の無秩序な運動としての熱運動を語る.彼の主要論文である1666年の『形相と質の起源』には,たとえば「太陽熱」について「それ自体は物体の微小部分の活発で乱雑な局所的運動にすぎない」

と，はっきり記されている[27]．そしてガリレオやガッサンディと異なり，ボイルは，熱運動の担い手として特殊な「火の粒子」や「熱の原子」を導入することはない*)．ボイルの言う熱運動は通常物質の構成粒子の運動である．

ボイルの熱運動論は，論文『熱と冷の機械論的起源』(1675) に主題的に，かつより精巧に展開されている[29]．そこでボイルは

> 熱の本質は，唯一でないにしても，主要には以下の3条件をみたす力学的に変容された局所的運動（local motion mechanically modified）と呼ばれる物質の機械的作用（mechanical affection）よりなるように思われる．

と熱の本質を定義する．そのさい，「局所的運動」のみたすべき3条件とは次のようなものである．

第1には，「諸部分の動揺（agitation）が激しいことであり，その激しさによって，熱い物体に固有の運動は，単なる流動的な物体とその熱い物体とを区別する」．

第2には，「その運動の方向がきわめてさまざまであり，ある粒子は右向きに，またある粒子は左向きに，ある粒子は上向きに，またある粒子は下向きに，またある粒子は斜めに，のようになっている」ことである．

---

*) ボイルも「火の原子」(igneous atom) を語っているが，それは物質を燃焼・分解・変成せしめる作用因であるが，熱運動の固有の担い手というわけではない[28]．

第3には,「動揺している粒子ないしすくなくともその大部分が,きわめて微細で単独では知覚できないこと」である.

　つまりボイルは,熱運動を微視的粒子のそれ自体としては感覚されえない無秩序で激しい運動と——現代から見て正しく——捉えているのだ.

　なお,この第1の条件について,ボイルは「水の粒子はその自然な状態では穏やかに動き,私たちはそれを熱いとは感じないが,水が実際に熱くなったならば,その運動はそれに比例して明らかにより激しくなることがわかる.というのも,それは私たちの感覚器官を活発に撃つだけでなく,通常多くのきわめて小さな気泡を作り,その中に入れたバターや油脂を溶かし,水蒸気を作ってその動揺によって蒸気を空気中に上昇せしめるからである.そしてもしも熱の度合(degree of heat)が水を沸騰させるところまでゆけば,その動揺は,励起される錯綜した運動や波動や騒音や気泡などによって,また多くの粒子を蒸気や煙の形で空気中に放り上げることのできる激しい運動のその他の目に見える効果によって,より顕著になる」と説明しているが,前節で見たように物質の相転移を熱運動に帰せしめたのはボイルの炯眼である.

　また,第2の条件についてボイルは,強風や奔流は「全体としての前進運動(progressive motion of the whole)」であるがゆえに,たとえその運動が激しくとも熱くは感じられず,それゆえ熱運動ではないとしている.彼は無秩序な

運動としての熱運動の概念を正しく捉えていたと見てよい．そしてそれを支持する次のような実験的証拠を挙げている．

鉄床の上で鉄片をハンマーで叩くとたちまち熱くなるが，釘を厚板に打ちつけるときには，釘が完全に根元に入り込むまでは熱くならず，その後も打ち続けたときにはじめて熱くなる．つまり，加えられた運動が全体としての前進運動に転化されるときには熱は発生しない．熱運動は，全体としては打ち消し合う乱雑な運動でなければならないというのである．たいした観察力のように思われるけれども，実際には板に釘を打ちつけても，板からの摩擦で釘の巨視的な運動エネルギーは増加しないのだから，このとおりの事が観察されるはずはない．これはむしろボイルが頭の中で考えた事実であろう．

なお，上記（前頁）の引用中でボイルは，熱運動の激しさを表すものとして「熱の度合」を語っているが，同じ所にはもっとはっきりと

> 物体の微小部分の運動が私たちの指やその他の感覚器官のものよりも緩やかで弱々しく動かされている状態にまで衰えたならば，私たちはその物体を冷たいと判断する．……ある物体が冷たいためには，熱を構成するのに必要なその局所的運動が奪われ打ち消されていたらそれで十分である[30]．

と記されている．こうして「熱・冷」が質的で絶対的な対

立ではなく，熱運動の激しさの相対的な差として一元化されたことになる．そのことは，ガリレオによる温度計の発明とならんで，「熱・冷」にたいする質的理解から「高温・低温」という量的理解への第一歩を踏み出したことであり，こうして熱学が数理科学として脱皮してゆく前提が獲得されたと言える．

決定的に重要なことは，ボイルが熱運動の担い手を物質一般の構成粒子としたことを踏まえて，熱と運動の互換性を語っていることである．

　熱の本質についてここに提唱された観念を考察するさいに，いくつかの注意がなされたならば，熱の力学的生成 (mechanical production of heat) がいくつものやり方で実現されるということは，認めるのに困難はないであろう．ごくわずかの異常な場合をのぞき，物体の知覚されない部分がどのような仕方であれきわめて乱雑かつ激しく動揺させられたならば，同じように熱がその物体に導入されたのである[31]．（傍点―引用者）

この運動の熱への移行可能性の認識こそ，たとえボイルがその定量的側面に着目していないとはいえ，また，熱による運動の生成に言及していないとはいえ，その後の真の熱運動論への発展にとって決定的な意味を持つべきものであった．というのも，19世紀に熱力学第1法則とそれゆえ熱運動論が確立された契機は，熱が運動であるという認

識ではなく,熱と運動が等価的に転換させられうるという認識であったからだ.熱が運動であると語った先行者ベーコンや同時代人ジョン・ロックを差しおいて,私がボイルを熱運動論の真の先駆者と見るゆえんである.

にもかかわらず,その後あらためて熱物質論が主流を占めるにいたる.そしてじつは,熱物質論の隠れた水源のひとつがボイルに認められるのである.

VI 特殊的作用能力の容認と物在論の始まり[32]

たしかにボイルは熱心な機械論の徒で,スコラ学でいう実体的形相や魔術的な遠隔作用のようなものを認めようとはしなかった.しかしボイルは同時に「学問の真の愛好者は新哲学の理説がひとつひとつ実験によって裏づけられることを望んでいる」(Ⅲ, p.9) と語っているように,ベーコンの実験哲学の信奉者でもあった.それゆえボイルは,デカルトのように第一原理から天下りに演繹するというような教条的なゆき方を採らないし,観念的な機械モデルを捏造することによって自然のすべてを説明するというような恣意的な立論もしない.実際の実験と観察をとおして,そのような単純な機械論ではとても説明のつかない現象や作用が自然界にはいくつも存在することをボイルは知悉していたのである.たとえば磁力や静電気力は単純な機械論では説明が困難であり,その担い手としての特殊な物質の存在を考えなければならないとボイルには思われた.もち

ろん，磁力だけではない．「磁石のさまざまな驚くべきそして奇妙な作用が見出されたのもごく最近のことであり，それゆえそれ以外にも相当の力を有した物質が存在するかもしれない」（Ⅳ．p.85）のである．

そしてそのようなさまざまな作用や性質の受け入れを理論的に可能にしたのが，「私たちの感覚には直接感じられない物質」としての何種類もの特殊な「発散気（effluvium）」の導入であった．実際，ボイルは「磁気的発散気」の流れが軟らかい溶鉄に入り込んで鉄の磁化をもたらすと語り（Ⅲ，p.309），静電気力についても次のように記している．

　（周知のように一般には隠れた性質のうちに数えられている）電気的引力が，実体的形相に直接由来する裸の自存した性質の効果であると信じなければならないものではなく，むしろそれは，電気的物質から発しそこに還流する物質的発散気の（そして場合によってはおそらく外部からの空気の働きに助けられた）効果でありうるということは，そのような物体やその作用の様式において観測されるさまざまな事項に一致しているように思われる．（Ⅳ，p.345f.）

この引用がほのめかしているように，ボイルのデカルト機械論からの分岐は，彼の気体研究に顕著に見て取ることができる．

ボイルの気体研究の原点となったのはロバート・フック

(1635-1703) の協力を得て作り上げた真空ポンプをもちいた一連の実験と観察であった（図 2.1）．真空ポンプで排気した容器内では小動物が死に炎が消えることを観察したボイルは，空気が生命の維持や燃焼の持続に必要であるということを見出し，そのことから，生命にとって欠かせない「あるもの」や燃焼を支える「あるもの」が空気のなかに特殊な成分として含まれていることを確信した．

1674 年の『空気のいくつかの隠れた性質についての疑問』でボイルは「空気がなければきわめて短い時間でさえ炎や火を保つことが困難であるという発見は，大気中には太陽か星辰かあるいはその他の外の世界の本性のある奇妙な実体（odd substance）が含まれていて，そのために空気が炎の持続に必要とされるのではないかという想定に，私はしばしば傾いた」（Ⅳ, p. 90）とこの実験を回想し，「空気の内には潜在的な諸性質（latent properties）が存在しうる」と判断している．

空気はもはやデカルトの言うような無性質で受動的な単一種類の微細物質より成るのではないし，かといってもちろんアリストテレスの言うような元素でもない．「空気は多くの人たちが考えているような単純な元素的実体ではなく，異なる諸物体からの発散気〔複数〕の入り混じった集合体（a confused aggregate of effluviums）である」というのがボイルの空気観であった．すなわち，空気中には「太陽の熱によって空気中に上昇した蒸気（vapour）や発散物（exhalation）のほかにも，地球の地下の部分から放出さ

図2.1 ボイルとフックの真空ポンプ

れた発散気（effluvium）の蓄えが存在する」（Ⅳ, p. 85f.）のである．そしてそれらの各種類の発散気が，鉄の磁化作用や静電気力や燃焼の維持から物質の腐敗や薬剤の薬効，ひいては流行病や風土病の発生にいたるまでの原因とされる．

そのようなボイルのゆき方にたいしては「唯一の普遍的物質」のみを認める彼の前述の基本的立場と矛盾しているのではないのかという疑問が生じるのは避けられない．この点について言うと，ボイルの「普遍的物質」は「不可透入（impenetrable）」とされていたから固体もしくは液体であり，空気や発散気のようなものにはあてはまらないようである．実際『形相と質の起源』には金属，そして土と水がこの「普遍的物質」より成るとされているが，気体についてはそのようには書かれていない．

いずれにせよ，もともとの素朴機械論の基礎にあった一元的物質観はもはや維持しえなくなったと言える．

こうしてボイルの機械論はデカルト機械論から大きく離れてゆく．しかしそのことがむしろその後の化学理論，とりわけ気体化学の発展につながる可能性を与えたと言えよう．実際，このボイルの空気観は気体が単一成分から成るものではないことの発見，ひいてはのちのプリーストリーやラヴォアジェによる酸素の発見へといたる研究の濫觴である．

しかし当時のイングランドでは，このボイルの立場はかならずしも特異なものではなかった．

同時代人でボイルに先んじて「ボイルの法則」の実験的測定を行っていたヘンリー・パワー（1623-68）は，やはり

デカルトの影響をうけた機械論者であった．しかしデカルトからの離反もすでに始まっている．1664 年の著書『実験哲学』でパワーは「電気的物質も磁気的物質もともに〔それぞれの〕物体的発散気（corporeal effluvium）でもって作用する」と記している．そしてパワーはたしかにデカルトにならって真空を認めようとはしないが，それはトリチェリ管の上部の空所には〈エーテル〉が充満しているからであると言う．つまり空気は充満した〈エーテル〉とそのなかに漂う原子から成るとパワーは考えている[*]．それだけではない．デカルトは，物質は不活性でその運動はすべて最初に神から与えられたと考えるが，パワーは物質の活動性の原質が「微細な精気（subtle spirit）」として自然界にあまねく行き渡っていて，それが生物と無生物全体の生命と運動を支え，物体間の相互作用を担っていると考える．

　われわれは，この微細な精気が動物の体内にのみ存在し，あるいはその中でのみ生成されるとせまくは考えない．そうではなくわれわれは，それが世界のすべての物体にあまねく行き渡っていること，自然が最初にこのエーテル的実体ないし微細粒子を作り出し，それを宇宙全体に分布させ，鉱物の凝縮や発酵と植物の生育や生長そして動物の生命や感覚や運動を生み出す，すなわち鉱物・植物・動物の三界におよぶすべての自然における（目に

---

[*] この時代の「エーテル」は現在特定の物質にたいして言われる「エーテル」と異なるので〈エーテル〉と記す．

は見えないけれども）主たる作用因（main agent）であることを信じている（発酵 fermentation とは当時は広く化学反応全般を指す）[33].

そして「この"精気"の理説はパワーの自然哲学において中心的な役割をはたしている」のであった[34].

つまるところデカルトは自然をあまりにも単純に見ていたが，ボイルやパワーは自然の複雑さに人間の眼をあらためて引き戻した．こうして機械論は，イングランドに輸入されて変質を遂げていったのである．

*

科学史家スコーフィールドは 18 世紀の物質理論を「機械論（mechanism）」と「物在論（materialism: 物質論）」の対立として描き出し，そのさい「物在論（物質論）」を「諸現象の原因は，なんらかの固有の性質を伝達する力を，それぞれが本質的性質としてその物質量に比例して有する特異な実体（unique substances）のうちに含まれている」と見なす立場と規定している[35]．とするならば，ボイルやパワーによる何種類もの発散気や〈エーテル〉や精気の導入は，自然学における機械論から物在論への転換の始まりであろう．実際，ここに電気流体や磁気流体にかぎらず，熱素（カロリーク）や燃素（フロギストン）といった特殊な物質をつぎつぎに導入してゆく 18 世紀の物在論的自然学の源流が発することになる．

しかし他方では，磁力や静電気力あるいは可燃性といった物質の有する特異な作用ごとにその担い手ないし媒介としての固有の物質を想定することが可能であるならば，物質そのものがそのような作用能力を有していると想定することも許されるであろうし，またその方が単純であると考えるのは自然である．こうしてそれまでの素朴機械論や原子論はなしくずしに変質をとげることになる．

　そしてその路線は，物質はたがいに遠隔的に引力を及ぼしあっているというニュートンの万有引力理論の成功によって，力を得てゆくことになる．スコーフィールドの言う「動力学的粒子論」の登場である．それを，**機械論的自然観から力学的自然観への転換**と表現しよう．そして，この路線もまた，「ボイルの法則」の解釈から始まることになる．この点については，章をあらためて見てゆくことにしよう．

第3章 「ボイルの法則」をめぐって
　　　——ボイル，フック，ニュートン

I　大気圧と真空の発見

　気体の問題をめぐる近代物理学の最初にして最大の発見は，17世紀中期のトリチェリ，パスカル，ゲーリケによる大気圧と真空の発見であると言ってよい．

　イタリアのエヴァンゲリスタ・トリチェリ*)は「大気の重さ」の発見を伝える1644年6月の手紙に「われわれは元素的空気の深海の底に沈んだ状態で生活しています」と記している[1]．これをうけて科学史家カードウェルは，「われわれ人類が有限の大気の海の底に棲息し，その大気がその下にある万物にすくなからぬ圧力を加えているという発見は，17世紀のもっとも重要な成果のひとつである」と評しているが[2]，たしかにそれは，人類の生活環境をめぐる中世と近代を分かつ発見としては16世紀の地動説につぐものだと言っても，それほど誇張ではない．

　ガリレオが記していることだが，吸上げポンプが約10 m

---

*) トリチェリ（1608-47）は，失明した晩年のガリレオの秘書をしながら物理学と数学の指導を受けた物理学者である．

(34フィート）以上深い穴から水を吸上げられないことは，以前から職人の間では知られていた．しかし，そのことがただちに真空と大気圧の存在を示すことになったわけではない．アリストテレス自然学では，真空の存在は否定されていたし，〈自然は真空を嫌悪する〉というのがスコラ派の通説であった．いや，物体と延長を同一視するデカルト機械論も，真空の存在をはっきり否定している．

　ガリレオでさえも，水を10 m以上吸上げられない事実を，一方では，真空の力によって水の上の空間が水柱を吊り下げ，同時に，水柱は10 m以上ではみずからの重さを支えきれずに崩れるのだとしている[3]．旧いパラダイムにとらわれて，「真空嫌悪の力」と重力の競合で説明したのだ．第1章に引いたガリレオの『新科学対話』の一節にあった「真空の作用であるところの吸引力」というのも，この「真空嫌悪の力」を指している．

　1643年にトリチェリは，上端を密封して水銀中に沈めたガラス管を起こした場合に，管内に29.75インチ（約76 cm）の水銀柱が作られ，その上が空になることを示した．この29.75インチという長さはポンプで吸い上げうる水の高さ34フィートの約1/14であり，その比は水銀と水の密度比に反比例している．つまり34フィートの高さの水柱と29.75インチの高さの水銀柱の単位面積あたりにかかる重量は同一である．この結果より，トリチェリ自身は，管内の水銀柱の上部の空間が真空で，水銀柱は「外部の空気の重さ」とつりあっている，つまり大気により押し上げら

れていると判断した．しかしスコラ派の反真空論は根強く，これだけでは真空嫌悪説を打破することはできなかった．それにそもそもアリストテレス自然学では〈空気〉は〈火〉とならんで本質的に「軽い」元素であり，地球の中心から遠ざかろうとする元素であった．そこからは「大気の重さ」という観念は生まれようがない．

有限な空気層の重さとしての大気圧の存在をより明らかにしたのは，1646年のブレーズ・パスカル（1623-62）であった．パスカルが実行したと言われている一連の「実験」は，競合する複数個の仮説のなかから誤ったものを篩い落しつつ，正しいものを承認させることを目的に，周到に計画されたもので，合理的推論と目的意識的実験のみごとな統一の例に見える[4]．しかし小柳公代の緻密で説得力のある一連の論文は，真空と大気圧に関するパスカルの「実験」について，彼の記載している「データ」が実測値ではなく机上の創作である可能性を指摘している[5]．

そもそもパスカルの記述している静水力学の実験のひとつがおよそ現実離れしたものであり，想像の産物，すなわち「思考実験」であろうという指摘は，すでに17世紀のボイルに見られる[6]．

しかし実験それ自体の存否はどうあれ，彼の一連の論考が真空の存在と大気の重さを認めさせるのに力のあったことは確かだから，そのロジックだけは簡単に見ておこう．

ひとつは，異なる長さの管によるトリチェリの実験でも，水銀柱の高さは同じで，水銀より上の空間の大きさのみが

異なることを示したもので，このことは，すくなくとも，水銀より上の空間（つまり真空）が水銀柱の「吊り下げ」に関与するものではないことを示唆している．もうひとつは，トリチェリ真空内でのトリチェリの実験とも言うべきもので，それによれば真空中では水銀は上昇しない．

そしていまひとつは，義兄の手を借りて 1648 年にピュイ・ド・ドーム山で行ったといわれる実験であり，それによれば，山道を登るにつれてそれより上にある空気層の厚さが減少し，その分だけ大気圧が減るというパスカルの予想通り，山の麓から山頂にゆくにつれて水銀柱が低くなってゆくことが見られたとされている．こうしてパスカルは，大気に重さがあり，トリチェリ管では水銀柱が大気圧に押し上げられている——空気柱とつりあっている——ことが示されたと主張している．

この大気圧の存在は，それより約 10 年後，真空ポンプを発明したドイツのオットー・フォン・ゲーリケ（1602-86）による有名なマグデブルクの公開実験で決定的なものとなった．二個の半球を密着させて中を排気しただけで，両半球は大気圧により圧されてひき離せなくなるというものである．

このトリチェリ，パスカル，ゲーリケの問題意識と仕事を継承したのがボイルの実験であり，そこから気体物理学の最初の——熱学にとってもきわめて重要な——定量的法則である，いわゆる「ボイルの法則」が確立されていった．

II 空気の弾性

通常「ボイルの法則」——大陸では「マリオットの法則」——と呼ばれている，定温での気体の圧力（P）と体積（V）の関係

$$PV = \text{Const.} \tag{3.1}$$

を最初に提唱したのは，じつはボイル自身ではないし，ボイルの実験も，そのもともとの意図するところが，この関係を導き出したり確認したりすることにあったわけではない．

ボイルの主観的意図は，大気圧の存在のみならず，空気の「弾性」——ボイルの言う「空気のばね（spring of air）」——を示すことであった．水や固体と異なり空気——一般に気体——が外圧の大小により大きな圧縮性と膨張性を示すという今ではよく知られている性質にはじめて自覚的に着目し，その重要性を認めたのは，ボイルである．彼の最初の実験を述べた 1660 年の論文『空気のばねとその効果に関する新しい物理学的・力学的実験』において，ボイルは，空気のその性質を次のように表している．

　私たちの空気は，上から寄り掛かっている大気部分やその他の任意の物体の重さによって押し付けられ圧縮された場合，それを押し付けている隣接物体に抗してその圧力から逃れようとする性質をもつ部分から成るか，またはすくなくともそのような部分に富んでいる．そして，

これらの隣接物体が取りのぞかれたり後退したならば，ただちに完全に，ないし膨張に抗する隣接物体が許容する範囲内で，押し広がり，これらの弾性物体より成る空気の全体が膨張する[7].

この「空気のばね」の実証という目的を持って，ボイルは，助手フックの助けを借りて作り上げた真空ポンプで，いくつかの実験を行った．

たとえばそのひとつは，小羊の2個の膀胱の一方には若干の空気を入れ，他方は空にして，ともに口を縛り，真空ポンプにつないだ容器中に入れて，容器全体を排気するというものである．このとき，中が空の方は変化しないが，わずかに空気の入った方は膨張することが観測された．この事実は，周囲の圧力が弱まれば空気はそれに応じていくらでも膨張することを示している．

より重要な実験は，真空ポンプ容器内でのトリチェリの実験である．それによれば，真空ポンプ内のトリチェリの水銀柱の高さが排気とともに減少し，ついに1インチを残すのみとなり，しかも，その後あらためて弁を開いて容器に空気を入れると，水銀柱がふたたび元の高さに戻ることが判明した．これは，水銀柱が周囲の大気圧で支えられていることを直接かつ印象的に示すものであった．ボイルは最後に残る1インチを真空ポンプの不完全さに帰している．

この「空気のばね」つまり外圧の大小による空気の圧縮性と膨張性の起源について，ボイルは二通りの見解を挙げ

ている．

　ひとつは，「地表近くの空気は，ひと塊の羊毛に似た，微小物体の層状の積み重なりのように考えられる」というものである．というのも，「羊毛は多くの細長くて撓みやすい小毛より成り，そのそれぞれが小さなばねのようにたやすく曲り丸くなるが，やはりばねのようにつねにふたたび伸びようとする傾向にある」からである．そして

　　これらの小毛と，私たちがそれになぞらえた空気粒子は，たやすく外圧を受け容れるが，両者は自己膨張の力ないし原理（power or principle of self-dilatation）を付与されている．小毛は人の掌によって曲げ撓められ，その物体の本性にもっとも適した空間よりも狭い空間により密に詰め込まれうるが，圧縮が続く間も，その力によって，その小毛の塊は外に広がろうとし，その伸張を妨げる掌に抗しつづける．そして掌を多少なりとも開くことによって外圧を取りのぞくや否や，圧縮されていた羊毛は，いわば自発的に伸張し，以前のより疎で自由な状態に戻ろうとし，羊毛の塊は，以前の嵩を取り戻すか，すくなくとも圧縮している掌が許すかぎりでもとの大きさに近づこうとする[8]．

これは，空気の構成粒子のひとつひとつがそれ自体として弾性を持つという考え方である．

　いまひとつの見解として，ボイルは，デカルトの説を挙

げている.デカルトによれば——とボイルは語る——

> 空気とは,地球を取り囲む流動的で微細なエーテル状物体のなかに熱によって上昇させられた,さまざまの形と大きさの微小でしなやかな粒子の集りにすぎず,そのなかでそれらの粒子が動いているところの天の物質〔エーテル状物体〕の休みなき動揺によって,それらの粒子は旋回しているので,粒子が中心のまわりを動くために必要な小さな球のなかに他のすべての粒子が侵入してくるのを撃退しようとしている.そして,その球〔粒子の運動空間〕のなかに他の粒子が押し入ってその自由な回転を妨げようとする場合は,それを外に押し出す.したがって,この理論によれば,空気粒子がそのばねに必要な構造を持つか他の形をとるかということは,どうでもよいことである.というのもその弾性力(elastical power)は,粒子の形や構造にではなく,それらの粒子が流体エーテルから得た激しい動揺と回転運動に起因しているからである[9].(傍点—引用者)

このデカルトの考え方は,真空とそのなかを自由に動き回る分子という描像にもとづく気体運動論に直接通じるものではないが,気体全体の自己膨張力を構成粒子の運動の結果とする点で,個々の粒子をそれ自体で弾性を持つ羊毛になぞらえる前者の見解の対極にある.

ここでボイルは,「これらの二つの説明のいずれか一方を

他方にたいして絶対的に主張するつもりはない」、というのも「この論文の目的は、空気のばねにもっともらしい原因を与えることではなく、空気は確かにばねを持つことを示すことのみにある」と断っている.

しかしこれまで見てきたボイルの粒子哲学からすれば、ボイルは後者に与するのかと思われるが、じつはボイルは前者の説明を優先させると主張している. 結局ボイルは、空気全体の巨視的な弾性を個々の粒子自身の性質に転嫁したのであり、そのことで、ボイル自身の「粒子哲学」——運動学的粒子論——にやや異質な要素を導入したことになる. つまり粒子は、単に大きさと形状と運動だけではなく、それ自身として弾性を持つことになる.

III　ボイル-フックの実験

ボイルは、この 1660 年の論文では、圧力と体積の定量的関係 (3.1) について何も語っていない. そして、この論文の発表の後に「空気が膨張によってその弾性を失うさいの割合についてのタウンレイ氏の仮説」を聞き知り、あらためてボイルは実験をやり直し、1662 年に論文の改訂版を出した[10]. この第 2 論文でボイルは、率直にタウンレイとの顚末を記している. なお、ニュートンもまた法則 (3.1) を「タウンレイの仮説」とノートに書きつけている[11].

実際、南ランカッシャーの地主リチャード・タウンレイ (1629-1707) とその侍医ヘンリー・パワーが、大気圧以下

の場合であるが，同様の実験を以前にやっていた．そして1660-61年に彼らは実験をやり直し，その結果は1664年にパワーの『実験哲学』に公表されている．実験は図3.1のようなもので，図でaはトリチェリの実験で水銀の上は真空，bは管内に大気圧の空気をいれたもの，cはそれをそのまま持ち上げたもので，

The Mercurial Standard = BC = h_0,

The Ayr = AE = l_0,

The Ayr Dilated = AD = l,

The Mercurial Complement = DC = h

を測定し，BD = $h_0 - h$ = The Mercury を求める．そして彼らは，その値から

BC × AE = BD × AD

i.e.　　$h_0 l_0 = (h_0 - h)l$ (3.2)

が成り立つことを確かめている（2組の測定値が記されているが，一方は途中に温度変化があったのか一致はあまりよくない）．

管の断面積を S，水銀の重量密度を ρ とすれば，大気圧は $P_0 = \rho h_0$，そのときの空気の体積は $V_0 = S l_0$，持ち上げられた空気の体積は $V = Sl$，その圧力を P として，図cでのつりあいより $P + \rho h = P_0$，すなわち $P = \rho(h_0 - h)$．したがって，上の結果 (3.2) は大気圧以下の場合 ($P < P_0$) にたいして $PV = P_0 V_0$ を表す．もっとも，パワーの表現では「したがってここに4つの〔量の間に〕比例があり，その任意の3つが与えられたならば，それらの Conversion,

III　ボイル-フックの実験　　095

a　A ─── トリチェリ真空

B　} The Mercurial Standard $= h_0 = \dfrac{P_0}{\rho}$

C

水銀

b　A ─── 大気圧の空気

} The Ayr $= l_0 = \dfrac{V_0}{S}$

E

水銀

c　A

} The Ayr Dilated $= l = \dfrac{V}{S}$

B

} The Mercury $= h_0 - h = \dfrac{P}{\rho}$

D

} The Mercurial Complement $= h$

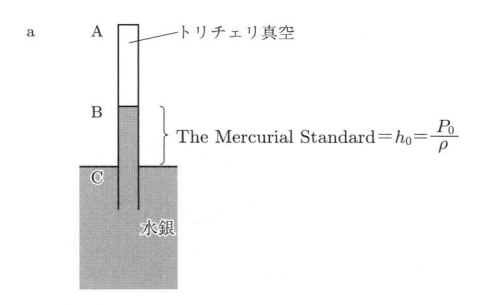

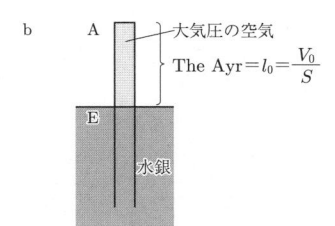

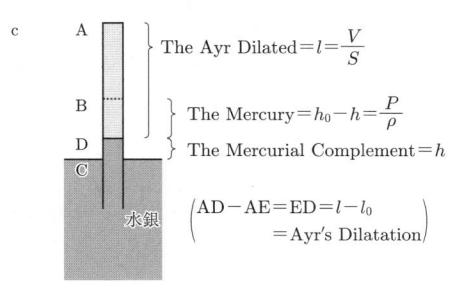

C

水銀

$\begin{pmatrix} \text{AD} - \text{AE} = \text{ED} = l - l_0 \\ = \text{Ayr's Dilatation} \end{pmatrix}$

図3.1　タウンレイとパワーの実験

130 *Mercurial Experiments.*

dicular Cylinder above the Quickſilver in the Veſſel from B to C. So we ſhall call that line or ſpace,

B C The *Mercurial* Standard.

But if in the Tube there be left as much external Ayr as would fill the Tube from A to E, and that then the Quickſilver would fall from C to D, and the Ayr be dilated to fill the ſpace A D, then we ſhall call

B D ══ *The Mercury.*
C D ══ *The Mercurial Complement.*
A E ══ *The Ayr.*
E D ══ *The Ayr's Dilatation.*
A D ══ *The Ayr Dilated.*

Where note, That the meaſure of the *Mercurial* Standard, and *Mercurial* Complement, are meaſured onely by their perpendicular heights, over the Surface of the reſtagnant Quickſilver in the Veſſel: But Ayr, the Ayr's Dilatation, and Ayr Dilated, by the Spaces they fill.

So that here is now four Proportionals, and by any three given, you may ſtrike out the fourth, by Conversion, Transpoſition, and Diviſion of them. So that by theſe Analogies you may prognoſticate the effects, which follow in all *Mercurial* Experiments, and predemonſtrate them, by calculation, before the ſenſes give an Experimental thereof.

Experiment

図3.2　ヘンリー・パワー『実験哲学』（1664）の1頁

Transposition, そして Division によって 4 番目を算出することができる」というもので, 数式が書かれているわけではない[12]. 科学史家コーヘンが言うように「'ボイルの法則'の前ボイル的段階」である[13]. 当時の法則表現がどのようなものであったかを知ってもらうために, パワーの書のこの結果が書かれたページを図 3.2 に挙げておいた.

ボイルは 1662 年の第 2 論文を書く時点で, このタウンレイたちの実験をもちろん知っていたのであろう. さらにボイルは,「ある人物」にその事実を語ったところ, その人物はすでに 1660 年に測定を行って, その仮説と一致する結果を得たと述べたと記している. ここで「ある人物」とは, まず間違いなくフックであろう. この点については後に触れる.

したがって, 法則 (3.1) の本当の発見者は誰かということは相当込み入っているが, ともあれ, ボイルの改訂版論文は, 以下に見るようにこの関係を定量的に実証したものであり, これまでの習慣にならって (3.1) を「ボイルの法則」と呼ぶことにする.

この第 2 論文でのボイルの実験は有名であるだけではない. それは事前に数学的に表現された仮説を検証するためのものであり, ガリレオが行ったと伝えられる斜面による落下の実験とならぶ, 目的意識的に設定され, そのために特別に考案された装置をもちいて定量的に測定された近代的実験の最初の例のひとつであるから, 簡単に述べておこう.

彼は, はじめに大気圧 (P_0) がトリチェリの水銀柱の高

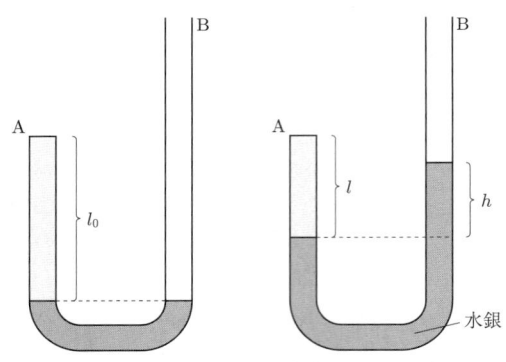

図 3.3 ボイル - フックの実験（大気圧以上の場合）

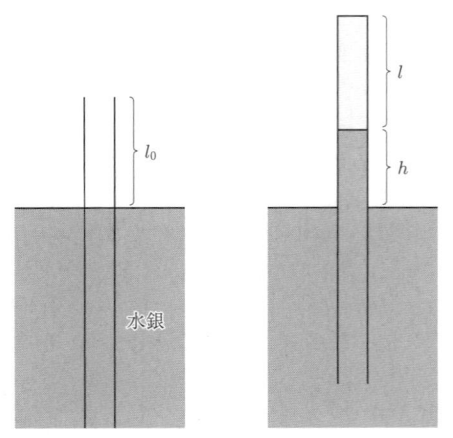

図 3.4 ボイル - フックの実験（大気圧以下の場合）

さ h_0 に相当することを確かめる $(P_0 = \rho h_0)$. ついで,図3.3のような一端 A を閉じた U 字管の,A 側に最初大気圧の空気を入れ(空気柱の高さ l_0),その後,開いた側(B)から水銀を注ぎ込み,図の l と h を測定し $l(h_0+h) = l_0 h_0$ が成り立つことを示す.

ここで,図3.5の表で A は l,B は h,C は h_0,D は h_0+h,E は説明にあるとおり「圧力が延長に反比例しているという仮説にもとづいたときにとるはずの圧力の〔D の〕値」,すなわち $l_0 h_0/l$ である.

表の D と E の値を比べれば $D = E$ つまり
$$h_0 + h = l_0 h_0 / l$$
がかなりの精度で成り立っていると見てよい.

もちろん,A 側の管内の圧力 P は外の大気と B 側の管内の水銀柱の重さの和 $P_0 + \rho h = \rho(h_0+h)$ とつりあっているから $P = \rho(h_0+h)$,他方,A 側の空気の体積(V)は l に比例しているから,上の実験結果は $PV = P_0 V_0 = \mathrm{Const.}$ を表す.

大気圧以下の空気にたいしては,図3.4のように,両端を開いた管を水銀中に立てて後,上部を少し(l_0)残して,上端を密閉する.こうすれば上部に大気圧の空気が封入される.その後,管を持ち上げてゆき,図の l,h を測定して,$l(h_0-h) = l_0 h_0$ が成り立つことを示した.図3.6の A,B,C は図3.5のものと同じ,D は h_0-h,E は同じく予想値 $l_0 h_0/l$.D と E の一致はこれまたきわめてよい.

もちろんこの場合,管内の空気の圧力と水銀柱の重さの

A table of the condenſation of the air.

A	A	B	C	D	E
48	12	00		$29\frac{2}{16}$	$29\frac{2}{16}$
46	$11\frac{1}{2}$	$01\frac{7}{16}$		$30\frac{9}{16}$	$33\frac{6}{16}$
44	11	$02\frac{13}{16}$		$31\frac{15}{16}$	$31\frac{5}{16}$
42	$10\frac{1}{2}$	$04\frac{6}{16}$		$33\frac{8}{16}$	$33\frac{7}{7}$
40	10	$06\frac{3}{16}$		$35\frac{5}{16}$	35--
38	$9\frac{1}{2}$	$07\frac{7}{16}$		37	$36\frac{5}{19}$
36	9	$10\frac{2}{16}$		$39\frac{5}{16}$	$38\frac{7}{8}$
34	$8\frac{1}{2}$	$12\frac{8}{16}$		$41\frac{2}{16}$	$41\frac{2}{17}$
32	8	$15\frac{1}{16}$		$44\frac{3}{16}$	$43\frac{11}{16}$
30	$7\frac{1}{2}$	$17\frac{15}{16}$		$47\frac{1}{16}$	$46\frac{3}{5}$
28	7	$21\frac{3}{16}$		$50\frac{5}{16}$	50--
26	$6\frac{1}{2}$	$25\frac{3}{16}$		$54\frac{5}{16}$	$53\frac{10}{16}$
24	6	$29\frac{11}{16}$		$58\frac{13}{16}$	$58\frac{2}{8}$
23	$5\frac{3}{4}$	$32\frac{3}{16}$	Added to $22\frac{1}{3}$ makes	$60\frac{5}{16}$	$60\frac{18}{23}$
22	$5\frac{1}{2}$	$34\frac{15}{16}$		$64\frac{1}{16}$	$63\frac{6}{11}$
21	$5\frac{1}{4}$	$37\frac{15}{16}$		$67\frac{1}{16}$	$66\frac{4}{7}$
20	5	$41\frac{9}{16}$		$70\frac{11}{16}$	70--
19	$4\frac{3}{4}$	45--		$74\frac{2}{16}$	$73\frac{11}{16}$
18	$4\frac{1}{2}$	$48\frac{12}{16}$		$77\frac{14}{16}$	$77\frac{7}{9}$
17	$4\frac{1}{4}$	$53\frac{11}{16}$		$82\frac{12}{16}$	$82\frac{4}{17}$
16	4	$58\frac{13}{16}$		$87\frac{14}{16}$	$87\frac{3}{8}$
15	$3\frac{3}{4}$	$63\frac{15}{16}$		$93\frac{1}{16}$	$93\frac{1}{5}$
14	$3\frac{1}{2}$	$71\frac{1}{16}$		$100\frac{2}{16}$	$99\frac{6}{7}$
13	$3\frac{1}{4}$	$78\frac{11}{16}$		$107\frac{13}{16}$	$107\frac{7}{13}$
12	3	$88\frac{7}{16}$		$117\frac{9}{16}$	$116\frac{4}{8}$

AA. The number of equal ſpaces in the ſhorter leg, that contained the ſame parcel of air diverſly extended.

B. The height of the mercurial cylinder in the longer leg, that compreſſed the air into thoſe dimenſions.

C. The height of the mercurial cylinder, that counterbalanced the preſſure of the atmoſphere.

D. The aggregate of the two laſt columns *B* and *C*, exhibiting the preſſure ſuſtained by the included air.

E. What that preſſure ſhould be according to the hypotheſis, that ſuppoſes the preſſures and expanſions to be in reciprocal proportion.

図 3.5　実験結果（大気圧以上の場合）
（C の $22\frac{1}{3}$ は $29\frac{2}{16}$ の誤植と思われる．）
$A=l$, $B=h$, $C=h_0$, $D=h+h_0$, $E=l_0 h_0/l$.
$D=E$ がボイルの法則を表す．
ボイルの 1662 年論文より

III　ボイル-フックの実験　　　　　　　　　101

A table of the rarefaction of the air.

	A	B	C	D	E
A. The number of equal spaces at the top of the tube, that contained the same parcel of air.	1	00 0/0		29 2/4	29 2/4
	1 1/2	10 2/8		19 5/8	19 5/8
	2	15 3/8		14 3/8	14 7/8
B. The height of the mercurial cylinder, that together with the spring of the included air counterbalanced the pressure of the atmosphere.	3	20 2/8		9 4/8	9 1/5
	4	22 5/8		7 1/8	7 7/16
	5	24 1/8		5 5/8	5 19/20
	6	24 7/8		4 7/8	4 27/12
	7	25 3/8		4 3/8	4 1/4
	8	26 0/0		3 6/8	3 3/32
C. The pressure of the atmosphere.	9	26 3/8		3 3/8	3 16/60
	10	26 5/8		3 0/0	2 39/60
D. The complement of *B* to *C*, exhibiting the pressure sustained by the included air.	12	27 1/8	Subtracted from 29 3/4 leaves	2 5/8	2 3/8
	14	27 4/8		2 1/8	2 1/4
	16	27 6/8		2 0/0	1 53/64
	18	27 7/8		1 7/8	1 47/72
E. What that pressure should be, according to the hypothesis.	20	28 0/0		1 6/8	1 9/20
	24	28 1/8		1 5/8	1 23/96
	28	28 3/8		1 3/8	1 1/8
	32	28 4/8		1 2/8	0 11/21

図 3.6　実験結果（大気圧以下の場合）
　　　　ボイルの 1662 年の論文より

和 $P+\rho h$ が,外気圧 $P_0 = \rho h_0$ とつりあっているから,管の上部の圧力は $P = \rho(h_0 - h)$ となり,実験結果はこの場合にも,$PV = P_0 V_0 = \text{Const.}$ を表している.

このようにしてボイルはタウンレイの仮説が実証されたものと認める.

じつは,図 3.5,3.6 にあるように実験の測定値を論文中に表示したのは,ボイルが最初の人物の一人と言われている[14].しかしボイル自身は,この論文で定量的関係をとくに強調していないし,ましてや (3.1) のような式を書いているわけでもない.彼の主たる目標はあくまで「空気のばね」という定性的事実の立証にあり,彼自身が定量的法則の価値をどのくらい自覚していたかは,疑問である.

ちなみにこの実験は,はたしてボイル自身がイニシアチブをとって行ったのか,それともフックの発案によるのか,また真の実行者は誰かについても,疑問は残る.これについては,次の二人の歴史家の相反する見解を挙げておこう.「ボイルが報告したすべての実験は,彼が実際に行ったものだということを誰も疑うことはできない」(ギリスピー).「ボイルは非常に有能な実験助手フックを雇うのに十分な金をもっていた.実際の実験はすべてフックが行った疑いが濃い.……フックが彼のもとを去った後,ボイルがもはや何も実験をしなくなったことは意味深長である」(バーナル)[15].

筆者としてはバーナルの見解が真相に近いのではないかと思う.というのもボイルと親交のあったニュートンが,

1673-75年頃の未公開の草稿『空気と〈エーテル〉』でこの実験を「フックの実験」と語り，1672年以前のものと思われるやはり未公開の手稿『フックの〈ミクログラフィア〉注解』でも「フックの実験値」と記しているからである[16]．

事実フックは1665年の『ミクログラフィア』にボイルのものとほぼ同じ実験と測定値を記し，さらには「空気の弾性は延長に反比例するか，もしくはそれにきわめて近い (the Elater of Air is reciprocal to its extension, or at least very near)」と結論づけている[17]．科学史家ウエブスターの論文には，ボイルの法則の歴史的意義を「二つの可変量の間の関数的依存性を表す最初の数値法則」にあると見ているが[18]，その意味でのボイルの法則は，このフックの表現によってはじめて確立されたと言える．実際，フックのこの表現は「弾性」を「圧力」，「延長」を「体積」と読み直せば，現代のボイルの法則と同じものである．

なお，フックはこのU字管を用いた気圧計を考案している（図3.7）．温度計の発明によって温度が定量化され，物理学の概念となったように，圧力計の考案によって圧力が数値で表されるようになり，物理学の概念となったと言える．

IV 「ボイルの法則」のフックによる説明

ボイルの法則の理論的根拠づけに最初にチャレンジした

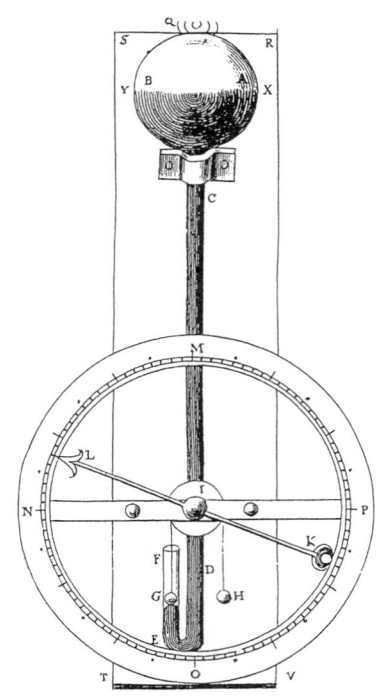

図 3.7 フックの気圧計.『ミクログラフィア』(1665) より
短い管の水銀面上の浮子 G につけた糸を回転軸に回し,その軸に長い針をつけることによって,気圧のわずかな変動を増幅している.

のは，発見者の一人で実験にも携わったフックであった．

フックも機械論哲学の信奉者で，熱運動論の主張者である．1665年の『ミクログラフィア』では，一方で「火の元素のようなものは存在しない」と記し，同時に「流動性の原因は何か．それを私は，ある種の熱の脈動または振動以外の何ものでもないと考える．というのも，熱は，物体の部分部分の活発で猛烈な動揺（*brisk and vehement agitation*）以外の何ものでもないからである」と語っている（強調—原文ママ）．のみならず彼は，「私たちは熱を，そのような運動以外の何ものかであると仮定する必要はない．というのは，燃料を消費しなくとも，物体を溶かすのに充分なほど激しく強い熱を力学的に作り出す（mechanically produce）ことができるからである」と記して，熱の力学的生成まで認めている．ボイルとならぶ——いやボイルに先行する——熱運動論の先駆者であった[19]．

さて，そのフックによる「ボイルの法則」の解明は1678年の論文『抵抗力ないしばねについての講義』に述べられているが，フックは全面的に機械論の立場から問題を捉えている．

はじめにフックは，「可感的宇宙は物体と運動（body and motion）より成る」と述べ，そのさい「物体」を次のように規定する．

　　物体というとき私は，運動ないし進行を受容し伝達しうるあるものを意味しているのであり，物体についてそ

れ以外のいっさいの観念を持ちえない[20]．

　つまり，運動が第一義であって「延長や量，固さや柔かさ，流動性や固体性，稀薄化や濃密化」は，物体の固有の性質ではなく，運動の結果として説明されるべきことであるのだ．しかもこの「物体と運動」は，自然の現象や効果において相互に補完しあう一個同一のものであり，それゆえ「大きな運動をする小さな物体は，小さな運動をする大きな物体と，自然における可感的効果のすべてにおいて等価である」．

　このようにフックの立場は，ある意味ではボイル以上に徹底した機械論であり，そこには微視的な力概念の登場する余地は，まったくない．実際フックは，たとえば物体の不可透入性さえも「運動」の結果と見なしている．フックは，重力については遠隔作用を認めていたのであるが[21]，ミクロのスケールでは近接作用の信奉者であったようだ．

　この立場でのボイルの法則の根拠づけは，フック自身の言葉で語らせるのがよいだろう．彼はまず，空気を，重力のみによって地球に束縛された振動している微小粒子の集まりと捉える．しかもそれが固体や液体と区別されるのは，振動空間の大きさの相違だけでしかない．

　　空気は，地球を取巻く不均質な流体媒質の粒子とほとんど同じくらい小さい粒子より成る．それは，一方の側すなわち地表で限界づけられ，上向きには，それ自身の

IV 「ボイルの法則」のフックによる説明

重さによって飛散を妨げられているだけで，無限に広がっている．それは，結合し複合した場合は水や他の流体を成すものと同一の，単一の分離された粒子より成り，また，きわめて小さく，運動のきわめて素早く，他の地上物体の粒子にくらべて振動空間の異常に大きな粒子より成る．私は，地球に接する空気の〔粒子の〕振動空間は，その自然状態〔大気圧の状態〕では，鉄の場合より8000倍大きく，通常の水の場合よりも数百倍大きいと仮定し，したがってその運動は，鉄の粒子の運動よりも8000倍素早く，水の粒子の運動よりも数百倍素早いとする．

空気が全体として示す弾性（器壁への圧力）は個々の粒子のこの振動運動の結果であり，振動の回数——したがって器壁との衝突回数——がその強さを決める，というのがフックの考え方である．

かりにこの物体〔空気〕のある量が固体によって取り囲まれ，より小さい空間に圧縮せられても，その運動は（その熱〔温度〕が同じだとすれば）同じであり続け，その振動と衝突の数は反比例して増加し，半分の空間に閉じ込められたなら振動と衝突の数が倍になり，1/4の空間に閉じ込められたなら振動と衝突の数が4倍になるであろう．また容器がそれにより多くの空間を与えるようになっていれば，それに比例して振動の〔往復〕時間も

長くなり，振動と衝突の数は反比例して減少する．つまり，もしも以前の大きさに比べて倍に広がれば，振動と衝突の数は半分に減り，それに応じてその外に広がろうとする力も半分に減る[22]．

この一文にたいして，1885年にテイト——ケルヴィンと『自然哲学論考』を共著した国粋的な[*]イギリス人物理学者——は「気体運動論を予感させるもの」と評したが，現代の科学史家ブラッシュは，そのような評価を「的外れ」と断じている[23]．というのも，気体運動論は，分子が時たまの衝突をのぞいて空間内を自由に動くことを前提としているからである．

たしかにこのフックの理論は，固体と同様に気体の場合にも構成粒子が安定点近傍で振動しているというモデルであり，デカルト理論と同様，厳密な意味では気体運動論の先駆とは見なされないであろう．

しかし19世紀後半にジュールが気体分子の直進運動を受けいれ，クレーニヒとクラウジウスとマクスウェルが気体分子運動論を提唱するまでは，熱物質論と対比される熱運動論の大部分は——18世紀前半のダニエル・ベルヌイと19世紀前半のヘラパスとウオーターストンをのぞく——こ

---

[*]　実際1860年代に熱力学第1法則の最初の発見者をめぐってジュールかマイヤーかという論争がイギリスで盛んになったとき，ジュールの肩をもってマイヤーを過小評価したのはテイトであった．そのとき「科学的愛国主義（scientific patriotism）」というグロテスクな言葉がテイトによって用いられた[24]．

のフック型の振動運動かデカルト型の回転運動をイメージしていたのだ．そして，気体分子の器壁との衝突回数が体積に反比例して増加するというフックの着想は，気体運動論の立場から見たとき「かなりいい線いっていた」といえよう．

しかしその後のニュートンのまったく逆の思想が権威づけられたことにより，気体運動論への芽は摘まれてしまう．

V　ニュートンの粒子間斥力と静的気体像

気体の圧力を構成粒子の運動の結果として説明するフックやデカルトの思想の対極にあるのがニュートンの理論だ．先に少し触れたが，ニュートンはフックの論文が発表される少し前の 1673-75 年の頃に『空気と〈エーテル〉』と題する草稿を書いているが，そこで彼は，「フックの実験」について「そのこと〔圧力が体積に反比例すること〕は，もしも空気粒子が相互に接触しているならば，ほとんど不可能である」と述べて，次のように語っている．

　しかし，もしも遠隔的に作用する何らかの原理によって，空気の粒子がたがいに他の粒子から後退しあう傾向にあり，それらの粒子の中心間の距離が 2 倍になったとき，後退させる力が半減し，距離が 3 倍になったとき，力が 3 分の 1 になるならば，簡単な計算によって空気の膨張が圧縮の力に反比例していることが見出されるとい

うこと，このことを理性が私たちに確信させる[25]（傍点—引用者）．

つまりニュートンは，「ボイルの法則」を構成粒子間距離の関数としての斥力——遠隔作用——から説明するのである．

その「証明」は1687年の『プリンキピア』の初版の第2篇・命題23・定理17で示されている．なおこの定理は1727年の第3版まで変わらずに残されている（第3版では定理18）．

定理の内容は，〈圧力が体積に反比例する（ニュートンの表現では「密度に比例する」）ならば，粒子間斥力は距離に反比例し，また逆も可〉というものである．

証明は，幾何学的で読みづらくはあるが，要するに次のような——当世風に言えばスケール変換にもとづく——なかなか洒落たものである．

いま一辺 l の立方体（体積 $V = l^3$）の中に気体があるとして，これを一辺 l' の立方体（体積 $V' = l'^3$）に縮める．そのとき，粒子間の距離（はじめ r，のち r'）も同じ割合で減少するから，$r'/r = l'/l$．他方，粒子間斥力を，それぞれの場合 $f(r)$，$f(r')$，また面の受ける圧力を P，P' とすると，立方体のひとつの面に接する粒子数（N）は不変だから，壁面のうける力は，それぞれ

$$Nf(r) = Pl^2, \quad Nf(r') = P'l'^2$$

となる．これより

$$\frac{f(r)}{f(r')} = \frac{Pl^2}{P'l'^2} = \frac{PV}{P'V'} \cdot \frac{l'}{l} = \frac{PV}{P'V'} \cdot \frac{r'}{r}$$

$$\therefore \quad PV = \text{Const.} \quad \Longleftrightarrow \quad f(r) \propto \frac{1}{r}.$$

他方でニュートンは,『光学』において「〔空気の〕この莫大な収縮と膨張は,斥力以外では,空気の粒子がばね状で枝を持つとか,輪のように巻いていると考えようと,その他のどのような手段によっても,理解しえないように思われる」と語り,空気粒子を弾力をもつ羊毛になぞらえるボイルの素朴機械論をはっきりと退けている[26].

距離の関数として数学的に表現される遠隔力という概念は,天体間の重力(万有引力)に関して最大の成功を収めたものだが,それは,気体論においても新しいパラダイムの提唱であった.

それは,空気全体の巨視的圧力を構成粒子自体の性質から説明するという意味ではボイルの着想の延長線上にあるが,しかしその粒子間の力を粒子の機械論的構造からではなく,遠隔作用として数学的関数で表したことで,まったく新しい地平が拓かれたのである.

なお,『プリンキピア』で上の定理を述べるときニュートンは,空気の粒子を「たがいにとびかう多くの微小部分」と表現しているが,現実にはこの証明は粒子が運動していることをまったく考慮しない,きわめて静的なモデルである.そしてまた注目すべきは,壁に加わる圧力の計算($P \propto N$)より明らかなように,この粒子間斥力はすぐ隣り合った粒

子間でしか働かないということを前提としている.

ニュートン自身はどちらかというと熱運動論者なのだが，熱素説は，ほかでもない，ニュートンのこの静止的気体分子および隣り合う粒子間の斥力という観念から，その斥力の担い手としての特殊な物質を考えるという形で生み出されていったのである．

*

熱物質論の起源と前提は，静止した物質粒子がすぐ隣の粒子に及ぼす斥力の担い手として特殊な物質（熱物質）の存在を仮定することにある．とりわけ 1770 年から約半世紀の間，熱の研究は気体の研究と密に関係しあって発展していったが，そのさい気体の圧力はつねに熱物質のもたらす斥力に関係づけられていた．

気体運動論と熱物質論の対立は，気体を原子論的に捉えるか否かの対立ではなく，気体の圧力を動的な分子の運動による器壁への衝突の結果と見るか，静的な粒子間の斥力の結果と見るかの対立にあったのだ．熱物質というのはその斥力の実体化（物化）形態にほかならない．そしてその斥力の概念はニュートンに発する．

ブラッシュの「熱素説の提唱者は，多くの場合原子論者であったが，気体の熱膨張力を，原子の自由運動にではなく，原子の斥力に帰したのである」という指摘，およびフォックスの「気体の粒子は静止的でそれらの間に存在すると考えられる斥力によって支えられている」という理解が

熱素説のひとつの前提であるという指摘は真相を衝いている[27]．

　しかしそれは少々先の話であり，さしあたっては分子間力それ自体が物質理論の最大の問題を形造ることになる．

第4章 引力・斥力パラダイムの形成
　　　——ニュートンとヘールズ

I　ニュートンによる力概念の導入

　物理学におけるニュートンの最大の功績は，数学的関数で表される重力の発見であり，それにもとづく太陽系の秩序の動力学的解明にある．物質観というミクロなレベルで見ると，形状と大きさと運動能力しか持たない粒子というそれまでの機械論に「粒子間に働く力」という観念を付け加えたことである．

　実際には「粒子間の力」という観念はそれまでの機械論の枠を逸脱する思想であった．

　中世スコラ哲学や当時の魔術思想においては，「質」とは物質的物体のすべての知覚可能な徴表を指していたが，他方，感官によっては直接知覚されえないが一定の顕在的効果を引き起こす磁力のような性質も，「隠れた性質」として感性的性質と同水準の客観性を付与されていた．そしてケプラーは，この磁力にならって天体間の重力を構想した[1]．ケプラーは狭い意味での機械論の徒ではない．

　これにたいしてガリレオは，ケプラーの導入した天体間

の重力をもスコラ哲学で言う「隠れた性質」であるとして退けている．このように機械論では，一般に物体間の引力や斥力をも，物質の性質からは排除する[2]．機械論哲学にとって物質は本質的に受動的で非活性的なものであり，衝突による運動の受け渡しや接触による圧をのぞいては，他に働きかける能力を持たない．デカルトにとって運動は世界のはじめに「神の一撃」によって与えられるだけで，物質によって生成されることはない．

ニュートンの錬金術を研究したドッブズは「引力という観念は〔『プリンキピア』が出版された〕1687年にあっては，正統的な機械論哲学にはほとんど組み込まれていなかった」と記しているが[3]，それはこのことを指している．この「引力」はもちろん「遠隔力」一般と言い直してもよい．ニュートンより一世代前の原子論者チャールトンが1654年に言っているように「何ものも離れた所にある対象にたいしては，何かがつながっているか，何かが送り届けられる仕組みによらなければ，作用することはかなわない」[4]というのが，それまでの機械論の基本的立場であった．

素朴機械論とニュートンの違いは，惑星の運動を宇宙に充満する流体の渦動で説明するデカルトと，太陽の及ぼす引力で説明するニュートンの違いである．同様に，たとえばニュートンと同時代のデカルト主義化学者ニコラ・レムリ（1645-1715）は，酸が舌を刺激するのは酸の粒子に棘（酸突起）がありそれが舌の神経を刺激するからで，また酸とアルカリの中和は酸突起がアルカリ粒子の穴に突き刺さ

るためだと説明する[5]．他方でニュートンによれば「酸の粒子は強い引力を有し，その作用はその引力より成る．したがってそれが味覚を刺激するのはその強い引力による．……アルカリ塩の粒子は酸と土〔アルカリ〕が同様に〔引力の作用で〕結合したものであるが，酸の引力があまりにも強いので，火の力で酸を塩から分離することは不可能である」(『酸の本質について』1692) となる[6]．パラダイムの違いは明白であろう．

ニュートンの自然哲学つまり物理学と化学のプログラムは，「さまざまな運動の現象から自然界のいろいろな力を研究すること，そして次にそれらの力から他の現象を説明論証すること」(『プリンキピア』第 1 版序文——1686 年 5 月 8 日) という彼の言明に尽くされている．実際，天体の運動 (「ケプラーの法則」) から重力を発見しさらには「ボイルの法則」から斥力を「発見」したのと同じ手法を，すべての現象に拡大・適用してゆくことこそが，『プリンキピア』以降のニュートンの生涯の仕事となるべきものであった．「わたくしは他の自然現象も，力学の諸原理から同種の議論によって導くことが許されるのではないかという希望を抱いています．と申しますのも，多くのことからそれらの現象もすべてある力に依存するはずのものではないのか，その力によって物体の微小部分は……相手方に押しやられて規則正しい形に凝集したり，あるいはたがいに斥けあったりするのではないか……と想像されるからです」[7]．(同上)

サックレーに言わせれば力概念の導入は「物質理論の発

展におけるニュートンの最大の寄与」であり,「物質の本性と性質についてのそれまでの機械論的観念を根底的に転換させた」のだ[8]. スコーフィールドはその変化を「運動学的粒子論」から「動力学的粒子論」への転換と呼んだ[9].

20世紀初頭に浩瀚な『19世紀西欧科学思想史』を書いたメルツの表現では,それは「運動学的自然観 (kinetic view of nature)」から「天文学的自然観 (astronomical view of nature)」への転換とされる. つまり「ニュートンの直接的な影響は,デカルト学派のものでありホイヘンスや彼の同時代人やライバルにすぐれた代弁者を見出した運動学的自然観の試みに反対し,私が天文学的自然観と名づけたものを創始したことにある」[10]. もちろんここで言う「天文学的自然観」は,粒子間の遠隔力をマクロの現象のみならずミクロの世界をも含むすべての自然現象の説明のキー概念とするものである.

以下では,物質を遠隔的に力を及ぼしあう粒子の集まりと見るニュートンの立場を力学的還元主義と呼ぼう.

しかし,物体が直接的接触なしに作用するというのは,それまでのスコラ哲学での「傾向」とか魔術思想での「反感・共感」のような「隠れた性質」と同レベルのナンセンスだと決めつける大陸からの批判は根強く,18世紀に入っても大陸は重力を認めようとはしなかった. ライプニッツは1710年の『弁神論』において,最近の哲学が葬り去ったはずの「遠隔作用」の亡霊をニュートンが復活させたと,とがめだてている[11].

これにたいしてニュートンは,『プリンキピア』の1713年の改訂版で,一方で「重力は物体に本質的ではない」,つまり重力は自然の窮極的事実ではないとしながらも,他方では,重力が現象から帰納されまた逆にそれが自然現象を首尾よく説明しうるかぎりで自然哲学は満足し,それ以上その原因は詮索しないという方法論上の立場を打ち出した.「重力が現実に存在し,われわれの前に開かれたその法則にしたがって作用し,天体とわれわれの海に起こるあらゆる運動を与えるならば,それで充分なのです」.本音はどうあれ,このかぎりでニュートンは不可知論的実証主義者として振舞っている.

実際ニュートンは,『プリンキピア』では「力の物理的な原因や所在を考察しているのではない」と断っている.前章で見た距離に反比例する空気粒子間の斥力についても,「弾性的な流体が実際に相互に反発する微小部分から成るかどうかは,物理的な問題です.われわれは,この問題を扱うべききっかけを哲学者たちに提供するために,この種の微小部分から構成されている流体の性質を数学的に証明したのです」と注釈している[12].

つまり力は,観測された運動を説明するためのものであって,単に数学的な概念として定義されているのであり,その存在論上の根拠やその伝達のメカニズムはさしあたって問うところではないという立場である.こういう留保をニュートンが付けている背景には,遠隔作用という観念にニュートン自身本心では困難を感じていたという事実があ

る．通常の物質は本来的に非活性的・受動的であるという思想をニュートンも有していたのだ．

ここから力の担い手（媒体）としての〈エーテル〉にたいするニュートンのいくどかの模索が始まるのだが，それが影響を持つのはニュートンの死後のことで，今しばらく粒子間力の問題を追ってゆこう．

II　ニュートンの影響

大陸とちがってイギリス本土では，ニュートンの力学は17世紀末には認められ，事実ニュートンは，1703年には王立協会の会長に選ばれ，1705年には貴族に叙せられて，絶大な権威を持つようになった．

しかし，だからといって『プリンキピア』そのものが，イギリスの次世代の研究者の実際の研究に大きな影響を与えたとは言い難い．というのも『プリンキピア』はあまりにも高踏的で，相当の数学（幾何学）の素養と忍耐力がなければ近づけないし，とくにイングランドでは，ニュートンの家父長的支配のもとで批判が許されなかったということもある．いわば解説することしか残されていなかったのだ．いずれにせよ若い研究者たちが，そこに未解決のテーマを見つけることは，ほとんど不可能であっただろう．

実際，力学のその後の発展は，大陸でオイラーやクレローやダニエル・ベルヌイやダランベールやラグランジュといった数学者たちが，微積分学を改良し，それを使って

力学を書きあらためてはじめて可能になった．ヤコブ・ヘルマンとダニエル・ベルヌイがはじめて微分方程式を使ってケプラー問題を解き楕円軌道を導いたのが1710年，そしてオイラーの『力学——解析的に示された運動の科学』の出版は 1736 年だが，だいたいそのあたりから新しい動きが始まったと見てよい．ニュートン力学のこの数学的な再定式化と形式的洗練，それの流体力学への適用や摂動論の開発は，ニュートン以降のニュートン科学の継承発展のひとつの方向を与えるものであった．

しかし，ニュートンを神格化し続けてきたイギリスはその動きにとり残された．『プリンキピア』が同時代のイギリス人に遺したものは，天体力学で成功した力の概念を他の分野に押し広げるという一般的指針だけであった．

他方で，ニュートンのいまひとつの遺産『光学』は，『プリンキピア』と同一人物の手になるかと疑われるほど趣を異にしている．それは，実験事実とそこから導かれる定性的推論に終始し，ベーコン以来のイギリス経験論の伝統にも馴染み，だいいち平明で読みやすい．

その上，物質の特殊性を捨象する力学と異なり，光の問題は物質の問題に密に関係している．たとえば光にたいする反射率や透過率や屈折率が物質ごとに異なるのは，ニュートンにとっては光が物質の内部構造——微視的構造——を探るための手段となりうることを示唆していた[13]．実際，『光学』全体が物質と物性にたいするニュートンの深い関心と問題意識を表明しているが，そこから 18 世紀全体を通

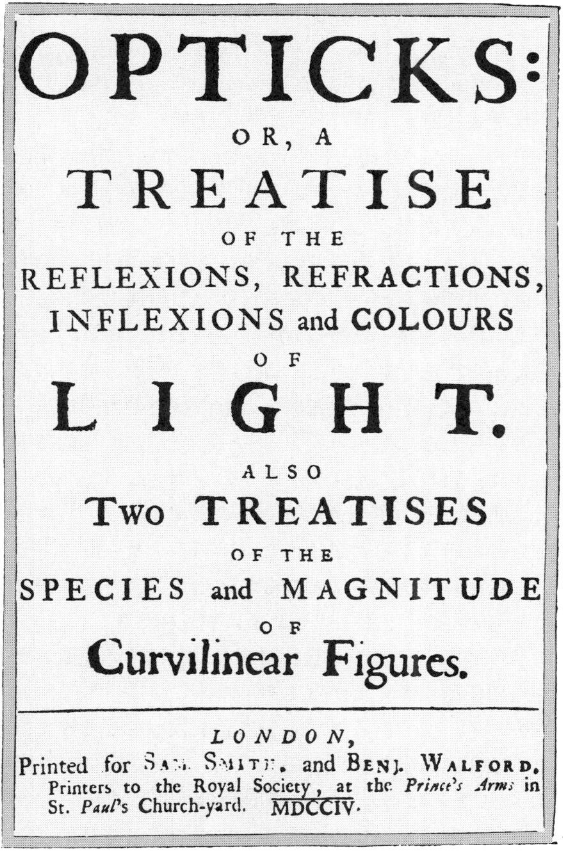

II ニュートンの影響　　121

OPTICKS:
OR, A
TREATISE
OF THE
REFLEXIONS, REFRACTIONS,
INFLEXIONS and COLOURS
OF
LIGHT.
ALSO
Two TREATISES
OF THE
SPECIES and MAGNITUDE
OF
Curvilinear Figures.

LONDON,
Printed for SAM. SMITH. and BENJ. WALFORD.
Printers to the Royal Society, at the *Prince's Arms* in
St. *Paul*'s Church-yard. MDCCIV.

図 4.1　ニュートン『光学』初版（1704）扉

じての物理学と化学のさまざまな問題が派生していった.

とくに『光学』では，巻末に《疑問（Queries）》という形式で，ニュートンの思索が述べられている.《疑問》という表現形式は断定を避けるための方便であって，実際にはニュートンの本心が語られていると見てよい．1704年に初版の出た『光学』はニュートンが名声を確立しイギリス学界の第一人者になってからのものだから，『プリンキピア』に見られる過度の用心深さが影をひそめニュートンの考えが率直に出ているというのがコーヘンの指摘だ[14].

そこには光・熱・表面張力・化学，そして物質のミクロな構造から生理学にいたる，はては錬金術から神学にまでおよぶ，ニュートンの問題提起とその解決の方向性やさまざまの——ときには相矛盾する——推測が，断片的に書き散らされ，いわば「研究テーマ」の宝庫となっていた．この《疑問》こそ，18世紀のイギリスとオランダの自然哲学の研究者に絶大な影響を与えたのである．というのもそれは「これから書かれるはずのものとしてニュートンが標題だけを付けたが，しかし書かれずに残された章」（コーヘン）であり[15]，ニュートンの自称後継者たちはその完成こそみずからの任務と考えたからであった.

本書のテーマである熱学思想に話を絞ってもそうだ.

熱学それ自体を主題としてニュートンが公表したものは，1701年に匿名で著した『熱の度合の目盛』ぐらいしかない．そこで彼は，物体の温度降下についての定量的法則とそれにもとづく高温測定法および温度表を提唱している.

この論文が熱学史において重要でないとはけっして言えないが[*]，物質と熱をめぐる問題にとっての影響という点では小さい．

なお，ほとんどが20世紀になってようやく公表されたニュートンの多くの草稿には，物質についての思索が随処に散見されるが，そのことからもわかるように，物質の問題は，おそらく彼の錬金術研究に由来し，彼の生涯の関心事であった．しかしそれらはもちろん，18世紀の人々の目に触れることはほとんどなく，影響は事実上皆無である．

むしろ熱学史におけるニュートンの重要性は，なによりも『光学』の《疑問》が入り組んだ径路を辿ってポスト・ニュートンに与えた影響にある．

III 『光学』の《疑問》とニュートンの物質観

『光学』の《疑問》は全部で31個に及ぶが，これらは，第1版（1704）で16個（英語第2版の《疑問》1〜16に相当），ラテン語版（1706）で7個（同25〜31に相当），英語第2版（1717）で8個（同17〜24に相当）と書き加えられていった．しかしその内容は，前2版と英語第2版

---

[*] 実際そこでは，有名なニュートンの冷却の法則がはじめて記されただけではない．そこにはさらに「0度：水が凍結する時の冬の空気の熱〔温度〕」からはじまる温度表が与えられている[16]．19世紀の天文学者ハーシェルが指摘したように，実用温度計の0度を氷点にとるのは「最初に目盛の定点を定めることを思いついたニュートンの幸運なアイデア」に負っているのである[17]．

とでは，相矛盾したものを含んでいる．

　第1版とラテン語版をつらぬく主旋律は，「物質の構成粒子の運動とその粒子間の力ですべての自然現象が説明される」という，断固たる力学的還元主義すなわちスコーフィールドの言う「動力学的粒子論」の宣言であった．それは『プリンキピア』で成功した手法を自然のすべてのレベルに敷衍することである．その底流には，自然の斉一性というニュートンの強い信念がある．

　　自然はきわめて自己相似的（very conformable to her self）にして，きわめて単純（very simple）であるだろう．すなわち自然は，諸天体のすべての大規模な運動を，それらの天体間に介在する重力の引力によって遂行し，物体の粒子のすべての微視的な運動を，それらの粒子間に介在する他の引力ないし斥力で遂行するであろう[18]．
　　（《疑問》31）

同じ信念をニュートンはたびたび表明し，『プリンキピア』でも，第3篇のはじめに「自然はつねに単純であり，つねにそれにならうものである」と述べ，さらに初版草稿では「大きな物体の運動について成り立つどのような議論も，より小さい物体についてあてはまるはずである」とある[19]．したがって「この地球が重力によって水をそれよりも軽い物体を引く以上に強く引き寄せるために，その軽い物体が水中を上昇し地心から離れてゆくのと同じように，

塩の粒子は水を引き寄せるので，相互的にはできる限り離れようとし，こうして水中に拡散してゆく」(『酸の本質について』)というような説明が可能になる[20].

つまり，マクロな現象からミクロな現象にまで同一の説明原理が貫徹することになる．そのさい相違は，太陽系が重力による結合であるのにひきかえ，物質とは微小粒子の引力と斥力による結合であるということであり，逆にそのさまざまな力の相違は，構成粒子の結合状態と結合レベルの相違に由来する．

というのも，ニュートンにあっては「すべての物体は一個同一の物質からなり，それが自然の働きによって無数の形態に変えられる」とあるように，窮極物質は均一であり，現実の物質はその均質の窮極粒子の1次的結合状態，さらにはそれらの2次的結合状態等々より成っているからである．すなわち「すべての粒子は相互に引き合う．それらの最小のものの集合物は《第1次の構成》の粒子と呼ばれ，その第1次の集塊からなる集合体，つまり集合物の集合物は《第2次の構成》と呼ばれる」[21].

そして，その重層的な結合レベルの段階的進展に応じて，さまざまな物理的・化学的性質が生み出されてゆく.

　自然界には，きわめて強い引力（attraction）によって物体の粒子を固く固着させる諸作用因（agents）があり，それらを見出すことが，実験哲学の課題である.

　さて，物質の最小の粒子は，最大の引力によって結合

し，より力の弱いより大きな粒子を構成するであろう．そしてこれらの多くが結びつき，さらに力の弱いさらに大きい粒子を構成するであろう．このように順次進んで，ついには化学における作用や自然物体の呈する色を左右する最大の粒子で終る．そしてこれらの粒子が集まって，可感的な大きさの物体を構成する．……

酸に溶けた金属は，少量の酸にしか引力を及ぼさないので，その引力は微小な距離にしか及びえない．そして代数学においては正の量が消滅したところから負の量が始まるように，力学においては引力が消滅したところから斥力（repulsive Virtue）が始まる[22]．（《疑問》31）

しかもニュートンにとっては，光もまた，粒子になぞらえられる要素的な射線（ray）の集合であり，上述の諸力は，通常粒子間のみならず，粒子と射線の間にまで及んでいる．「物質の微小粒子は，ある力能・性能ないし力を有し，それによってそれらは光の射線に遠隔的に働きかけて反射・屈折・回折せしめるだけではなく，相互的にも作用しあって自然の大部分の現象を生ぜしめるのではないだろうか？」（《疑問》31）とニュートンの想像はふくらむ[23]．

単にこの立場からでは，熱は物質の構成粒子の運動と見なされる．たとえば『光学』第1版では，「光は物質に作用して，これを加熱し，その粒子に熱を構成する振動運動を与えるのではないのか」（《疑問》5）とあり，同ラテン語版でも「〔化学反応で生じる〕この熱は，液体の組成部分の

激しい運動を立証しているのではないか」(《疑問》31) とある[24]．エディンバラ出身のアルチバルド・ピトカーンが 1691 年にニュートンから得た手稿では「熱は粒子のあらゆる方向への動揺（agitation）である」と，より明白に断定されている[25]．

したがってまた『光学』ラテン語版（1706）までのニュートンは，デカルトの主張する宇宙に充満する流体媒質の想定をきっぱりと否定している．

　密な流体は自然現象を説明するのに役立たず，惑星や彗星の運動は，それがない方がより良く説明される．そのような流体はこれら巨大物体の運動を攪乱し減衰せしめ，自然の機構を衰微させるのにしか役立たない．そして物体の孔の中では，その熱と活性を成す組成部分の振動運動を停止させることにしかならない．それが無益で，自然の作用を妨げ，自然を衰微させるように，それが実在するという証拠も存在しないので，それは排除されるべきである[26]．(《疑問》28)

一方では遠隔力が語られ，他方でこれほど明快・辛辣にデカルト的宇宙流体の存在が否定されているのに，じつはニュートンが『光学』第 2 版（1717）に付け加えた《疑問》では，論調はがらりと変る．詳しくは第 6 章に譲るが，そこでは光の屈折・回折の原因や熱振動の担い手，および空気弾性（粒子間斥力）や重力や物体の凝集や神経作用の説

明原理として「微細で弾性的な〈エーテル〉」が導入される．しかし18世紀初頭に研究や著述活動に入り反デカルト主義の風潮に深く染まっていたコーツやペンバートンやキールやデザギュリエらのニュートン主義者たちは，その〈エーテル〉論を無視し，「力は物質に本質的ではなく物理的なものとは解さぬように」というニュートンの警告を真剣には受け止めなかった[27]．

こうして1740年頃までは，イギリスにおいては，粒子と粒子間力というパラダイム——動力学的粒子論——が支配することになる．つまり，形状や大きさ以外に，遠隔的に力を及ぼしあう能力までが事実上物質の第一性質に編入されたのだ．そして当時の研究者の関心は，その粒子間力を数学的に決定する方向に収斂していった．

IV　スティーブン・ヘールズ

しかし当初は，引力だけが関心をひいていた．ニュートンの導入した斥力概念の重要性に最初に注目し，動力学的粒子論にのっとって特異な二元論的物質観を唱道したのは，科学史上では植物生理学で有名なスティーブン・ヘールズである．

1677年生まれのヘールズは，1696年から13年間ケンブリッジで学んだ．1696年はニュートンが造幣局監事となってケンブリッジを去った年だが，大学とは旧弊なところで，当時ニュートンの自然哲学は，いまだに大学で体系

的に教えられてはいなかった．王立協会とちがって大学では，実験も数学も重視されてはいなかったのだ．

しかし，1704年の『光学』の出版が転機になった．ケンブリッジでは，1706年にコーツとホイストンが流体力学と気体力学の講義を始め，オクスフォードでは，1704年にキールが，1710年にはデザギュリエが講義を始めたが，それらははじめての「実験と数学的方法による」自然哲学の講義であった．1713年にデザギュリエは，「ニュートン哲学は，実験によって，すべての階層とすべての職業の人々に，さらには婦人たちの間にさえ，受け入れられていった」と語っている[28]．

ヘールズは，ケンブリッジを去ってから83歳で死ぬまでテディントンに留まり，教区牧師をしながら動物と植物の生理学の研究を続けた．

ニュートンの『光学』の《疑問》とりわけ《疑問31》に大きな影響をうけていたヘールズが生理学に用いた方法は，「計量的方法 (statical way)」[29] すなわち「計数し，秤量し，測定すること (to number, weigh and measure)」であり，それは，15世紀のニコラウス・クザーヌスのような先駆者がいないわけではないが，しかし一般にはそれまでの生理学には欠落していたものである．実際彼は，さまざまな動物のさまざまな状態での動脈と静脈の血圧，心臓の体積や表面積と動脈の直径を測定して，血液の速度と血管の抵抗を算出し，1世紀前のウィリアム・ハーヴェイの研究を飛躍的に発展させた．

しかし，生理学で決定的に彼の名を成さしめたのは，植物生理学の研究である．

彼は，植物の根から吸収される水の量と葉からの蒸散量，さらには根圧と枝での樹液の圧力を測定し，樹液の流速を算出して，樹液はそれまで言われていたように循環するのではなく根から葉に一方的に流れることを明らかにし，また，樹液中に大量の〈空気〉[*]が含まれていることを発見した．この研究は『植物計量学（*Vegetable Staticks*)』にまとめられて，ニュートンの認可で 1727 年に出版された．

ニュートンの没年であり，この年ヘールズは王立協会の会員に選ばれた．同書はビュフォンそしてクリスティアン・ヴォルフというフランスとドイツの代表的な学者により仏語と独語に翻訳されている．

近代植物生理学の出発点を成し，また実験家としても理論家としてもヘールズの最高の資質を証明しているこの書物の物理学と化学において持つ真の重要性は，そこで扱われている気体の研究である．実際その研究は，ブラック，プリーストリー，キャベンディッシュ，そしてラヴォアジェにまで大きな影響を与えた．はやくも 1732 年に出版されたオランダ人ブールハーヴェの教科書『化学』は「有名なスティーブン・ヘールズ博士によって刊行された『植物計量学』というタイトルのきわめてすぐれた論考」に言及している．そして「読者はこの著者の原著をぜひとも読む

---

[*] ヘールズの言う air は気体一般を指すとともに，斥力の唯一の担い手としての特異な作用因でもあるので〈 〉で囲む．

べきである．そこには尽きせぬ思索の源が見出される」と語ったのは 1774 年のラヴォアジェであった[30]．

ヘールズが気体に関心を持ったのは，序文で語っているように「多くの実験から，植物によって〈空気〉が，その根だけではなくその幹や枝の多くの部分において大量に吸収されていることを見出したので，より詳細な研究へと向かった」からである．

その気体の研究は第 6 章に含まれているが，その章題

〈空気〉のいかに多くの部分が，動物，植物，鉱物の組織の中に含まれているのか，さらにそれらの物質が分解されて〈空気〉が分離されたときに，〈空気〉がどれほどたやすく以前の弾性状態を取り戻すのかを示すための，きわめてさまざまな化学的-計量的（chymico-statical）実験によって〈空気〉を分析する試みの実例．

がその目的をよく示している．具体的には，あらゆる物質から，蒸留（乾留）・発酵[*]により気体を発生せしめ，その量を測定すること，また逆に，化学反応によってそれらの気体を吸収・固定させることに尽きている．

実際には，固形物体から気体——当時の用語で「弾性流

---

[*] ニュートンもヘールズも distillation を蒸留ないし乾留だけでなく熱分解一般の意味に，また fermentation を現在言う発酵だけではなく起沸をともなう化学反応にまで広い錬金術的意味で用いている．

体」——が発生することは，ファン・ヘルモントもボイルも気づいていた．ヘールズの新しさは，それを定量的に測定したことである．1773年，パリ・アカデミーはラヴォアジェの著書を審査し，その要約を残しているが，そこには，ヘールズの登場によって物質から発する気体についてのわれわれの知識はまったく新しい様相を呈することになったとの指摘のあとに，次のように記されている．

〔それまで人々は〕種々の物質から出てくる〔弾性〕流体の重さや容積を測ろうなどとは考えてもみなかった．しかしこれこそヘールズが……その単純で巧みな実験によって行おうとしたことである．発生する弾性流体の容積や重さを知る実験が〔ヘールズによって〕なされなかった物質はほとんどないようである[31]．

もっともヘールズは，気体の量的側面にだけ着目し，その質的な差に目を向けなかったために，種々の気体を区別することができず，新しい気体の発見という化学上の功績を取り逃してしまった．彼にとって種々の気体は，一種類の〈空気〉の状態のちがいでしかなかったのだ[*]．

そしてそれらの膨大な実験を統一的に論ずる視点は，他

---

[*] というより，当時はむしろ〈空気〉というものはそもそも単一の弾性流体であり，さまざまな物質から発生するさまざまな気体が異なる性質を示すのは，それらの物質から出てくるさまざまな種類の「発散気（effluvia）」がその〈空気〉に混じっているからだと考えられていたようである．

でもない，ニュートンの，とくに『光学』の《疑問》から得た引力・斥力パラダイムであった．

V 斥力概念と二元論的物質観

この気体の研究を通してヘールズは，粒子間引力だけではなく，ニュートンが「ボイルの法則」を説明するために導入した粒子間斥力にも着目し，この斥力こそが自然界の安定と活性にとって決定的に重要なことを主張した．

> もしも物質のすべての部分が強い引力だけを与えられているとするならば，すべての自然はたちまち不活性な凝固する集塊になってしまうであろう．それゆえ，引力を及ぼしあうこの物質の巨大な集塊を活性化させておくためには，引力を及ぼすこの物質には，どこにおいても，しかるべき割合の強く反発する粒子が混ぜ合されていなければならず，その反発する粒子が，それらと引力を及ぼす粒子とのたえまない作用によって，すべての集塊を活性化させておくであろう[32]．

現実には，ニュートンの物質は重力以外に慣性も持ち，したがって太陽系のように引力と慣性力としての遠心力だけからでも定常状態は保たれうる．ヘールズは，ニュートンの動力学には暗かったようである．その意味では，気体の論じ方もきわめて静的である．静的な気体と力の概念は，

前章で見たニュートンとフックの対立のように,気体運動論の対極に位置する.

ちなみに,ヘールズ以前のニュートン主義者たち,ペンバートン,クラーク,コーツ,ピトカーン,ホークスビーたちは,斥力にまったく言及していないし,キールも斥力に難色を示していた.「ヘールズは,斥力というニュートンの概念の可能性を見抜いた最初の動力学的粒子論者であった」(スコーフィールド)[33].磁石の研究で知られるゴウィン・ナイトが『自然のすべての現象は二つの単純な能動的原理すなわち引力と斥力によって説明可能なことを証明する試み』をロンドンで出版したのは,ヘールズから20年後の1748年であった.

『植物計量学』におけるヘールズの実験を1755年の『火について』で「すばらしい」と評価するドイツの哲学者イマヌエル・カントは,同じ1755年の『天体の一般自然史と理論』では,いわゆるカント-ラプラス星雲説を展開したさいに,次のように論じている.宇宙空間にカオス状に分散していた原初の物質からいくつもの集塊が形成されてゆく.「しかしながら,自然のなかにはもっと別の力も蓄えられている.それは物質が粒子に分解される場合にとくに現われてくるもので,この力によって粒子はたがいに反発しあい,そしてそれが引力と相争うことによって,いわば自然の持続的生命というべき運動を生み出す.この斥力は蒸気が吹き出たり,物体から強烈な臭いが発散したり,アルコール性物質が拡散する場合に見られる争う余地のない

自然現象である」[34]．ここにヘールズの顕著な影響を認めることができるであろう．

ヘールズのその着想は，おそらくはニュートンの『光学』の《疑問 31》の次の箇所に触発されたものであろう．

> それ〔斥力の存在〕は空気や蒸気の生成からでも推論できるであろう．粒子は熱または発酵によって物質から振りはなされると，物質の引力の到達範囲をこえるやいなや，非常な強さで物質から，また他の粒子から遠ざかって，大きい距離を保ち，ときには密な物質だったときの百万倍以上の空間を占めることがある．このように大きい凝縮と膨張は，……斥力以外のどのような方法によっても，理解できないように思われる[35]．

しかしヘールズは，ニュートンを越えて，その斥力の担い手を〈空気〉に限定した．そしてそこから〈空気〉の特異な性質を導き出す．すなわち〈空気〉は，斥力——弾性——のみを有するのではない．木材を乾留したり貝殻に酸を加えたりすれば多量の〈空気〉が発生することは，その〈空気〉がそれまでは木材や貝殻中に固定され，したがって弾性を失っていたのだと考えねばならない．「というのも——とヘールズは語る——多くの空気が植物や動物の物質中で，構成部分を破裂させることなく弾性状態のままでいることは不可能だからである」．つまり〈空気〉は，通常の流体（気体）状態では斥力を有するが，物質に固定された

状態では強い引力を有するものでなければならない．〈空気〉は「両性的（amphibious）」なのである．

　弾性は〈空気〉粒子の本質的で不変な性質ではなく，〈空気〉粒子は，〈酸〉の粒子や〈硫黄〉粒子や〈塩〉の粒子の強い引力によって，弾性状態から固定状態にたやすく変りうる[36]．

　したがって，現実の大気はさまざまな程度の弾性を持つ粒子の集合より成る．ちなみにこの「固定〈空気〉の矛盾」つまり「〈空気〉の両性的性質」こそ，のちに青年ラヴォアジェを気体の研究に向かわせるひとつの契機となった（第12章参照）．

　ヘールズは，すべての気体を〈空気〉と称しているが，しかし，水や他の液体の気化によって得られる水蒸気などと〈空気〉とは区別する．「われわれの大気は，弾性粒子のみならず，非弾性粒子からも成るカオスである．後者，すなわち〈硫黄〉性，〈塩〉性，〈水〉性，〈土〉性粒子は，真の永久〈空気〉を構成する粒子のような永久的弾性状態にはどのようにしてもなりえないものとして，大気中に大量に浮遊しているのである」．

　この，「真の永久〈空気〉（true permanent air）」と，「単にふくらんだ蒸気（mere flatulent vapour）」との区別に，ヘールズの特異な〈空気〉観と二元的物質観が顕著に認められる．そしてそれは，ニュートンの次の示唆を受け

入れたものであろう．

　あまり強く凝固せず，小さくて液体を流動状態に保つ動揺のきわめて生じやすい流体の粒子は，きわめて容易に分離され，稀薄にされて蒸気となる．それらは化学用語では揮発性であり，わずかな熱によって稀薄になり，冷によって凝縮する．他方，より粗大で，それゆえ動揺の生じにくく，より強い引力によって凝固する流体の粒子は，より強い熱やおそらくは発酵がなければ分離されえない．これは化学者が固定されたと呼ぶものであり，発酵によって稀薄にされれば永久〈空気〉となる．後者の粒子は，最大の力でたがいに遠ざかり，寄せ集めるのがもっともむつかしく，接触によってもっとも強く凝固する[37]．(《疑問》31)

要するに，「真の永久〈空気〉」とは，強い引力ではじめて固定され，またそれを物体から取り出すには大量の熱を必要とし，分離されたらただちに弾性を取り戻しうるものであり，他方，それ以外の「単にふくらんだ蒸気」は，冷やせば容易に液化するし，簡単に水に吸収されるものである．一言で言うなら「真の永久〈空気〉」とは，固体物体の乾留で得られる気体のうち，水をくぐらせて捕集槽（図4.2）——これはヘールズ自身の発明——に集められるものである．

これらの実験から火や発酵によって動物や植物や鉱物から生み出され，またそこに吸収される真の永久〈空気〉のかなりの量が存在することの明白な証拠を得た．この〈空気〉は，たがいに力で反発しあうきわめて活発な粒子より成り，そのさい通常の空気と同種類の弾性を成す．ということは，それが水銀柱を持ち上げる実験や，また厳しい冷で冷却しても何カ月も弾性状態を維持することにより，明らかである．それにたいして，水の蒸気は，熱によって大きく膨張するが，冷やされればただちに凝縮してしまう．

　いくつかの物質から蒸留〔乾留〕によって得られ，このように〔水をくぐらせて捕集槽で〕集められた大量の〈空気〉は，真の〈空気〉であり，単なるふくらんだ蒸気ではない[38]．

　つまり，〈空気〉は本質的・永久的に弾性的なのだが，他方，水などの蒸気は一時的に〈空気〉の弾性を共有しているにすぎない．
　こうして彼は，「この，あるときは強く固定され，またあるときは飛び回るプロテウス〔変幻自在な神——真の永久〈空気〉のこと〕を，化学の原質（chymical principle）の中に採用してもよいのではないか」と語る[39]．
　そして，この「両性的」な〈空気〉粒子と引力のみを持つその他の粒子の相互作用から，自然界のすべての現象は

説明される——「自然の主要にして原理的な作用は〈空気〉のこの両性的性質により遂行される」(序文)——と結論づける.

　われわれは,植物の化学分析により,その物質はすべからく相互的引力を付与された〈硫黄〉〈揮発性塩〉〈水〉〈土〉,および固定状態では強い引力を及ぼすが弾性状態では斥力を及ぼす〈空気〉より成っていることを見出した.……そして動物と植物の内部におけるすべての作用は,これらの原質の作用と反作用の無限の組み合せによるものである[40].(傍点—引用者)

ヘールズは,これまでの引用でわかるように,アリストテレスとパラケルススの元素観を混乱した形で受け継いでいるが,ともあれこうして,斥力・引力を併せ持つ〈空気〉と引力だけを持つその他すべての物質とを区別する二元論的物質観に辿り着いた.つまり〈空気〉の斥力は還元不可能な性質であるとともに,〈空気〉は全自然の活性の作用因として,他の元素と区別された特異な地位を占めることになった.

ここにわれわれは,動力学的粒子論が,多種の力の導入によって結果的には逆に物質を区別してゆくことになる——それゆえ物在論につながってゆく——径路の入り口を見る.

後に見る,相互には反発するブールハーヴェの〈火〉やフランクリンの〈電気流体〉やドルトンの〈熱雰囲気〉と

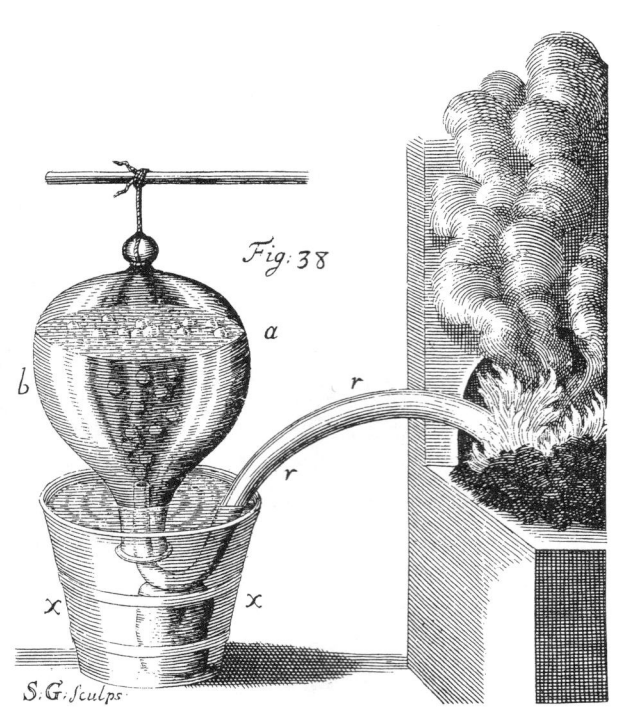

図 4.2 ヘールズの考案した捕集槽による実験.『植物計量学』(1727) より.「真の永久〈空気〉」のみが集められる.

いう二元論は，ヘールズの〈空気〉の延長線上にある．とりわけ熱——熱物質——が斥力の担い手として構想され，導入されることに注意しよう．実際，1794年にはスコットランドの地質学者ジェームス・ハットンは語っている．

> われわれの住む動的世界（moving system）を活動させるためには，必然的に諸力（powers）が必要とされる．われわれは二つの異なった力を看取するであろう．ひとつは重力でそれによってこの物質界のすべての部分がひとつに結合された塊に保たれる．そしてもうひとつは熱であり，これによって重力の最終的結果である静止が有機的な生命体を含むこの結合された塊から取りのぞかれる[41]．

ヘールズそしてカントの語る引力と斥力からなる動的世界の斥力を，端的に熱に置き換えた，あるいは熱に担わせたものにほかならない．こうして熱物質論が形成されてゆくことになる．しかしそこにゆく前に，今すこし動力学的粒子論の行方を見ておかなければならない．

第5章　一元的物質観の終焉
　　　　——デザギュリエ

I　亡命者デザギュリエ

　ニュートンによれば，すべての物質は均質の窮極粒子よりなり，物質が多様な性質を示すのは力による結合状態や組織構造の差異による．つまり均質の窮極粒子の複数個の結合状態のさらに複合物が，物質の化学的・光学的性質を規定する．このような一元的物質観と力学的還元主義は，実は，電気・磁気・熱などの現象がよくは知られていなかった17世紀の遺産であった．

　他方ヘールズは，〈空気〉に斥力を担わせることで，引力だけを持つ通常物質と引力・斥力を併せ持つ〈空気〉という二元的物質観にゆきついた．

　その斥力概念の重要性をいちはやく認め，すべての物質粒子に引力と斥力を担わせることによって，ふたたび均質なアトムという一元的物質観を復活させようとしたのが，デザギュリエである．こうして，引力・斥力パラダイムはその前線を拡大し，まさにそのことによって，その限界を露呈させることになる．

1683年，フランスでユグノー（プロテスタント）の家庭に生まれたジョン・テオフィリス・デザギュリエは，幼時に父とともに（一説には桶に隠されて）亡命し，イギリスで教育を受けた．1685年にルイ14世がナントの勅令を廃止し，ユグノーの宗教的・市民的自由を全面的に剥奪したことによる．そのため約1世紀の間にイギリス，オランダ，ドイツ等へ亡命したユグノーは約50万人とも言われる．

　1808年に出版されたシャルル・フーリエの『四運動の理論』には，「フランスのプロテスタントがドイツに亡命したとき，彼らはカトリックの製造者にとってかわられたわけではなく，産業もまた彼らとともに国外追放となった」と記されている[1]．実際，亡命ユグノーの多くは腕の立つ職人や勤勉な商人や精力的な小生産者であるか，あるいは教師や医師等の知識階層に属し，亡命国の知的・技術的水準の向上とブルジョア社会の基盤形成にあずかっている．

　フランス百科全書派の思想的先駆者でベルリン・アカデミーの常任書記を務めたサミュエル・フォルメやロッテルダムで『歴史・批判辞典』を著したピエル・ベールらも，亡命ユグノーの三世であったし，二世代上では，ヨーロッパを放浪し，蒸気機関や蒸気船の着想を得たドニ・パパンもそうである．ニュートンの直弟子で王立協会で活躍したド・モアーブルやデザギュリエも，そのような辺境人であった．そして彼らは「フランスおよび旧教の批判者になり，イングランドおよびニュートンとロックの理念の熱狂的な支持者となった」．実際，ニュートンの『光学』とジョン・

ロックの『人間知性論』を仏訳したのは,やはり亡命ユグノーのピエル・コストであった[2]．

デザギュリエは,オクスフォードで学び,1714年王立協会の会員となり,14年から44年まで王立協会の実験管理者を務めた．彼はまた一般向けの講演や実験にも携わり,多くの自然哲学書の翻訳に手を染め,ニュートンの生前は「ニュートン哲学の数学を用いない解説の達人」とまで評され[3],ニュートン主義の普及に大きな足跡を残した．ピエル・コストがニュートンの『光学』を仏訳したとき,訳文の草稿に注意深く目を通したのは,デザギュリエであった．ジョージ1世と2世に物理学を教示したのもデザギュリエであった．

彼の著した『実験哲学教程』(1734,44)はニュートン自然哲学の入門書として,また当時の物理学と技術全般の解説書として,広く読まれている．たとえばドルトンはここからニュートンを学び,アメリカのベンジャミン・フランクリンも同書に大きな影響を受けたと言われる[4]．わが国の国立国会図書館には,1736年にアムステルダムで出版された同書のオランダ語版が所蔵されているが,毛筆の書き込みのあるところから見て,江戸時代に長崎から入ったものではないかと想像される．このことからも,本書がどれくらい出回っていたかが推測されよう．

またデザギュリエは,理論から実用面まで科学と技術に広く関心を持ち,その点では数理的なニュートンの後継者というよりは,王立協会の初代実験管理者ロバート・フッ

クの系列に連なる.実際デザギュリエは,自然哲学の理論だけではなく,たとえばセイヴァリやニューコメンの蒸気機関などの技術にも早くから注目している(図5.1).のみならず,彼によるニューコメン機関の説明が「18世紀にあらわれた最上のもの」だと評されている.そんなわけで,スコーフィールドによれば「イギリスにおける1714年から1744年までの自然哲学の理論上・実験上・実用上のすべての側面に彼ほど広く関わり,その著作がその時代の実験物理学の概観により役に立つ人物は,他にはいない」のである[5].

しかしというか,それゆえにというか,彼はまた「動力学的粒子論の英雄時代と冬の時代の連結環」(スコーフィールド)でもあったのだ.

II 「標準的動力学的粒子論」

『実験哲学教程』に述べられたデザギュリエの物質観は,以下のように要約される[6].

物質は,延長と慣性を持ちそれ以上の分割が不可能な均質のアトムより成る.アトムは,孔がなく完全に不可透入的で,可動的である.これらのアトムがいくつか集まってより大きな塊を作り,それが物質の構成部分となる.こうして形成される物質の多様性と変化は,その構成部分の配置・距離・形状・構造そして力によって決定される.

そして物体には,本質的(essential)ではないが物質と

不可分という意味で普遍的（universal）な「力」が具わっている．

　重力や引力や斥力のような，それによっていくつかの現象が説明されるところの物体の性質は，隠れた性質（occult property）でもなければ仮想の能力（supposed virtue）でもなく，現実に存在し，実験と観察によりわれわれの感覚の対象となる．これらの性質は，定まった法則にのっとってその効果を生み出し，同一状況のもとでは同じように作用する[7]．

距離の2乗に反比例する弱い重力以外に，近距離では重力よりずっと強いが可感距離では消滅する凝集力，引力・斥力をともに示す電気力と磁気力，そして物質の弾性を生み出す斥力など，「自然界におけるすべての現象と変化にかかわる2種類の力，ないし自然の一般的作用因（agent），すなわち引力と斥力が存在するように思われる」のである．
　そのさいデザギュリエは，これらの諸力の物理的原因ひいては存在論上の根拠を問おうとはしない．力の存在は，単なる経験的所与であり，「これらの原因の原因（the causes of those causes）は，知られていない——われわれは，これらの隠れた原因については推測しない」のだ．
　ニュートンの重力（遠隔力）は「隠れた性質」であって，その導入はスコラ哲学か魔術思想への退歩だという，大陸のデカルト主義者からの執拗な批判にたいして，ニュート

図5.1 デザギュリエ『実験哲学教程』に描かれたニューコメン機関

ンは『光学』の《疑問》で，力の原因はたしかに不明だが，その効果は顕在的であり実験と観測によって認められるから，それは「隠れた性質」ではありえないと反論した．それにたいしてパリのデカルト派の総帥フォントネルが，ニュートン追悼文で，それこそスコラ学で言う「隠れた性質」ではないかと攻撃を続けていた[8]．

デザギュリエの上記の発言は，ニュートン歿後も続く攻撃にたいする，ニュートンになりかわっての反論でもあった．というわけで彼は，自然哲学の目的と守備範囲を——ニュートンにならって——次のように限定する．

　　引力と斥力は，第一原理すなわち第一ないし第二の原因として，偉大な造物主によって定められているように思われるから，われわれはその原因を詮索するには及ばず，引力と斥力から他の諸事実を導き出すことで充分である[9]．

このようにデザギュリエは，ニュートンの力学的還元主義にきわめて忠実ではある．

しかし，ニュートンが慎重に言葉を選び，《疑問》という形で，未確定の推測として語ったことを，デザギュリエは「実験と観察によって確証（confirm）された」事実と受け取った．「ただニュートンは，謙虚さのために，あたかも推測（conjecture）であるかのように述べているにすぎない」というのである．他方で彼は，デカルトの宇宙体系を「哲

学的夢物語（philosophical romance）」とこきおろしている[10]．「ニュートン以上のニュートン主義者」と評されるゆえんである．

そんなわけでニュートンが力概念に付け加えた「単なる数学的なものでしかなく，物理的なものとは解さぬよう」という留保と警告を，デザギュリエは重視しない．ニュートンにとって通常の物質は本質的に受動的なものであり，それゆえニュートンの言う物質粒子間の力には，つねに，現象の数学的抽象にすぎぬという留保がつきまとっていた．しかしそのようなこだわりは，デザギュリエにはない．その意味で，デザギュリエの思想は「もっとも標準的な動力学的粒子論」（スコーフィールド）であった．

III 蒸発のメカニズム

デザギュリエは，ニュートンの生前はニュートンの権威に従順で，もっぱらニュートンの解説者に徹していたが，ニュートンの死とともにその家父長的支配体制の重圧から解放され，自分の途を歩み始める．それは，ニュートンの慎重さを少しずつなし崩してゆくことであった．

ニュートン没年にヘールズの『植物計量学』が出版されると，デザギュリエはただちにその書評を書き，遠隔作用としての斥力の重要性を認め，1729年に論文『蒸気の上昇と雲の形成と降雨の現象を解く試み』を発表し，はじめて斥力に言及する．

ちなみに，オクスフォード時代のデザギュリエの師キールも，斥力を認めるのに難色を示し，それを〈空気〉に特有のものだとしていたし，またヘールズも「真の永久空気」と「単なる蒸気」とを区別し，水の蒸気にたいしては斥力を認めようとはしなかった．しかしデザギュリエは，すべての物質粒子に斥力と引力の双方を担わせる．

　引力は，もっぱら接触しているかきわめて接近している粒子間でのみ働き，その場合には，さもなければ弾性的な流体を非弾性的にする．しかしその引力は流体の部分の斥力を完全に破壊するわけではなく，そのため流体は非圧縮性を示す．熱や発酵（ないし他の何らかの原因）で粒子がひき離されたならば，斥力が強まり，粒子は大きな距離で力を及ぼしあい，物体は膨張する．

したがって

　粒子の斥力を増加せしめることによって，非弾性ないし非圧縮性の流体〔液体〕は，弾性的になり，固体——すくなくともその大部分——は弾性流体〔気体〕に変りうる．逆に斥力を減少せしめることによって，弾性流体は非弾性流体〔液体〕ないし固体に還元される[11]．

　つまり熱により粒子間距離が増加すれば，斥力が優位になり，固体は液体に，液体は気体になる．こうして膨張し

た水は，その比重が空気以下になって蒸発する．

　デザギュリエは，固体・液体・気体が同一物質の異なる結合状態で，その間の状態変化（相転移）が物理的変化だという認識に立っているのだ．また，こうしてはじめて，斥力が引力と同水準に置かれ，ともに自然の「第一原理」に位置づけられるにいたったのである．ちなみに，物体がそれ自体の結合力の変化によって相転移を行うということを明示的に語ったのは，彼がはじめてであった．

　それまでの蒸発とそれによる蒸気の上昇の理論は，水の粒子が太陽光線から分離した〈火〉と結合することにより，いわば「蒸気の分子」が形成されて空気より軽くなるとか，水にたいする太陽の作用により，水の粒子が発散気（aura）ないし高度に希薄化された純粋な空気と結合して軽くなるというもので，蒸発（気化）は，ある種の「化学変化」のように見なされていた[12]．

　しかしデザギュリエは，蒸発を，質的変化ではなく，熱膨張という観点から物理的で量的な変化として捉えている．これは特徴的なことである．デザギュリエは物質を固体，非弾性流体，弾性流体に分類する．非弾性流体は水や水銀のような非圧縮性の液体であり，弾性流体は圧縮性・膨張性を有する気体を指す．蒸発は非弾性流体の弾性化であるが，それについて次のように記している．

　　熱が流体に弾性を加えることは，多くの実験，とりわけ蒸留や化学の実験から明らかである．しかしここで考

えなければならないことは，もっぱら，熱による弾性の増加は，通常の空気よりも水において効力がより大きいことである．……

　ニューコメン氏が改良した火によって水を汲み上げる機械〔蒸気機関〕を用いた，私自身と王立協会会員ヘンリー・バイトン氏によってなされた多くの観察から，沸騰のさいに水は，通常の空気と同じ強さ（すなわち同じ弾性〔圧力〕）の蒸気を生み出すのに 14000 倍も膨張し，それゆえその蒸気は $16\frac{1}{2}$ 倍も〔空気より〕軽いことを見出した[13]．（傍点—引用者）

この 14000 倍という値は，実際の値より約 1 桁大きすぎるが*)，ともあれ水の蒸発による体積増加のはじめての定量的測定である．そのことは彼が着目していたのが量的変化であることを示している．その姿勢がニューコメン機関に見られる蒸気動力の使用技術の発展に触発され刺激をうけたものであることも，注目に価する．

　『実験哲学教程』において彼は，この蒸発のメカニズム

---

*)　ディッキンソンが書いた蒸気機関の歴史には，このデザギュリエの 14000 倍という値について，印刷者が間違えてゼロをひとつ余分につけた可能性を指摘している[14]．しかしその後の論文（注 9）でもデザギュリエは 13000 倍としているから誤植ではない．そして彼は，空気の密度が水の密度の 850 分の 1 という，ニュートンが『プリンキピア』で使っている値（後述）を用いて，空気密度が蒸気密度の $14000 \div 850 = 16.5$ 倍と求めたと考えられる．後にジェームス・ワットは蒸気の膨張にたいして 1600 倍という値を得た（18-Ⅵ）．正しくは 1 気圧・100℃ で 1674 倍である．

を説明するために，水の粒子の間に，距離の関数として斥力−引力−斥力と変化する力を想定する．

「水の粒子は強い斥力を有する」．そのことは水が気体にくらべて圧縮性を欠いていることからわかる．しかしその斥力——第1の斥力——の作用範囲は小さく，それに「凝集（cohesion）の引力と呼ぶ引力」が続く．そして

> 水の粒子が，それらを運動せしめるなんらかの原因によって分離せられたならば，凝集の引力は少しずつ減少し，ある距離になったならば，もはや働かなくなる．そして第2の斥力が凝集の引力に続き，その粒子は力を得て，……その斥力によってそれらは相互に反発し，飛び去る．……このことは，水を沸騰せしめる熱の度合によって生ずる[15]．

このように彼は，距離とともに斥力−引力−斥力と変化する複雑な力を導入することによって，物質の状態変化を説明する．塩の水溶とその溶媒としての水の蒸発による再結晶化も，同様の枠組みで説明される．

> それら〔塩の粒子〕がある距離はなれているときには反発しあっていることは，それらを含んでいる液体の蒸発によってそれらがたがいの引力圏にもたらされ凝固するときに規則的な形を呈することに示されている．というのも，このように〔結晶が〕規則的な形をとるのは〔溶

媒の〕蒸発以前にはそれら〔塩の粒子〕がたがいに等距離に配置されていたからであり，それらがこのように等距離を保っているのは斥力が等しいためである[16]．

ここには，ニュートンがボイルの法則の説明に使った静的分子配置のモデルが液体にまで拡大されていることがわかる．

またヘールズの場合，斥力の唯一の担い手たる〈空気〉は，固定状態では引力しか持たず，それゆえ固体自身の弾性は説明できなかったが，デザギュリエはすべての粒子に斥力と引力の双方を認めたので，固体の弾性を説明することも可能となった．すなわち「ばねの弾性を解決するもっとも見込みのある方法は，その粒子に斥力と引力の両方の性質を考えることである[17]」．

他方で，ヘールズが特殊な物質としての〈空気〉を導入したことによって一度は動揺した一元的物質観は，力の複雑化とひきかえに維持されることになった．

IV 一元的物質観の隘路

ここに私たちは，1687年にニュートンが導入した力（遠隔力）が，次々とあらたに発見される現象への対応を迫られて，いよいよ複雑化してゆかざるをえないのを見る．当初ニュートンにあっては，自然は単純であるという信念のもとに粒子間力 $f(r)$ は単純な数学的表現を有するものと考

えられていたのではないだろうか．実際，『プリンキピア』の幾何学的手法で扱えるのはその程度である．

もちろんニュートンは，『光学』ラテン語版（1706）で，「代数学においては正の量が消滅したところから負の量が始まるように，力学においては引力が消滅したところから斥力が始まる」と語り[18]，現実がそれほど単純ではないことを認めていた．だがそれは，構成粒子の結合状態と結合レベルのちがいによって生ずる力の変容であり，そのうえ，各種・各レベルの力の種類や相互関係についてのニュートンの態度は曖昧ではっきりしない．

しかしいまや，窮極粒子自体の力が斥力-引力-斥力と正負の値を交互にとる，決定すべき多くのパラメーターを備えた複雑な関数でなければならないことになった．

このような立場は，やがて18世紀中葉には，粒子を大きさも形もない質点に還元するクロアチアの自然哲学者ルゲーロ・ボスコヴィッチ（1711-87）の思想にまでゆきつく．ボスコヴィッチの理論では，力 $f(r)$ は質点からの距離 r の関数であって，$r \to 0$ で無限大の斥力を示し，何回かの正負をくり返してのち，$r \to \infty$ で $1/r^2$ の重力に漸近的に接近する連続関数で与えられる（図5.2：A点が $r=0$）．至近距離での無限大の斥力が物質の不可透入性を保証し衝突を説明するように，各距離での引力や斥力のそれぞれが凝集や弾性や溶解等のすべての現象を説明するのだと主張される[19]．不可透入性や延長にかわって力が第一性質の座を占め，粒子自体は慣性のみを有する幾何学的点に退化し，

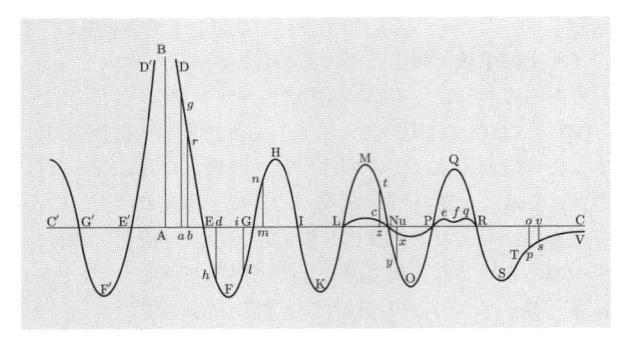

図 5.2 ボスコヴィッチ『自然哲学の理論』(1758) より

かくして窮極物質の均質性は完全に保証される．

しかし，その完全な一元的物質観は，現象の複雑さをすべて力の関数形の複雑さにくり込んでゆくことを意味する．当然，新しい現象の発見とともに，力がますます込み入ってゆくことになる．

引力・斥力パラダイムが挫折した大きな要因は，現実問題として，力のそのような複雑な関数形を決定する術が——当時の数学的手段においても実験技術においても——なかったことにある．

粒子の運動と形状と大きさのみからすべてを説明しようとするボイルの粒子哲学は，その単純さのゆえに化学的性質の多様さを説明することができなかったが，ニュートンの力と結合状態の階層的構造は，その複雑さのゆえに化学の手に余るものとなったのだ．デザギュリエやましてボス

コヴィッチの語る力の関数形を決定することの非現実性は言うに及ばず,個々の力の大きさの実験的決定すら,ほとんど不可能であった.

ニュートンが 1687 年に『プリンキピア』を著して以来,約半世紀のちにも,数学的に決定され現象を首尾よく説明したと認められる力としては,$1/r^2$ の重力だけしかなかった.天体力学の成功があまりにも華々しかったので,同様に微小粒子間の力の発見によって物質の構造が解明されるであろうというニュートンのプログラムは,当初は大きな期待を寄せられた.しかし半世紀後に顧みたとき,人は,1687 年の時点からほとんど進歩していないことに気がついた.磁力の距離依存性を測定する実験もいくつか試みられたけれども,18 世紀後半になるまで確定的なものは得られなかった.せいぜい,毛細管現象がホークスビーの実験で多少定量的に捉えられたにすぎない[20].

頑固デカルト主義者フォントネルが 1732 年に「引力の理論は幾何学的〔数学的〕とり扱いにとっていかにすぐれていようとも,それを自然に適用することは,とりわけ真に根源的な力を選び出すことは,あまりにも困難である」と言ったのは,かならずしも負け惜しみのせいだけとは言えないだろう[21].

いまひとつ,当初「ボイルの法則」の説明に成功したかに思われた $1/r$ に比例する粒子間斥力も,思いがけないところで実測との食い違いを露呈した.それは空気中の音速の問題である.

V　斥力と空気中の音速

　空気中の音速の力学的導出という数理物理学上の問題を，はじめて設定し，同時にその解法をも案出したのは，ニュートンであった．のちにラプラスは「ニュートンの理論は，不完全とはいえ，彼の天才のモニュメントである」と評したが[22]，たしかにその問題の立て方・攻め方は非凡であり，天才の手腕とでも言うべきであろう．

　にもかかわらず，彼の得たものは，現実と食い違った．

　正しい解は，19世紀初めに熱素説に依拠してラプラス学派によって得られ，それゆえ熱素説の一時的勝利に大きな関わりを持つので，ここで伏線としてニュートンの理論に触れておこう．

　ニュートンの証明（『プリンキピア』第2篇・命題47〜49）は，記述的で煩わしい．ラプラスでさえも「ニュートンがその理論を確立した推論は一般に幾何学者〔数学者のこと〕には晦渋（obscur）である」と語っている．だからそのままではページ数と読者の忍耐を大幅に要求するので，現代的にかなりアレンジして説明する．

　前にも述べたように，ニュートンの気体像はきわめて静的なものであるから，空気を，等間隔（r）に静止して並んだ粒子（質量 m）の集合として扱う．その一端に振動を与えたならば，粒子間斥力 $f(r) \propto 1/r$ によって振動が各粒子に伝えられてゆく．それが音波に他ならない．ニュートンは各粒子の振動を単振動として扱っているが，有界な運

動ならなんでもよいので，ここでは単純なパルスとしよう．

いま，空気粒子の，音の伝播方向への一列の並びに着目し，パルスが図 5.3 のように伝わってゆくものとする．図は，$t=t_0$ にパルスの先端が ν 番目の粒子に達してから，$t=t_0+4\Delta t$ にその粒子が 1 回の振動を終えるまでを示す．

ところで，ニュートンにとっての力学の運動方程式（第 2 法則）は，かならずしも現代的な $d\bm{p}/dt=\bm{F}$ という微分方程式ではない．『プリンキピア』には

　　運動の変化は，及ぼされる起動力に比例し，その力が及ぼされる方向に行われる．

とあるが，ここでの「起動力」とは，むしろ現在の力積 $\bm{I}=\int \bm{F}dt$ を意味し，「運動」とは運動量 $\bm{p}=m\bm{v}$ を指すから，ニュートンの言う「第 2 法則」は，$\Delta\bm{p}=\bm{F}\Delta t$ という形だと見るべきである．実際，マクスウェルは 1874 年の『物体と運動』で「ニュートンの言う起動力は，現在言う撃力 (impulse) であり，力の強さだけでなく，力が働く持続時間も考慮に入れられている」と記している[23]．

さて，図で，パルスの前半分では粒子間隔が $\Delta l \ll r$ だけ縮み，後半分では Δl だけ伸びているとすると，粒子 ν の各時刻の変位と速度は表のようになり，また各瞬間に粒子 ν に働く合力は

図5.3 空気中のパルスの伝播

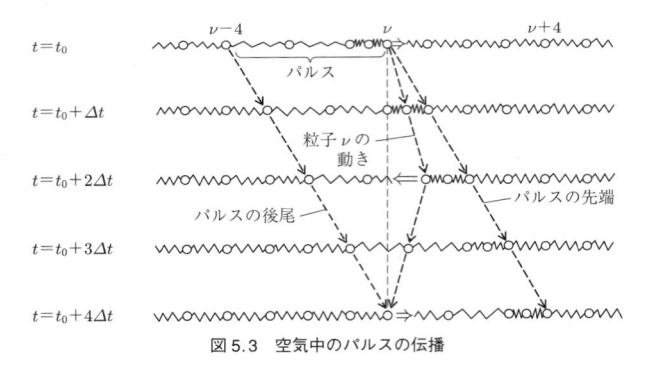

$$F(t_0+\Delta t) = f(r-\Delta l) - f(r-\Delta l) = 0$$
$$F(t_0+2\Delta t) = f(r+\Delta l) - f(r-\Delta l) = 2f'(r)\Delta l$$
$$F(t_0+3\Delta t) = f(r+\Delta l) - f(r+\Delta l) = 0$$

で与えられる．これより，$t=t_0+\Delta t$ から $t=t_0+3\Delta t$ の間に粒子 ν に加えられた力積（起動力）は

$$I = \int_{t_0+\Delta t}^{t_0+3\Delta t} F(t)dt = 2f'(r)\Delta l \times 2\Delta t \times \frac{1}{2}.$$

他方，その間の運動量変化は，表5.1 より

$$\Delta p = -m\frac{\Delta l}{\Delta t} - m\frac{\Delta l}{\Delta t} = -2m\frac{\Delta l}{\Delta t}$$

であるから，「ニュートンの第 2 法則」は

$$-2m\frac{\Delta l}{\Delta t} = 2f'(r)\Delta l\Delta t$$

時　　刻	粒子 ν の変位	粒子 ν の速度 $u(t)$
$t=t_0$	0	
$t=t_0+\Delta t$	Δl	$u(t_0+\Delta t)=\dfrac{2\Delta l-0}{2\Delta t}=\dfrac{\Delta l}{\Delta t}$
$t=t_0+2\Delta t$	$2\Delta l$	
$t=t_0+3\Delta t$	Δl	$u(t_0+3\Delta t)=\dfrac{0-2\Delta l}{2\Delta t}=-\dfrac{\Delta l}{\Delta t}$
$t=t_0+4\Delta t$	0	

表 5.1　粒子の変位と速度

のように表され，これより $\Delta t=\sqrt{-m/f'(r)}$, したがって図より，パルスの伝播速度（音速）は

$$v=\frac{4r}{4\Delta t}=\sqrt{-\frac{f'(r)r^2}{m}}.$$

そこで，図のような粒子の列が単位断面積あたり N 個あるとすれば

$$\text{空気密度}:\rho=\frac{Nm}{r}, \qquad \text{大気圧}:P=Nf(r)$$

$$\therefore\quad \frac{d\rho}{dr}=-\frac{Nm}{r^2},\qquad \frac{dP}{dr}=Nf'(r).$$

したがって音速は

$$v=\sqrt{\frac{dP}{dr}\bigg/\frac{d\rho}{dr}}=\sqrt{\frac{dP}{d\rho}}. \tag{5.1}$$

ここでニュートンは「ボイルの法則（$PV=$ 一定　$\therefore P\propto\rho$）」をもちい——ということは音波の振動による空気の密度変化が等温変化だとして——

$$\frac{dP}{d\rho} = \frac{P}{\rho} \quad \therefore \quad v = \sqrt{\frac{P}{\rho}} \equiv v_N \tag{5.2}$$

を導き出した.ニュートンの表現では「脈動が弾性的流体中を伝えられてゆく速度は,流体の弾性力がそれの圧縮され方に比例するかぎり,弾性力の比の平方根と密度の逆比の平方根の積の比にある」(命題 48・定理 38).ニュートンの言う「弾性力」は事実上「圧力」であり,それが「圧縮のされ方に比例する」とは,ボイルの法則 ($P \propto V^{-1}$) を意味する.つまり (5.2) が現代的に表現したニュートンの音速の公式であり,これよりニュートンは,

$v = 968\,\mathrm{f/s} = 295\,\mathrm{m/s}$(初版,$\rho = \rho_{水}/850$),

$v = 979\,\mathrm{f/s} = 298\,\mathrm{m/s}$(第 2, 3 版,$\rho = \rho_{水}/870$)

を得た.

音速の実測値は,1636 年のフランスのメルセンヌ,そして 1656 年のイタリアのボレリとヴィヴィアーニ以来いくつも得られていたが,いずれもこの値より大きかった.ボレリたちの得た値は 5925 フィートを 5 秒で伝わる,すなわち 1185 ft/s = 361 m/s.1677 年にパリ科学アカデミーの測定では 365 m/s,1705 年にロンドン王立協会のデラムの測定では 1142 ft/s = 348 m/s であった.

ニュートン自身,計算結果が実測と合わないことを認め,『プリンキピア』第 2 版以降,空気粒子が硬くて粒子間隔の 1/10 の大きさを持ち,そのため粒子は現実には 9/10 の距離だけ振動し,残りの 1/10 の距離は信号が無限大で伝わるとして

$$v = 979 \text{ f/s} \times (10/9) = 331 \text{ m/s}$$

を導き，さらに水蒸気の存在による補正を加えたのが現実の音速だとした．しかしこのような計算がいかにもアド・ホックな感は否めない．はっきり言って帳尻あわせである．

もっともニュートンの時代までの測定値は，ばらつきも大きく，風速にたいする考慮もされていなかった．しかし 1738 年にフランス科学アカデミーは，風の影響を断って測定し，7.5℃ で 337.2 m/s（0℃ で 332 m/s）を得て，ニュートンの値が小さすぎることを決定的に示した[24]．

すでに 1727 年にオイラーは，「ニュートンはこの問題に取り組み説明を試みたが，成功したとは言い難い」，「彼は小さすぎる値を得た」と語っている[25]．

そのことは，$1/r$ に比例した〈空気〉粒子間の斥力という，空気の圧力についてのニュートンの理論の前提に深刻な疑いを投げかけるものであった．

VI 一時代の終り

話を戻そう．

均質な窮極粒子と引力・斥力というパラダイムのゆきづまりは，力の関数形や大きさを決定できなかったことだけではない．重力や弾性斥力や選択的凝集力や表面張力の他に，18 世紀になってつぎつぎと電磁気現象が発見されるにつれて，引力・斥力をともに示す磁気力や電気力など，力の種類は増加する一方であった．

アリストテレスの質の自然学は、物質の種々の性質にたいして、その質の担い手としての実体を考えてゆくもので、その実体を所有していることが性質の原因であった。そのような実体が単離されなくとも、それは「隠れた性質」として認められていた。しかしそのような説明、たとえば磁石には、たとえ人間の感官には捉えられなくとも力をもたらす「隠れた性質」が含まれているというような説明は、つねに可能ではあっても、結局何も説明したことにはならない。まさにこれにたいするアンチ・テーゼとして機械論が登場した。

他方でニュートンはその機械論に遠隔力の概念を付け加えた。

しかし、ニュートンの路線にしたがって、一元論的物質観に固執しながら、新しい現象が発見されるごとに新しい力を導入することは、結局は、スコラ派の論理と同じ途を歩んでいるのではないのか。やがて出てくるこのような反省も、ゆえなしとはしない。「このような解答は、アリストテレス学派の隠れた性質ときわめて似かよっている。アリストテレス学派が、説明するべき異なった現象が生ずるごとに同数の隠れた性質をあてがってきたように、哲学者たちは、溶解される物質や溶解する液体ごとに異なった種類の引力を導入している」と皮肉ったのは1748年のトマス・ラザフォースだが[26]、当時の気分をよく表している。

どのみちそういうことならば、現象の原因として何種類もの力を導入するかわりに、物理現象はその力の原因とな

る特殊的実体を所有することで引き起こされるという，物化の論理を採用してもよいのではないか．すでにヘールズは，空気弾性を説明するために，通常物質およびそれと区別される特殊な〈空気〉という二元論を唱道していた．それは，電気力や磁気力の担い手としての特殊の流体（電気流体・磁気流体）を考えることや，熱による弾性の増加にたいしその弾性の担い手として「熱物質」を導入することにつながるものである．またその処方は，新しく発見された現象を蒐集・分類する段階では有効であるし，力の強度と「物質」量を比例させたり「物質」量の保存を考えるという形での定量化を可能にするものでもある．

こうして，1740年代に物在論（materialism：物質論）への回帰が始まる．とくに1744年に，微細でそれ自身は斥力を持つ〈エーテル〉に論及したニュートンのオルデンバーグとボイルへの手紙が『ロバート・ボイル著作集』の刊行によって公表されたことがひとつの転機であった．こうして1717年の『光学』第2版の〈エーテル〉論が見直されることになり，ニュートンの〈エーテル〉がその後の電気流体・磁気流体・熱物質の原型を与えることになる．

その同じ1744年にデザギュリエは死んだ．ニュートンの盟友エドモンド・ハリーはその2年前に他界している．ライプニッツとの論争をニュートンに代って引き受けたサムエル・クラークが死んだのは1729年であった．デザギュリエとハリーの死で，ニュートン・サークルの人脈はほぼ跡絶えた．それは一時代の終りを象徴するものである．

この亡命フランス人の最期は，貧しく孤独であったらしい．友人による追悼詩が残されているが，デザギュリエとともに動力学的粒子論の葬送の辞とも読める．下手な訳をつけるより，原文のままの方がよいだろう．

> Here poor neglected Des Aguliers fell,
> He who taught two gracious Kings to view
> All Boyle ennobled and all Bacon knew,
> Died in a cell without a friend to save
> Without a guinea and without a grave.[27]

第6章 能動的作用因としての〈エーテル〉
——もう一人のニュートン

I　1740年代の物質論的転回

「何人ものニュートンがいた（There were several Newtons）」と言ったのは，科学史家ハイルブロンである．同様に，ニュートン研究の碩学コーヘンは「ニュートンはつねに二つの貌を持っていた（Newton was always ambivalent）」と語っている[1]．

近代物理学史上でもっとも傑出しもっとも影響の大きな人物がニュートンであることは，誰しもうなずくことであろう．しかしハイルブロンやコーヘンの言うように，ニュートンはさまざまな，ときには相矛盾した顔を持ち，その影響もまた時代とともに大きく変っていった．

たとえば，同時代人ベントリーにとって，重力が神の存在を「立証」したことがニュートンの自然哲学の持つ意義であったとすれば，フランス革命後のラプラスにとっては，神を必要としない太陽系の自律的安定性を証明したことこそがニュートン力学の成果であった．18世紀の大陸のダニエル・ベルヌイにとっては，遠隔力を認めることが「完全

なニュートン主義者」の証しであったのにひきかえ，19世紀のイギリス人ケルヴィンにとっては，〈エーテル〉による力の近接的伝播を認めることがそうであった．

1717年にニュートンは『光学』英語第2版につけ加えた《疑問》で重力を〈エーテル〉で説明する可能性に論及した．このようにニュートンがそれまで表明していた立場と矛盾するように思われる〈エーテル〉論を展開したとき，ロンドンの『ニュース・レター』紙は「アイザック・ニュートン卿は『光学』の最新版である新しい見解を表明したが，それは彼の自然学や神学の門弟たちを驚かせた」(1717年12月19日) と報じている[2]．反デカルト主義に燃える門弟たちは，師の「心変り」を量りかねたが，事実上その〈エーテル〉論を黙殺した．以来1740年代まで，ニュートンの〈エーテル〉はほとんど注目されなかった．

〈エーテル〉再評価——再発見——の引き鉄になったのは，1744年に出たバーチ編集『ロバート・ボイル著作集』に，ニュートンが〈エーテル〉に論及したオルデンバーグ宛書簡 (1675/6) とボイル宛書簡 (1678/9) が収録されていたことであった[*]．さらに1757年には同じくニュートンが最初に〈エーテル〉に論及した1675/6年の論文『光の性質を説明する仮説』が，やはりバーチの手になる『王

---

  [*] 当時イングランドでは春分の日から新年としたので，1月1日から春分の日の前日までは前年とあわせて記された．たとえばボイル宛書簡は1679年2月28日付なのでFeb.28, 1678/9と記されている．

立協会の歴史』に再録された．人々はそこに「もう一人のニュートン」を見出した．この，それまでは人目に触れることのなかった書簡を通じて，ニュートンが相当初期から〈エーテル〉論を構想していたこと，しかもその〈エーテル〉論が約40年後の『光学』第2版のものと広がりや内容においてほぼ一致し，その点でニュートンは一貫していることが判明した．こうしてあらためてニュートンの〈エーテル〉論が見直され，受け入れられるにいたった[3]．

同時期にダブリンでブライアン・ロビンソンが『ニュートン卿の〈エーテル〉についての論考』(1743) と，ニュートンの〈エーテル〉論の抜粋を含む『ニュートン卿による〈エーテル〉の概説』(1745) を出版したことは，この動きに輪をかけた[4]．

デザギュリエの没年にあたる1744年は，一元的物質観と力学的還元主義のゆきづまりが広く自覚されはじめていた時期であり，ニュートン書簡の公表は絶好のタイミングだったといえる．

とくに18世紀に入ってから，電磁気現象が実験物理学の主要課題となり，電気的・磁気的発散気 (*effluvia*) への関心がたかまっていたことも，直接には〈エーテル〉論への注目を促していた．しかし根本的には，おびただしい実験事実の蒐集と整理の段階にあった電磁気学や化学への有効な方法が求められていたことが，転回の契機である．電気現象について，1740年にデザギュリエが「あまりにも奇妙だ (so odd)」と語り，1746年にはフランス人ニーダ

ムが「わけのわからないこと (bizarreries) だらけ」と慨嘆している．これらは当時の気分をよく表している[5]．ちなみに，ライデン壜（蓄電器）の発明——発見（？）——は1745年のことだ．ライデン壜は外側を金属箔で覆ったガラス壜内に水銀を入れ，その水銀を蓋につけた電極と接続した形のコンデンサーで（図6.3），電気がライデン壜に蓄えられるということは，電気がある種の物質（流体）であるという印象を強めるものであった．

また，1735年のカール・リンネの『自然の体系』の出版は，分類学を重視する風潮を生み出していた．事実イギリスでは，数学的抽象の力を過小評価するベーコンの経験論哲学が，この時期に再評価されはじめたと言われる．観察された諸性質の分類と範疇化を中心課題とする自然学のこの時期の復活を，スコーフィールドは「新アリストテレス主義」と名付けている．18世紀後期の物在論（物質論）を単にアリストテレス的・分類学的なものと見るには異論があるが，ともあれ，数学的推論にもとづいて窮極的で統一的な少数の原理へと遡行するのではなく，可感的性質の種差を同数の物質的実体の所有に帰着させる処方は，明らかに，ガリレオ，デカルト，ボイルの機械論的思考方法や，一元的物質観にもとづくニュートンやデザギュリエの力学的還元主義の放棄，すくなくとも軌道修正と言える[6]．

こうして，自然界における諸々の力や効果の担い手ないし作用因として，さまざまの特殊的実体を導入する物在論への道が拓かれてゆく．つまり，熱・電気・磁気・化学反応等

の現象が,照応する特殊な不可秤物質(熱物質・電気流体・磁気流体・フロギストン等)の所有に根拠づけられることになる.もちろんそれらは,分類学的というよりはむしろ定量的である点において,単なるアリストテレス主義への回帰と見ることはできない.

先走って言うならば,その動向は,18世紀末から19世紀初頭にかけてラヴォアジェとドルトンが力学的還元主義を最終的に放棄し,多数種の不均質な元素の存在とそれらの相対質量の実験的決定可能性を主張するところまで進められてゆくことになる.ラヴォアジェの燃焼理論にとってもドルトンの原子論にとっても「熱物質＝カロリーク or 熱雰囲気」は決定的な役割をはたしていたのだ.

まさにこのような物在論への回帰のモデルとして,ニュートンの〈エーテル〉,そしてヘールズの〈空気〉が見直されることになった.いや,再発見されたニュートンの〈エーテル〉論が,ニュートン自身の意図とはかかわりなく,自然哲学の物在論的転回への認可を与えたとすら言える.

II　ニュートンの〈エーテル〉論

ボイルへの手紙でのニュートンの議論は,ニュートンが公的には物質粒子間の遠隔力の効果に帰していたほとんどすべての現象を,〈エーテル〉から説明する試みであった.そこでは,はじめに以下のように仮定されている.

すべての場所には，圧縮と膨張の可能な，きわめて弾性的な，一言で言えばすべての点で空気にきわめて似ているが空気よりはるかに微細な〈エーテル〉様の実体（aetherial substance）が瀰漫している．……この〈エーテル〉は，すべての粗大物体中に浸透してはいるが，粗大物体の孔の中では，自由空間におけるよりも稀薄であり，その孔が小さければ小さいほど，より稀薄である．……物体中のより稀薄なエーテルと物体外のより濃密な〈エーテル〉は，数学的な面で境界をなしているのではなく，漸次的につながっている．……[7]

この仮定は，その後のニュートンの〈エーテル〉論に一貫している．そしてこれだけの仮定，つまり〈エーテル〉自身の弾性力と物体の内外での密度差とその中間での密度勾配から，光の屈折・回折や物体の固着・反発，毛細管現象，化学反応，さらには重力の説明までが試みられる．たとえば物体表面に斜めに入射した光は，外側のより密な〈エーテル〉から内向きに圧される結果として屈折すると説明される．また，表面を充分に平滑にした二物体を押し付けた場合，二表面の接近で表面付近の〈エーテル〉が当初自然状態以上に密にされるために面は反発しあうが，それに打ち克って面をより強力に押し付けるならば，その場所の〈エーテル〉は押し出されて逆に稀薄になり，周囲の圧力が上回って二面が固着する．もちろん，空気の弾性は〈エーテル〉自身の弾性の直接の結果である（図 6.1）．

II ニュートンの〈エーテル〉論

つまり〈エーテル〉は，すべての物質において斥力ひいては引力をも生み出しうる方能的作用因である．

このボイルへの手紙での一連の議論は，ほぼそのまま形を保って——重力の説明の様式はやや変わるが——40年後の『光学』第2版で蘇生される．

ニュートンが1717年にあらためて〈エーテル〉論の公表に踏み切った動機として，ホークスビー[*]の実験（1705-09）と，デザギュリエの2本の温度計の実験（1716）が指摘されている[8]．摩擦した中空ガラス球が発光すること——摩擦ルミネセンス——を示したホークスビーの実験（図6.2）によって，ニュートンは，ガラスのような粗大物質が内部に「微細な〈エーテル〉ないし弾性的な〈エーテル〉精気（spirit）」を含むことを確信したといわれる．実際ニュートンは『光学』の1717年の改訂のためのある草稿でホークスビーの実験にふれて「きわめて微細で能動的な実体ないし媒質」を考え「この媒質を空気から区別するため今後は〈エーテル（Aether）〉と呼ぶ」と記している[9]．

デザギュリエの実験では，排気したガラス管中の温度計と空気の入ったガラス管中の温度計が，同一の温度変化（冷却）を示すことが見出された（図6.4）．これにたいしてニュートンは，『光学』第2版《疑問18》で，次のような推測を述べている．

---

[*] フランシス・ホークスビー（1670-1713）はフックの後をついで1704年から13年まで王立協会の実験管理者を務めた人物で，その後任がデザギュリエである．

It being only an explication of qualities, which you desire of me, I shall set down my apprehensions in the form of suppositions, as follows. And first, I suppose, that there is diffused through all places an æthereal substance, capable of contraction and dilatation, strongly elastic, and, in a word, much like air in all respects, but far more subtile.

2. I suppose this æther pervades all gross bodies, but yet so as to stand rarer in their pores than in free spaces, and so much the rarer, as their pores are less. And this I suppose (with others) to be the cause, why light incident on those bodies is refracted towards the perpendicular; why two well polished metals cohere in a receiver exhausted of air; why ☿ stands sometimes up to the top of a glass pipe, though much higher than 30 inches; and one of the main causes, why the parts of all bodies cohere; also the cause of filtration, and of the rising of water in small glass pipes above the surface of the stagnating water they are dipped into: for I suspect the æther may stand rarer, not only in the insensible pores of bodies, but even in the very sensible cavities of those pipes. And the same principle may cause menstruums to pervade with violence the pores of the bodies they dissolve, the surrounding æther, as well as the atmosphere, pressing them together.

3. I suppose the rarer æther within bodies, and the denser without them, not to be terminated in a mathematical superficies, but to grow gradually into one another; the external æther beginning to grow rarer, and the internal to grow denser, at some little distance from the superficies of the body, and running through all intermediate degrees of density in the intermediate spaces: And this may be the cause, why light, passing by the edge of a knife, or other opake body, is turned aside, and as it were refracted, and by that refraction makes several colours. Let ABCD be a dense body, whether opake, or transparent, EFGH the outside of the uniform æther, which is within it, IKLM the inside of the uniform æther, which is without it; and conceive the æther, which is between EFGH and IKLM, to run through all intermediate degrees of density between that of the two uniform æthers on either side. This being supposed, the rays of the sun SB, SK, which pass by the edge of this body between B and K, ought in their passage through the unequally dense æther there, to receive a ply from the denser æther, which is on that side towards K, and that the more, by how much less they pass nearer to the body, and thereby to be scattered through the space PQRST, as by experience they are found to be. Now the space between the limits EFGH and IKLM I shall call the space of the æther's graduated rarity.

4. When two bodies moving towards one another come near together, I suppose the æther between them to grow rarer than before, and the spaces of its graduated rarity to extend further from the superficies of the bodies towards one another; and this, by reason, that the æther cannot move and play up and down so freely in the strait passage between the bodies, as it could before they came so near together. Thus, if the space of the æther's graduated rarity reach from the body ABCDFE only to the distance GHLMRS, when no other body is near it, yet may it reach farther, as to IK, when another body NOPQ approaches: and as the other body approaches more and more, I suppose the æther between them will grow rarer and rarer.

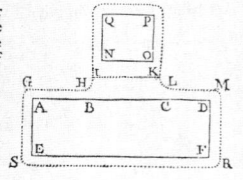

図 6.1 〈エーテル〉を論じたニュートンのボイルへの手紙
　　　（Feb. 28, 1678/9）の一部

温かい部屋の熱が〈真空〉を通して運ばれるのは，排気後にその〈真空〉中に残存する，空気よりずっと微細な媒質の振動によるのではないだろうか．その媒質は，光を反射・屈折させる媒質と同じで，その振動によって光が物体に熱を伝えるのではないだろうか．……そして熱い物体中では，この媒質の振動がその熱の強さと持続に与っているのではないだろうか．……この媒質は，空気よりはるかに稀薄で微細で，はるかに弾性的で能動的なのではないだろうか．それはすべての物体に容易に浸透し，——その弾性力により——全天空に拡がっているのではないだろうか[10] *)．

ここにある「媒質」は《疑問19》では「〈エーテル〉媒

---

*) これはニュートンが熱を物質とみなしたことを意味しているわけではない．ニュートンがここで言おうとしていることは，真空の否定，つまり「真空」と言われている空間も完全にカラッポなのではなく，空気よりも微細な物質を含むかもしれぬということにある．

他方で，後に（1779年）熱物質論を定式化したクレグホン（後述第11章）にとっては，このデザギュリエの実験は，熱物質論の根拠のひとつとなった．つまり，クレグホンは，排気したガラス内部が真に真空であると見た上で，もしも熱が物質粒子の運動なら真空中を伝わることは不可能だと論じているのだ．

同じ実験からまったく異なった結論が引き出されているのである．

なお，同様の実験は後にフランクリンとラムフォードによってそれぞれ行われたが，それらによると空気中での物体の冷却は真空中での冷却よりも速いことが明らかになった[11]．

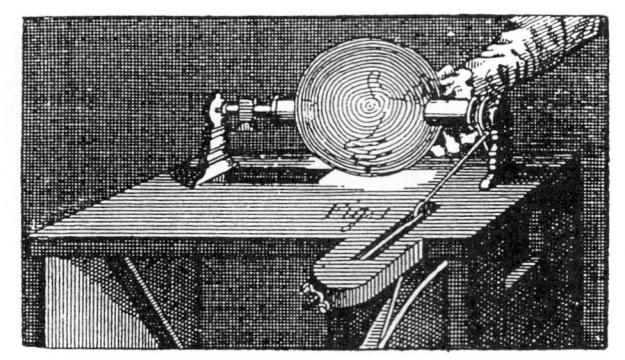

図6.2 ホークスビーの実験
（プリーストリー『電気の歴史と現状』1775 より）

図6.3 ライデン瓶

図6.4 デザギュリエの実験
（『実験哲学教程』より）

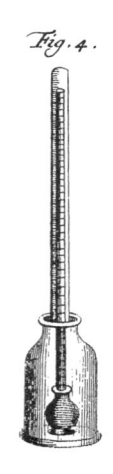

質（aetherial medium）」と表現されているが，こうして熱運動の担い手が，それまで主張されていた物質の構成粒子から「〈エーテル〉媒質」に置きかえられていった．

《疑問19, 20》では，〈エーテル〉の密度勾配をもちいた光の屈折・回折の説明可能性が論じられ，《疑問21》で天体内外の〈エーテル〉の密度差による圧力勾配として重力が説かれる．さらに《疑問23》では知覚を光や音によって励起された〈エーテル〉振動の神経系での伝播として，《疑問24》では意志作用を脳髄中に励起された〈エーテル〉振動の神経を介した筋肉への伝達として，論じている．

要するにボイルへの手紙と『光学』第2版での〈エーテル〉は，力学現象から生理学的現象までを解明する万能薬としての機能を果しているのだ．そしてそれぞれの機能が，ニュートンが〈エーテル〉に与えた神学的・存在論的意味をはなれて，後に熱物質や電気流体へと具象化されてゆくのである．そのことは，たとえばカントがはやくも1755年に，ニュートンによる光の反射と屈折の説明をひきあいに出して，「熱の物質（materia caloris）は物体の強い牽引力によってそれぞれの隙間に圧縮される〈エーテル（aether）〉，すなわち光の物質（materia lucis）にほかならない」と記していることからも見て取れるであろう[12]．

ちなみに，原子論と〈エーテル〉は一見背反するようだが，かならずしもそうではない．ニュートンの原子論的物質観では，たとえ非圧縮性の固体であっても，光や〈エーテル〉などの入り込める多くの隙間を有している．たとえば

ニュートンは，物体の色とは特定の色をした光の粒子（射線）のみを反射し他の光の粒子（射線）をすべて物体粒子間に吸収する結果であると考える．「とするならばわれわれは，物体が通常信じられているよりもはるかに疎で多孔性であることが理解できる」[13]（『光学』）．

このようにニュートンの原子論では，粒子間の隙間がときにはきわめて積極的な役割を果しているのであるが，じつはこのことが，後の熱素説や電気流体の導入を逆に容易にした．というのも，物在論にとっては，熱や電気などの不可秤流体が物質中に自由に入り込み留まりうることが本質的なことであるからだ．

III　デカルトの宇宙流体との相違

1717年のニュートンの〈エーテル〉論が世人を驚かせたことは，わからなくはない．

『プリンキピア』第2篇は，もっぱら充満する宇宙流体とその渦動というデカルト仮説の論破のためのものであった．同書でニュートンは，デカルト理論がケプラーの法則と矛盾することを数学的に立証し，次のように締め括っている．

　　ですから惑星が物質的な渦によって運ばれるものでないことは明らかです．……渦動仮説は，諸天文現象とまったく相容れないものであり，諸天体の運動を説明するためよりもむしろ混乱させるために役立つものです[14]．

同様の議論，とくに宇宙流体が自然の活動を妨げ衰えさせるという批判は，既述のように『光学』の《疑問28》にも見出される（4-Ⅲ）．

それゆえ，1717年に突然打ち明けられたニュートンの〈エーテル〉理論が世人を仰天させたのも，充分にうなずけることである．それはデカルトの充満理論への屈服ないし妥協のように受け取られたのだ．それにコーツやデザギュリエたちは——力を物質に本質的で固有なものとは解さないようにというニュートンの警告にもかかわらず——重力を事実上第一性質のように見なしていたし，こと重力に関してはそれで何の不都合もなかったのだから，この時点であらためて重力の媒介物を導入することは腑におちぬことであっただろう．

しかしニュートンの〈エーテル〉は，デカルトの宇宙流体とは決定的に異なっていた．

物質と延長を同一視して空虚を認めないデカルトは，宇宙空間に密に詰まった流体を想定する．デカルト自然学では，物質は「第1元素（火）」と「第2元素（空気）」と「第3元素（土）」より成るが，それらは単に形状・大きさで区別されるだけで，本質的には均質である（1-Ⅵ）．宇宙流体も「第1元素」と「第2元素」より成り，当然同レベルの物質である．そしてこれらの物質は，延長・不可透入性・慣性は与えられているものの，受動的で不活性であり，直接の接触により運動を他の物体に譲渡する以外には，他に働きかける能力を有さない（『哲学原理』Ⅱ-43）．そして，

それらの呈する運動とりわけ宇宙流体の渦動の起源は，神が最初に与えた一撃だとされる．

つまるところデカルトにとっては，神以外に能動的原理はなく，しかもその神は，最初に世界に運動を与えるだけで，その後はその「運動の保存」という間接的影響をのぞいて何の働きもしない．それゆえ現実の自然においては，力とは，不可透入性と慣性の結果，つまり表面での直接的接触による衝撃（impulse）以外にはありえないことになる．たとえば地上物体に働く重力は，地球の周囲の渦動の遠心力の反作用としての圧を意味する（『宇宙論』11）．

ちなみに歴史家ドレイクがガリレオについて「彼が後に書いたものの中で，力はほとんどいつも運動の原因というよりは結果として登場した」と書いているように，機械論者ガリレオの立場もデカルトに近い．またライプニッツにとっても，物体間の牽引や反発は「物体的衝突の効果（corporearum impressionum effectus）」として理解されるべきものであった[15]．

これにたいしてニュートンは，『プリンキピア』第 2 版の《一般的注解》で「重力は，太陽や惑星の中心にまでこの力を減ずることなく入り込ませ，また物体の各構成部分の表面積に従って作用するのではなく」と語っているが，これは物体表面での直接的接触や衝突の結果としてのみ力を考える機械論的観念の論破を念頭においての発言である．すくなくともニュートンの言う重力が表面での接触によって生み出されるものではないことを主張しているのだ[16]．

したがってその力の担い手として〈エーテル〉も，デカルトの宇宙流体とはまったく異質の存在である．つまりニュートンの〈エーテル〉は，それ自身が他に斥力を及ぼしうる能動的な実体なのだ．事実

> もしも〈エーテル〉が相互に遠ざかろうとする粒子を含み，その粒子が空気よりはるかに小さい，あるいは光よりさえずっと小さいと仮定するならば，その粒子の特段の小ささはそれらの粒子がたがいに遠ざかろうとする力の大きさに寄与し，そのさい媒質を空気よりはるかに稀薄で弾性的にするであろう．《疑問 21》[17]

とあるように，ニュートンの〈エーテル〉粒子は，それ自身で弾性的なのであって，直接的接触・衝撃の結果として力を及ぼすのではない．そればかりか，たとえば『光の性質を説明する仮説』には「筋肉内の〈エーテル〉が筋肉の外の〈エーテル〉の 2 倍膨張していて，そのため半分の弾性〔圧力〕しか持たないとすれば……」とあるように，ニュートンは〈エーテル〉が「ボイルの法則」に従うものと暗黙に仮定している[18]．ところが既述のようにニュートンにとって「ボイルの法則」は粒子間の遠隔力の結果であるのだから（3-V），〈エーテル〉粒子もまた遠隔的に作用し合うと考えられていたのである．

またニュートンは，物質と延長を同一視したデカルト理論を，無神論に通じるものとしてこっぴどく批判した手稿

(『重力と流体の平衡』)を青年時代に残しているが,そこでは「〈エーテル〉の抵抗はきわめて小さいので……〈エーテル〉空間の大部分は,〈エーテル〉粒子の間に散らばっている空虚であると考える充分な理由がある」と語っている[19].ニュートンの〈エーテル〉仮説はかならずしも充満理論につながるものではないし,〈エーテル〉の存在が天体の運行を妨げるわけでもないのである.

ニュートンの〈エーテル〉とデカルトの宇宙流体とのこのような相違は,当初はニュートン主義者にさえ見落されていた.たとえばデザギュリエは,1730/1年の手紙で,『光学』第2版の光の媒質としての〈エーテル〉については,「現象から導き出されうる」と語り,認めてはいるものの,「しかし機械論的な衝撃(mechanical impulse)によって重力の原因となるような性質を与えられた〈エーテル〉と呼ばれる微細な媒質があるかどうかは,アイザック卿によって,『光学』の最後の英語版で疑問の形で語られているにすぎない」と述べている[20].ニュートンの〈エーテル〉がデカルト的な衝撃によって重力を生み出すと理解——誤解——したうえで,否定的ないし消極的な受け止め方をしているのだ.ニュートン主義者の平均的反応と見てよい.

たとえばサックレーは,「ニュートンは〈エーテル〉への乗り換えをためらったが,おそらくそのひとつの理由は,彼が初期にはデカルトやライプニッツの充満理論に反対していたからである」[21]と解釈しているが,実際には,彼の〈エーテル〉論がデカルトの充満理論と混同されるのを恐れ

たからだといった方が，より正確であろう．

IV 能動的原理としての〈エーテル〉

　遠隔力としての重力を説明する目的で〈エーテル〉粒子間の遠隔力を導入したのだとすれば，問題を先送りしただけのように思われよう．実際「なるほどニュートンの微細弾性流体〈エーテル〉が重力を説明しうるとしても，巨視的な物体間の引力をそのような流体の微小な粒子間の斥力によって置き換えていったい何のメリットがあったのか？ 惑星の軌道半径程度，すくなくとも地球半径程度の巨大な距離から〈エーテル〉粒子間の微小な距離に《作用》が縮められただけのことである」（コーヘン）というような否定的な見方も無理からぬ[22]．

　しかしニュートンにとって問題の所在は，遠隔力か否かにあったのではなく，〈受動的な物質〉と〈能動的な力〉の間の矛盾にこそあった．

　ニュートンは，それまでの機械論には異質な粒子間の力という概念を導入したが，その力が物質に本質的（内在・固有）なものではないとくり返し断わっている．というのもニュートンにとって，慣性や不可透入性のような受動的性質とちがって，他に働きかける能動的能力としての力が本来受動的な物質に具わっているなどということは，考えられないことであった．

　物質が非活性的で受動的だというのは，機械論に共通の

信念である．しかしニュートンは，ガリレオやデカルトと同レベルの機械論者ではない．ニュートンの思想的出発点は，むしろケンブリッジ新プラトン主義にあり，また錬金術思想の影響も大きい．そして，そのいずれもが世界は「能動的原理」によって活性化されていることを前提としていた．ヘンリー・モアら新プラトン主義者が「物質は非活性的」と言うとき，それは「精神ないし霊魂（spirit or soul）は能動的」という規定を背景にしている．そして「精神」は延長を有し，種々の「精神」のうちで無限の延長を有するものが「神」に他ならない[23]．他方で，錬金術もまた自然界に生長と運動をもたらす秘密の原理として「活性化する精気（animating spirit）」を考えている[24]．そんなわけでニュートン自身も受動的な通常物質以外に「能動的原理」の存在を認めていたのである．

この点では，ライプニッツとの論争をニュートンにかわって買って出たクラークの書簡の次の一節が示唆的である．

　ある物体が何の媒介もなく他の物体を引き寄せるということは，奇蹟ではなく矛盾であります．……しかし，2物体がたがいに引き合う媒介は不可視・不可触であり，機械論的なものとは異なる本性のものです．とはいえその媒介は規則的かつ恒常的に作用するものですから，自然的であると呼んでよいでしょう[25]．

つまりクラークやニュートンは，力を物質的媒質の慣性

や不可透入性の結果——物質の機械論的所産——に還元することはしない．力を伝える媒体，ひいては力の原因を考えるにしても，それは物質的・機械論的なものではないのだ．『光学』の改訂のための草稿には，ニュートンの考える〈エーテル〉が「慣性の力を有さず，機械論的なものとは異なる法則で作用する」と明記されている[26]．『プリンキピア』冒頭の「定義」でニュートンが受動的な「慣性の力」と能動的な「外力」を区別したゆえんである．そのことを「自然哲学の主要な課題は機械論的なものではありえない真の第一原因を見出すことにある」と断じた『光学』の《疑問》では，次のように語っている．「〔慣性の力のような〕受動的原理だけでは世界に運動はありえない」のであり

　　私には，これらの〔神がはじめに創った固形の充実した硬くて不可透入的な〕粒子は，その結果としての運動の受動的法則を伴う慣性の力に従うだけではなく，重力の原理や，発酵や物体の凝集を引き起こす原理のようなある能動的原理によって動かされているように思われる[27]．

ニュートンの場合，この「能動的原理」こそが，惑星や彗星を軌道に保って運動せしめる重力の真の原因であり，動物の心臓の運動と血液循環と体熱を維持し，地球内部を温め火山を活動させ，太陽を光らせて他の天体に熱を与える原因でもある．それは，生物・無生物あるいは地上・天上を含め，宇宙のいっさいの成長・活動・変化の作用因

である.

　もしもこれらの〔能動的〕原理が存在しなければ,地球・惑星・彗星・太陽そしてそれらの内部のすべての物は,冷えて凍てつき不活性な凝塊に化してしまうであろう.そして腐敗・生成・繁殖・生命,これらすべては止み,惑星と彗星は軌道にとどまりえないであろう[28].

そしてじつはニュートンの〈エーテル〉は,物質か非物質かは曖昧ではあるが,世界の活動性のいっさいを担っているこの機械論的ではありえない能動的作用因を意味していたのである.

V　汎〈エーテル〉的宇宙論

　ライプニッツとニュートン主義の論争は,クラークがニュートンにかわって応戦したが,多岐にわたる論争のひとつの争点は,自然界の秩序と神の摂理の問題にあった.
　ライプニッツは,神の摂理は完全なものであるがゆえに,神の知恵はすべてを予見してその作品（自然）を創り,それゆえ自然は,一度創り出された後はそれ自身の法則性にのっとって自己運動すると主張する.
　かたやクラークは,「神から独立した自然力は存在しない」のであり,「神の力が働き,絶えることなく神の支配が行われているからこそ,神の作品は存立し続ける」と反論

する．空間の問題に触れてクラークは，「空虚な空間のすべてに神はたしかに存在し，おそらく物質ではない多くのものも存在しています」と語り，神の遍在と恒常的支配，さらには神と物質の中間物の存在をも主張する[29]．

もちろんニュートンも——クラークが時に力を物体に固有のものであるかのように語るのをいらだたしく思ったことをのぞいて——クラークとほぼ同じ見解を持ち，《疑問28》では「非物体的で生命ある知性を持った遍在する存在者があり，それが無限空間において……諸事物自体を詳細に見透し，それらを隅々まで感知し……完全に掌握している」と語っている[30]．

そういう次第でニュートンにとっては，自然の窮極の動者は「遍在する神」であった．これは彼が〈エーテル〉を口にしていた時もそうでない時にも，変らない．そしてニュートンの神と通常物質と〈エーテル〉の三者の区別と連関は，実際には「曖昧なことこの上ない（distinctly ambiguous）」のだが[31]，ほぼ次のように整理してよいだろう．つまりニュートンは窮極原因としての神と受動的物質とを架橋する作用因として，それゆえ神学と物理学の連結環として，ときには〈エーテル〉を，ときには「精気」を，考えていたのである．

〈エーテル〉と「精気」の関係について言うならば，「精気」は〈エーテル〉のエッセンス（精髄）のようなものらしい．この点については——ニュートンの用語がかならずしも一貫しているわけではないが——1675年にニュートン

がオルデンバーグに宛てた手紙の次の一節が参考になるであろう．

　地球の重力はなんらかの別の〈エーテル〉精気——不活発な〈エーテル〉の主成分ではなく〈エーテル〉中に行き渡っているきわめて微細で精妙な何か——の不断の凝結によってひき起こされるかもしれない．油ないしゴムのような粘液性で弾性的な性質をもつ〈エーテル〉精気は，炎や生命活動の維持に必要とされる生命的な空気の精気が空気にたいして有するのと同様の関係を，多分，〈エーテル〉にたいして有しているであろう[32]．

いずれにせよ〈エーテル〉は，神がみずからの活動をいわば委任するものとして創った「能動的原理（active principle）」のひとつ，すなわち「神が最初に創ったもの（protoplast）」でもある．このような〈エーテル〉の位置づけにもとづき，ニュートンは，初期には汎〈エーテル〉主義ないし汎〈エーテル〉的宇宙論を構想していた．

1675/6年，30代のニュートンは論文『光の性質を説明する仮説』（1757年公表）を王立協会で読み上げたが，そこで彼は「粘液質の物質」と「何種類もの〈エーテル〉精気」より成る「微細で弾性的な〈エーテル〉媒質」が存在すると仮定して，次のような推測をしている．

　想うに自然の全枠組は，蒸気が水に凝縮し発散物がた

やすくではないにせよ粗大物体に凝固するように，いわば沈澱によって凝固し，凝固の後に，最初は直接に造物主〔神〕の手で，ついで自然の力によって，さまざまな形状にもたらされたある〈エーテル〉精気ないし蒸気の種々の組成より成るのではないだろうか．……したがって多分すべての事実は，〈エーテル〉に起源を持つのではないだろうか[33]．

じつはこの論文でニュートンは，物質中の〈エーテル〉精気の存在を，摩擦により帯電したガラスが紙片を引きつける現象から説き起している．つまり静電気を，当時の一般的な見方である「電気的発散気（*effluvia*）」の流出と見なした上で，それを物質からの〈エーテル〉の流出にスライドさせているのだ．この発想は，約30年後に先述のホークスビーの実験に触発されて復活し，『プリンキピア』第2版の精気論，『光学』第2版の〈エーテル〉論につながってゆく．

1713年に『プリンキピア』の第2版の末尾につけた「一般的注解」でニュートンは「粗大な物質中に浸透しているきわめて微細な精気」について，次のように記している．

この精気の力と作用によって，物体の各構成部分はきわめて近い距離にあるときはたがいに引き合い，接触しているものは結合し，また帯電している物体はもっと大きな隔たりで作用し，近くにある微小物体を引きつけた

り退けたりする[34].

電気流体をある種の〈エーテル〉と見る見解の端緒である.

こうして,「電気的発散気」から 18 世紀中期の電気流体へのパラダイム・チェンジの道が敷かれてゆく.

またニュートンはこの〈エーテル〉流による静電気力と同様に,地球からの〈エーテル〉精気の発散と凝縮でもって重力を論じようとしている.こうした議論の上に展開されるのは,全宇宙的規模での物質循環と物質変成の統一的作用因としての,ないし窮極的成素としての,〈エーテル〉像である.『光の性質を説明する仮説』は続いている.

　もしも〈エーテル〉精気が,自然の連続的使用のために発酵ないし燃焼する物体内で凝固しあるいは水や土の中である種の湿気を帯びた活性的物質に凝縮するならば……いたるところで永続的作用の中心である地球という巨大な物体は,この精気を不断に凝縮せしめ,補給のために上方からそれと同量の精気を大きな速さで下降せしめるであろう.……自然は,しばらくは大気を形成し,続いて新しい空気によりさらに浮上させられ……ついにはふたたび〈エーテル〉空間に消えてゆき,そこで多分その第一原質に薄められてゆくところの同量の物質を,地球の内部から〈エーテル〉の状態で上昇せしめることによって,循環を創り出す.というのも,自然は永続的

作用者（perpetual worker）であり，固体から流体を，流体から固体を，固形物から揮発性物を，揮発性物から固形物を，粗大なものから微細なものを，微細なものから粗大なものを，生成し，あるものを上昇せしめて地球上部の精や流出物や大気を作り，その結果，それを補うためにかわりに他のものを下降せしめる．そして地球と同様に太陽も，その輝きを維持し惑星が離れすぎぬように保持するために，多分この精気をおびただしく吸収しているのであろう．この精気が太陽の燃料と光の物質的原基を運び提供し，われわれと星の間の広大な〈エーテル〉空間が，この太陽と諸惑星の糧の豊富な貯蔵庫になっていると仮定してよい[35]．

引用が長くなったが，要約しようがないので我慢していただきたい．自然は〈エーテル〉の蒸発と凝縮，離合と集散より成る一連の循環過程であり，そのさい〈エーテル〉は，単に力にたいする説明媒体としてではなく，宇宙の生成・変化・再生の根源的な原動力にして窮極的な原質として構想されているのだ．気宇広大な汎〈エーテル〉的宇宙論といってよい．そしてこれは，18世紀後半の科学思想に多大な影響を与えることになった．

ニュートンのこのような大風呂敷がかならずしも若気のいたりでないことは，同じ思想が後の著作に継承されていることからも見てとれよう．『プリンキピア』第3篇・命題41では，彗星の尾の中の太陽熱で稀薄にされ蒸発し

た「〈エーテル〉物質」が地球や惑星で消費される水や土を補給・再生するとして,「万物の生存に必須の精気は,おもに彗星からくるのではないか」と憶測しているし,『光学』《疑問 30》では,光と物体の錬金術物質変成(transmutation)に論及さえしている[36].

ここに,万物の転変・変成がある生命原理によりひき起されるという中世の錬金術思想の影響を垣間見ることもできる.

VI ニュートンの〈エーテル〉と古代自然哲学

ニュートンの汎〈エーテル〉的世界観の起源は,さらに遡るならば「始源物質(アルケー)」の離合集散によりすべてを説明しようとする古代ギリシャの自然哲学にまでゆきつくであろう.

ルネサンスを特徴づけるのが古代の再発見だとは通常言われていることだ.たとえばコペルニクスが地動説を唱えたときも,彼はアリストテレスとプトレマイオスの宇宙観にたいしてまったく新しい宇宙観を対置したとは考えていなかった.彼の地動説はアリストテレスの権威の陰に隠れていた古代哲学者――とりわけピタゴラス派の哲学者――の説を再発見するという形で提唱されているのである[37].

熱学においても,アリストテレス主義の克服過程でガリレオやガッサンディあるいはニュートンやその他が――自覚的にせよ無自覚にせよ――依拠したのは,一方ではデモ

クリトスやエピキュロスの古代原子論であるが, 他方ではヘラクレイトスやアナクシメネスの自然観であり, あるいはストア派の自然哲学の影響も無視しえない.

人類の最古の自然認識は, 諸民族に語り伝えられた神話にその痕跡をたどることができよう. とくにそれらのいずれにおいても見られる天地創造・宇宙開闢の物語は, 生成・流転・反復する自然をその変化の相のままに寓話化したものであり, またそこに登場する神々は自然の変化の原動力を人格化したものにほかならない.

それらいにしえの人間の自然観は, 一方では, 季節の変化に見られる周期性や地上での気象学的・水文学的物質循環の規則性への信頼と, 他方では, 嵐や雷雨や地震や火山の噴火に見られる自然の巨大で予測不可能な破壊力への畏怖の両者に触発され, また特徴づけられている.

古代の自然学は, 自然界の持続と変化というこの二つの契機をまえにし, その有為転変を貫いてないしは超越して存続する〈世界のもとのもの〉すなわち事物の「始源」を見出しまたその変化の原動力を見極めようとする, 一口に言って事物は何からできまた何ゆえに変化するのかを説明しようとする, そのための努力をとおして生まれ出た. それは, 記録に残っているかぎりでは, 紀元前6世紀のイオニアの哲学者たち, タレス, アナクシマンドロス, アナクシメネスに始まる.

さてその「始源」すなわち〈世界のもとのもの〉として, タレスは〈水〉を, アナクシメネスは〈空気（プネウマ）〉

を提唱した．もちろんそれらは現代の物理学的・化学的な意味での水や空気ではなく，いわば液体性一般の表現としての〈水〉であり気体性一般の表現としての〈空気〉であると見たほうがよい．それらは，見慣れた感覚的事物としての水や空気の属性，つまり氷↔水↔蒸気というその可変性と，どこにでも入り込みどのような形にもなるその流動性・活動性，さらには生命の維持のために必須であるというその特異性ゆえに選びだされたと考えられよう．

とりわけアナクシメネスにとっては，事物の「始源」は無限なる〈空気〉であり，万物はその濃密化と希薄化より生じ，自然界のすべての変化もまたその凝集状態の変化の結果にすぎない．それは薄くなると火になるが，濃くなると雲になり，もっと濃くなると水になりさらには土や石になる——とアナクシメネスは語る．これは，海水の蒸発→雲の形成→降雨・降雪→地上での河川から海への水の流れ→その過程での土砂の堆積→岩石の形成という，地上での物質循環の理論的抽象・象徴化と考えられる．ちなみに言えば，そのさい「生成を支配しているものは熱いものと冷たいものである」とされる[38]．現代風に解釈すれば，熱と温度差が変化の原動力だということになろうか．自然界に見られる物質の変化と循環のはじめての理論化である．

しかしこのイオニアの哲学は，恒存性（自己同一性）と可変性の統一としての「始源」を具体的・経験的事物に求めたという点において大きな限界を有していた．

したがって，一方では，いっさいの生成と変化を仮象と

見て排除し，永遠に不変な「有（存在）」としての「一なるもの」のみを措定したパルメニデスが，他方では自然的物質の可変性にのみ着目して「万物は流転する」と主張したヘラクレイトスが，その後につづいて登場したのは不思議ではない．

ヘラクレイトスによれば，自然は恒常的に変化の相にあり，万物は不断に生成・変化・消滅をくり返し，なにものも常住しない．彼は「万物は火から成立し，またそれに解体する．……万物は火の交換物であって，火の希薄化と濃密化によって生ずる」と語り，その運動と変化の原理を〈火〉——「永遠に生きる火」——に求める．その場合，彼もまた「濃厚になれば，火は湿気を帯び，凝集して水となる．しかしさらに固まると，水は土に転ずる．逆に土は溶解してそこから水が生じ，これから残りのものが生じる」と論じているように，アナクシメネスと同様のモチーフを示している[39]．

物質の不活性な相としての固体状態を表す〈土〉にたいして〈水〉や〈空気〉が活動的な相としての液体や気体状態を表し，それゆえタレスやアナクシメネスの注目を引いたのだとすれば，ヘラクレイトスはそれらの間の状態変化をもたらす力能としての熱そのものに着目しそれを〈火〉という形で捉えたといえよう．

つまり，「始源」を「有（存在）」に求めたパルメニデスと異なり，ヘラクレイトスは「成（過程）」に求めたのであり，その〈火〉は，タレスの〈水〉やアナクシメネスの

〈空気〉のような存在の「始源」とは異なり，いわば運動の「始源」である．ニュートンの『光学』の《疑問30》における「きわめて流動的な無味な塩である水を，自然は熱によって一種の空気である蒸気に変え，また冷によって堅い透明な，脆い，融けやすい石である氷とする．そしてこの石は熱によって水に戻り，蒸気は冷によって水に戻る．土は熱によって火となり，また冷よって土に戻る[40]」という一節に，その2000年後の反響を認めることができる．バートランド・ラッセルにならって言うならば，ヘラクレイトスの〈火〉はむしろ現代のエネルギー概念に近い[41]．

このように存在と過程に一度は分裂した自然の説明原理をあらためて統一したのは，エンペドクレスの〈土〉〈水〉〈空気〉〈火〉という四元素理論であった．これらの元素はいずれも不生・不滅であることにより存在の恒存性は保証され，他方，感覚的事物の多様性と変化はこれらの元素の――愛と憎しみによる――結合と分離そしてまた運動によって説明される．

そしてここからギリシャ思想は，一方では，物質からいっさいの質を剥奪し，感性的質を不変・不可分の窮極物質としての原子の運動と形状のみから説明しようとするレウキッポスやデモクリトスの機械論的原子論へ，他方では，プラトンを経て，熱・冷・乾・湿を還元不可能な質と見て元素をその質の担体ないし質の物化と捉えるアリストテレスの四元素理論へと，ふたたび分裂してゆくことになる．

そしてこの対立は，近代になって熱学が定量的な科学と

して登場してのちにも永く尾を引くことになる．のみならず，「始源」物質としての〈空気〉や変化の原理としての〈火〉というアナクシメネスやヘラクレイトスの観念が近代熱学の形成過程に与えた影響もまた，考えられている以上に大きい．

たとえばガリレオは，機械論的自然観を確立する以前の 1615 年に次のような手紙を書いている．

> 自然のうちには非常に精気的で，柔らかく，すばやい実体があり，宇宙に拡散しており，障害に遭うことなくあらゆるものに浸透し，あらゆる生物を温め，活気づけ，多産にしていると私には思われます．感覚そのものが示しているところでは，この精気の主たる容器は太陽本体であると思われます．この太陽から，無際限の光が宇宙に広がり，熱の精気を伴い，これがあらゆる植物体に浸透し，それらを生気づけ，繁茂させるのです．当然，これは光以上のものであると考えられます．なぜなら，これはどんな密な物体にも，その多くが光も透入しえないものにも浸透し，拡散するからです．ちょうど，われわれの火から光と熱が出るのが見られ，感じられるのと同じです[42]．

これは手紙の一部で，ガリレオ研究の碩学であるドレイクの本から引いたのだが，ドレイクによればガリレオの第一次裁判の直前に書かれたこの手紙は，太陽中心説がかな

らずしも聖書の文言には反していないということを示す一種の妥協ないし言い逃れのためのものとのことで，額面どおりにガリレオの本心だとは受け取れないようだ．

しかし熱をめぐるこの形而上学的な議論は「自然界に瀰漫する活性原理としての精気」という観念が一般に広く流布していたことを示していよう．同様にヘンリー・パワーも物質の活動性の原質として「微細な精気」を考えていたことはすでに見た．これらの所説と先に見たニュートンの議論との類似性も著しい．その観念は〈空気（プネウマ）〉と言うか〈火〉と言うか〈エーテル〉と言うかは時代とともに変わっていったが，古代から連綿と引き継がれてきたものであろう．

とするならば，先程のニュートンの汎〈エーテル〉主義の主張のなかに，われわれは，ヘラクレイトスやアナクシメネスの思想が中世を通り越して近代の自然観に与えた影響の大きさを見ないわけにはゆかないのである．

現実にアリストテレス以降に登場したストア派は，それまでの自然哲学の発展を加味したうえで，ふたたびアナクシメネスとヘラクレイトスに戻っていった．すなわち宇宙は理性を持つ神としての〈火気〉ないし〈気息（プネウマ）〉より成る．それはもっとも根源的物質であって，それが〈火〉〈空気〉〈水〉〈土〉と変化することにより世界が形成される．そして「窮極的原因としての神」と「その作用因としての〈エーテル〉」というニュートン主義の起源を直接このストア主義に求める学者もいる[43]．

話を戻そう．

このようなニュートンの——神と物質の中間に位置して神の摂理を遂行する——〈エーテル〉精気が，物質なのか非物質的な作用因なのか，この点の曖昧さは依然として残る．その曖昧さが後に〈エーテル〉と不可秤物質の同一視への途を拓いたのだが，重要なことは，万物の転変の中にあって窮極の作用因（能動原理）としての〈エーテル〉精気が，存在形態を変えながらも自己同一的に存続し保存されるという思想にある．

カードウェルは，熱こそが宇宙の第一動者であると主張する熱的宇宙論が，19世紀初頭にフーリエやカルノーによって表明されたことを指摘しているが[44]，その原型は，ニュートンのこの汎〈エーテル〉的宇宙論に求められるであろう．

また，19世紀中期の熱力学第1法則の発見も，熱・運動・電気・磁気の間の等価的互換性の認識にもとづくが，そのひとつの起源は，「私が〈力 (force)〉という言葉で意味していることは，宇宙の粒子や物質のすべての可能な作用の源泉の源泉 (*source of sources of all possible actions*) のことです」と述べ，諸力の背後にある統一的な作用因の存在への信念を表明したファラデーの思想にある[45]．しかしこのファラデーの思想もまた，ニュートンの汎〈エーテル〉的宇宙論にまでさかのぼることができるのではないだろうか．

*

　先走るのは止めよう．18世紀後半には，この再発見されたニュートンの「微細で弾性的な〈エーテル〉」が，斥力の唯一の担い手としてのヘールズの〈空気〉，さらには次章で見るブールハーヴェの〈火〉と二重写し，三重写しとなって，熱物質をはじめとする一連の不可秤流体のモデルを形成するにいたる．

　初期のカントは1754年の『地球老化論』で「知覚はできないがいたるところで実効性をもっている原理としての何らかの普遍的な宇宙霊を，自然の隠れた駆動体として想定する人々」の所説にたいして，次のように語っている．その人たちが語っているのは「放恣な想像力の産物ではなく，むしろ自然の形成において能動原理となり，真のプロテウスとしてどんな姿かたちをも取ることができるような，微細かついたるところで作用している物質」であり，「そのように考えることは，健全な自然科学や観察の見方とさほど対立するものではない」．カントはそれを「空気中のいたるところに拡散しており，大多数の塩類における能動原理，硫黄の本質的部分，火の可燃性の最重要部分を成し，その引力と斥力とが空気の弾性を抑えて精製のきっかけとなる力をもつ電気にはっきり認められる，この天性の揮発酸」としての「精気」と考えている[46]．

　1734年に死んだドイツ人ゲオルク・エルンスト・シュタールの「燃素（フロギストン）理論」は，この頃ドイツ

やスウェーデンでは広く受けいれられていた.

　素朴機械論の不活性で受動的な物質だけでは自然がとても説明しきれないことは，この時代には誰の目にも明らかになっていたのだ．ニュートンの〈エーテル〉論復活が，新しい物在論（物質論）への道を拓いたと言えよう．スコーフィールドの言うように「物在論者たちは，熱や電気や生命的な精気や化学元素などにたいする実体的なモデルを，ニュートンの〈エーテル〉——他の諸実体の受動性に対比される能動的実体——のうちに見出した」のである[47]．そしてその過程で，ニュートンが考えた窮極原因としての神は棚上げされ，空間に遍在する神の働きを代行するというようなニュートンの〈エーテル〉にまつわりついていた神学的意味は薄れてゆくことになった．

　こうして新たに登場した物在論は，単にスコラ的・分類学的なものではなく，「定量的物在論」ないし「定量的物質論」と言うべきものである．その定量化への契機は，次章に見る，ブールハーヴェとフランクリンが導入した保存と平衡の概念にあった．ここにはじめて一連の不可秤流体が近代的な物理学理論の内部に正当な席を占めることになり，物理学理論としての熱素説登場の土台が形成されてゆくのである．

第 2 部　熱素説の形成

第7章　不可秤流体と保存則
——ブールハーヴェとフランクリン

I　オランダ人ブールハーヴェ

　デザギュリエら初期ニュートン主義者たちによる一元的物質観のゆきづまりの中で，18世紀後半には「電気流体」「熱物質」等の不可秤流体がつぎつぎ導入されてゆくが，それらの概念の〈エーテル〉にならぶいまひとつの起源は，オランダのヘルマン・ブールハーヴェ（1668-1738）が提唱した〈火の物質（materia ignis）〉に求められる．

　物理学の歴史にこの時点でオランダが登場するのは，かならずしも偶然ではない．オランダ（ネーデルラント）が，80年にわたる闘いの結果，教条的カトリシズムの国家スペインからの独立をはたしたのは1648年であり，こうしてオランダは経済的発展をとげ，文化面においても「黄金の世紀」を迎える．実際，医師シルヴィウス（1614-74），物理学者ホイヘンス（1629-95），哲学者スピノザ（1632-77），生物学者レーウェンフク（1632-1723）とスワンメルダム（1637-80），画家レンブラント（1606-69）とフェルメール（1632-75）等を輩出したのは，この時代である．

そして17世紀の後半からオランダとイギリスは，三次にわたる英蘭戦争にもかかわらず，反カトリック・反フランスという一点で，政治的に密接な関係を保ってきた．名誉革命でオランダ総督オレンジ公ウィリアム（オラニエ公ウィレム3世）とその妻メアリーがイギリスの王位についたことは，むしろ結果といえよう．英蘭両国の小ブルジョア知識階層は，新教徒を迫害するルイ14世にたいする反感を共有していたのだ．

科学思想面においてもオランダは，大陸のどの国よりイギリスと密な交流を維持していた．とくにライデン大学は「大陸におけるニュートン主義の普及のためのひとつの――当面は唯一の――中心」（ピーター・ゲイ）であった[1]．そもそもライデン大学は，スペイン・ハプスブルク帝国との独立戦争のさなかに独立運動の指導者オラニエ公ウィレム1世により1575年に創設されたのであり，宗主国スペインからは異端と見なされていた．それゆえ，ヨーロッパの他の大学に見られるような中世スコラ学の影響をほとんど受けていなかったし，教会の息もかからず，その点で新科学の受容に障害が少なくむしろ前向きであった．1633年には天文台が大学の建物の屋上に設置され，69年には化学の研究室が設けられたが，これらはヨーロッパの大学で最初のものであった．38年には医学部で臨床教育が実施されたが，これはパヴィアの大学につぐものであった．ライデン大学はまた，イエナの大学についでハーヴェイの血液循環理論を最初に講じた大学としても知られている[2]．

17世紀後半にベーコンとボイルの経験論は，イギリス以上にオランダで評価されていた．ジョン・ロックも一時オランダに亡命しているし，そのロックにニュートンの力学の正しさを請け合ったホイヘンスは，逆にイギリスを訪れ王立協会の会員にもなっている．また，スコットランドの初期ニュートン主義者ピトカーンは1692年に1年間ライデンで講義しているし，逆に，1715年から1年間イギリス大使を務めた「オランダにおける最初のニュートン主義者」ウィレム・スフラーベサンド（1688-1742）は，デザギュリエの講義に出席し，またニュートンとも会見し，帰国後ライデン大学の数学と天文学の教授となり，ニュートンの自然哲学を講じ，1720-21年には『実験で確かめられた自然哲学の数学的原理ないしニュートン哲学入門』を上梓している．ニュートンの自然哲学の最初の教科書である．ヴォルテールの『ニュートン哲学要綱』は1738年にアムステルダムで出版されたが，ヴォルテールはこれを書くためにスフラーベサンドの講義を聴いたと言われる．他方で，1730年代にはデザギュリエがオランダに招かれ，各地で講義をしている．

　これらの交流を通じて，ニュートン主義がベーコンやボイルの経験論とだき合せにオランダに輸入されていった．

　他方でまたオランダは，デカルト隠遁の地でもあり，オランダにおけるデカルト主義の影響はとくに17世紀には無視しえない．事実，デカルト主義をはじめて大学で講じたのはオランダと言われている．デカルトの『方法序説』

は 1637 年にライデンで,『哲学原理』は 44 年にアムステルダムで出版された. 1638 年にはガリレオが軟禁状態で書き上げた『新科学対話』がやはりライデンで出版されている. その 1 世紀後, フランス人ラ・メトリが無神論の疑いのある『人間機械論』を出版したのも, ライデンであった. ライデンは新科学の駆込寺の様相を呈していたのである.

このような背景のもとに, 18 世紀前半にライデン大学の自然科学——医学と化学——の名声と権威を全ヨーロッパに確立させたのが, ブールハーヴェであった. 1695 年にホイヘンスが没し, 1705 年に数学者ヨハン・ベルヌイがフローニンゲンを去って後, オランダでは数理科学が下火になっていったが, それにかわって医学・化学・植物学にたいする関心が高まっていった[3]. その中心にいたのが, ブールハーヴェであった. ブールハーヴェは 1648 年に創設されたハルデルウェイク大学の医学部を 1693 年に卒業し, 1701 年にライデン大学の医学の講師に就任し, 09 年に植物学の教授に昇任し植物園の経営に能力を発揮し, 18 年には化学の教授にもなり, 死去の年まで講義を続けた. 医学教育の面では, ヨーロッパの大部分の大学ではいまだに古典籍の講読が中心であった時代に臨床教育を重視し, その方法を確立したことで知られている[4].

ブールハーヴェはかならずしも独創的な研究者ではない. 1779 年にクレグホンが「ブールハーヴェはその著書『化学』においてそれまで〈火〉について知られていたことをすべて集大成した」と語っているように[5], むしろその理

論は折衷主義的で，現代から見たときに特にオリジナルな業績というものは乏しい．しかし彼の巨大な影響力は，なによりもすぐれた教育者であったことに負っている．

じっさい，つねに超満員で金持の子弟は席を獲得するために人を雇ったとまで言われる彼の講義の評判は，ヨーロッパ中，とくにイギリスとスコットランドに鳴りひびき，30年間に659人が英語圏から留学している．1738年の彼の死に際してフランスではフォントネルが「ヨーロッパのすべての国が彼に弟子を供給した」と弔辞を読んだ．事実その前年のクラスには，オランダ人37人の他に，イギリス人23人，スコットランド人5人，アイルランド人3人，ドイツ人10人，スウェーデン人3人，ロシア人2人，スイス人2人，デンマーク，フランス，ギリシャ各1人が在籍していたというから，そのコスモポリタンな性格がしのばれよう[6]．それゆえブールハーヴェの影響は，これらの留学生を通じてヨーロッパ中に広められていった．スコットランドにたいする影響はとりわけ大きいようで，18世紀後半にヨーロッパの医学の中心となったスコットランドの大学は，彼の教育を受けて帰国した学者たちによって指導されたのであり，彼の影響は間接的に後の世代にまで及んだ．まさしくブールハーヴェは「ヨーロッパ全土の教師」であった．

また18世紀中期から後半にかけて化学でもっとも権威を持った教科書は，彼の『化学（*Elementa Chemiae*）』であるが，「人は今世紀の二人の偉大な人物の遺した二つの完

全なる規範，すなわちニュートンの『光学』とブールハーヴェの『化学』をつねに座右に置くべきである」という1世代下のオランダ人ミュッセンブルーク（1692-1761）の評が[7]，この書の当時の評価を物語っているであろう．ちなみに同書は，講義録が1724年に彼の許可なく出版され，さらにショウとチェンバーによって27年に英訳されたのに困惑したブールハーヴェがみずから書き上げて1732年に出版したものであり，それもまた35年にダロウの手で，41年にはふたたびショウの手で英訳されている．32年にはロンドンで英語の要約本も出ている．そして41年には，ラ・メトリが『ブールハーヴェの著作より抜粋した化学理論の要約』をフランス語で出版している．

　すでに1727年のヘールズの『植物計量学』には「学識あるブールハーヴェ」の『化学』からの引用がある．また1738年にはロシアのライプニッツ主義者ミハイル・ロモノソフが「経験豊かなブールハーヴェの『化学』」に言及し，55年にはドイツの哲学者カントが「明敏きわまりないブールハーヴェ氏の著書『化学』」に触れている[8]．1742年にスウェーデンに生まれた独学の化学者カルル・シェーレが学習した書籍のうちにはブールハーヴェの『化学』がふくまれていたと言われる．そして半世紀後の1790年に青年ドルトンは「私はしばしばブールハーヴェの著書を熟読しました．それは，それが書かれてから時が経っていることを斟酌するならば，今でも重要な本だと思います」と語っている[9]．

1 オランダ人ブールハーヴェ 211

図7.1 ブールハーヴェ『化学』扉

図7.2 ヘルマン・ブールハーヴェ

のみならずその影響は新大陸にまで及んでいる．1753年にアメリカのマサチューセッツで生まれたラムフォードは，1804年の『熱の問題についての諸実験の歴史的回顧』で「この〔熱の〕問題についての私の関心は，17歳でブールハーヴェの〈火〉についての透逸な著作を読んだときにかきたてられた」と証言している[10]．後に見るように，ベンジャミン・フランクリンもそこから多くを学んでいる．

II 物質としての〈火〉

熱学思想史においてブールハーヴェが重要性を持つのは，彼が提唱し，自著『化学』で縷説した「純粋の要素的〈火〉」がその後の「熱物質」のモデルを与えたことにある．〈火〉ないし〈火の物質〉にたいする関心のたかまりは，この時代，ブールハーヴェやニュートン主義者だけのものではなかった．1736年にはパリの科学アカデミーが「火の本性と伝播」についての懸賞論文を募り，それには30人の応募があった．応募者のうちにはイギリス帰りのニュートン主義者ヴォルテールとその恋人シャトレ公爵夫人のほかに，数学者のオイラーや何人ものデカルト主義者がふくまれていた[11]．1755年にはカントが論文『火について』を書いて「火の物質（materia ignis）」を論じている．

フランシス・ベーコンが『ノヴム・オルガヌム』で「火という概念は卑俗で役に立たない（notio ignis plebeia, et nihil valet）」と言ったのは1620年，ロバート・フックが

『ミクログラフィア』で「火の元素（an Element of Fire）のようなものは存在しないと考えるのが理にかなっている」と主張したのは 1665 年であった[12]．それからほぼ 1 世紀，ニュートンを挟んで風向きは 180 度変化したようである．しかし影響が大きかったのは，なんといってもブールハーヴェであった．

ブールーハーヴェは，一方でデカルトの機械論とボイルの粒子哲学を認めつつ，他方でニュートンの引力と斥力の概念をも受け入れる．それゆえブールーハーヴェは，ニュートンにならって窮極粒子としての不変・不可分割で硬くて微細な「物理的原子」を想定するが，それとともにその原子の結合状態としての「化学的元素」をも指定する．「化学的元素」は物質の可感的質や化学的特性の担い手であり，化学的分析により得られ，一般には可変で分割可能である．とくに〈火〉は「きわめて微細な物質粒子」であって，〈水〉〈土〉〈空気〉〈酒精〉その他とともに「化学的元素」に数えられるが，他の諸元素と異なり，「おそらく〈火〉は，そして〈火〉のみが，完全に純粋な形態でのその元素を与える[13]」．

〈火〉の元素を特徴づけ他と区別する属性は，第一に自己運動であり，第二に斥力（膨張力）である．すなわち「〈火〉の粒子は，膨張し，自己運動し，空間のすべての部分に同じように広がろうとする[14]」．他方で，通常の物質粒子は引力しか持っていない．「冷が〈火〉の単なる欠如だと考えるならば，固体の要素が〔冷却のさいに〕おのずと

小さい空間に収縮しようとするこの力は，物質自体に備わっていると見なければならないであろう[15]」．

そしてこの〈火〉の膨張力と通常物質の引力〔収縮傾向〕が自然のすべての変化の原因である．すなわち

> 物質粒子はつねにたがいにより密に結合し，その粒子間の隙間を減らし，そこに存在する〈火〉を追い出そうとするが，他方，〈火〉はそれに打ち克ってその空間を押し広げようとする．それゆえ〔物体の〕隙間に入り込んだ〈火〉と物体の粒子の間につねに作用と反作用が存在する．前者はそれらの粒子をつねにひき離そうとするが，後者はその自然の傾向からたがいに引きあい，強く結合しようとする．……その結果，この二つの原理，つまり一方の膨張力と他方の引力とがいたるところで働き，物体の無限の効果の原因を成している[16]．

当然，物体の熱膨張はもちろんのこと，熱による固体の融解や液体の蒸発もまた，この〈火〉の粒子の斥力と運動の結果とされる．したがって逆に〈火〉を除去するならば，物体は構成粒子間の引力によって収縮・凝固する．

端的にいって〈火〉は，すべての物体に浸透し，膨張しようとする内在的傾向により物体の弾性を生み出し，その自己運動によって物質粒子を活性化させる．それゆえ〈火〉は物体世界の運動と変化の源泉であり，宇宙の永続的活性の作用因である．

これはニュートンの〈エーテル〉やヘールズの〈空気〉とまったく同じ機能を持ち，ニュートンの〈エーテル〉が広く知られるようになった18世紀後半には，受動的で不活性な通常物質と能動的作用因としての〈エーテル〉というニュートンの二元論，引力を持つ通常物質と引力・斥力を併せ持つ〈空気〉というヘールズの二元論に，引力を持つ通常物質と斥力を持ち自己運動する活性原理としての〈火〉というブールハーヴェの二元論が，重ね合されてゆく*)．すくなくとも，通常物質の引力と熱の斥力という二元論は，その後の自然理解の基本枠を与えることになった．

　19世紀前半には，ニュートンの物理学に批判的であったドイツの文豪ゲーテが「われわれは引力とその現象である重力を一方におき，それにたいして加熱力とその現われである膨張を対置してきた」と『気象学』で語っている[17]．

　しかし二元論が受容されてゆく過程で，宇宙の窮極的動因としての神の活動性を体現し代行する〈エーテル〉という，ニュートンには色濃く見られた神学的意味が払拭され

---

*)　〈火〉と〈空気〉あるいは〈火〉と〈エーテル〉という二つの概念の関連づけないし混同は，今から思われるほど奇異なことではない．ギリシャの昔から「火は空気と密に関連している」という発想は見られる．アリストテレスの『気象論』には，アナクサゴラスは「アイーテル ($αἰθήρ$)」つまり「エーテル」が「燃える ($αἰθειν$)」を語源とし「火」と同じものを表すと考えたとある (339b21, 360b13)．アリストテレス自身はアナクサゴラスによる「エーテル」と「火」の混同に批判的だが，『自然学』では「アイーテル」を「火」と同じ意味に使っているところもある (212b21)．

てゆく．それは科学史家ハイマンの表現によれば〈エーテル〉がニュートンの言う「能動的原理（active principle）」から「能動的実体（active substance）」へと捉え直されてゆく過程である．

こうして，不活性な通常物質とは区別された「活性的不可秤物質」としての〈エーテル〉ないし〈火〉が，自然界の活動性の担い手として位置づけられ，その後の微細で弾性的な各種不可秤流体の原型を与えることになる．もちろん「熱物質」はそのひとつに数えられ，あるいは，単一の不可秤流体の各種の変様（modification）として，電気や光やフロギストンとならんで論じられることになる[18]．

たしかにブールハーヴェの場合には，〈火〉は物質的実体であるにひきかえ，熱——正確には皮膚に熱さの感覚を与える原因——は，この〈火〉の粒子の運動によって励起された物質粒子の運動である．たとえば摩擦熱は，摩擦によって激しくなった物体中の〈火〉の粒子の動揺の結果としての，物質粒子の運動である．だから「熱とは何か」と問題を立てたならば，ブールハーヴェはどちらかというと「熱運動論者」に区分されるだろう．

しかし，物質は等しく不活性で受動的である——それゆえ〈エーテル〉のような能動的作用因は物質ではない——という新プラトン主義的それゆえニュートン的な制約をひとたび取り払い，さらには，物質でありながら他と厳然と区別された活動的な〈火〉を導入することによって物質そのものの中に二元論を持ち込むならば，「熱」自体を物質視

する——手っ取り早くは〈火〉を「熱」と同一視する——ことを妨げる障害は,もはやなくなっている.

その意味で「ブールハーヴェは,結局はラヴォアジェとその後継者が単純で不可秤の物体のように考えた熱流体の仮定にまさに達しようとしていた」(メッヅジェ)と言うことができる[19].こうして,18世紀後半の熱素説(熱物質論)への道が敷かれてゆく.

実際,1774年に「その元素についての論考に大きな恩恵をうけているかの有名なブールハーヴェ」と記したフランスの化学者ラヴォアジェは1789年の『化学原論』で「物体の粒子間に浸透しそれらをたがいに分離させるきわめて微細な流体」として「熱素」を構想し「自然界のすべての物質の粒子は,それらの粒子を結びつけようとする引力とそれらを引き離そうとする熱素の作用の平衡状態にある」と論じている[20].ここに「熱素(calorique)」はラヴォアジェの造語とされるが,そのcaloriqueにたいする「古い名称」としてラヴォアジェは「火(Feu)」「火の物質(Matière du feu)」「火の流体(Fluide igné)」等をあげている.ラヴォアジェのこの「熱素」がブールハーヴェの〈火〉を継承したとまでは言えないにしても,借用した,ないし転用したものだと見るのは,無理ではない.

科学史家ハイルブロンの言うように「その世紀の中期には,大部分の自然哲学者は熱をブールハーヴェの言う弾性的な〈火〉の流体と解していたのである[21]」.

III 〈火〉の元素の思想的起源

　現代の私たちが「火」という言葉で連想するのは，素朴には「炎」であり，若干の反省を加えるならば，「化学反応としての酸化の発熱・発光をともなう現象形態」ということになるだろう．しかしブールハーヴェの言う〈火〉，すなわち「純粋で要素的な火」は，物の燃焼のさいに見られる「通常の火」つまり「空気やアルコール中に含まれる火の糧 (pabulum ignis)」を加えられた状態での「火」とは区別された存在である（本稿で火を〈　〉で囲んだゆえんである）．したがって「〈火〉は，われわれの感覚に捉えうるほとんどすべての効果の主要原因であり，原質であるが，それ自体はかぎりなく微細な性質のものであるため，どのような感覚にも感じられない」のである[22]．

　このような不可感な〈火〉の元素をブールハーヴェが提唱した根拠は，つまるところ物体内への熱伝導と物体の熱膨張という経験的事実，すなわち，「〈火〉を加えられたすべての物体は，例外なく大きくなり，膨張し，希薄にされ，そのさい重さに感じられる変化をともなわない」[23]という事実に集約される．それゆえ，人間の皮膚感覚とは無関係に，温度計物質の膨張こそが〈火〉の存在の唯一の客観的標識であり，〈火〉とは，この物理的効果の物化された基体にほかならない．

　私は，固体・流体を問わずすべての物体内に浸透し，

その作用によりそれらを膨張させてより大きな空間を占めさせる性質を有する以外には知ることのできないこのもの (res) を，今後〈火〉という名称で呼ぼう．実際，唯一〈火〉と呼ばれているものをのぞいては，これらすべての条件を満たすいかなる物質も，自然界には知られていない．逆にいかなる物体においても，〈火〉が存在すればかならずこの二つの〔浸透し膨張させるという〕効果が付随する．あまつさえ，〈火〉の増加に比例して物体の延長もまた増加する．自然学においては，このような標識が，あるものを指示し他と区別するためには充分であるし，またどのような空想的な哲学者が考えたとしても，その目的のためには，この種の標識以外のものは存在しない[24]．

このことから彼は，「実験によって明白に示されるように，〈火〉はつねにどこにおいても実在する」と結論づける．

たしかに加熱にともなう熱の伝導や物体の膨張は，例外はあるとはいえ，多くの場合に認められる現象である．しかし，たとえそれが例外のない現象であったとしても，そのことが「物質としての〈火〉」の実在を立証するものではない．つまるところ物理的効果から不可感の実体の実在に遡及する論法は，そのかぎりでアリストテレスにおける感性的質の実体化，ないしパラケルススにおける化学的属性の実体化と同地平の，物化の論理の典型的で無反省な適用

というべきであろう.

バシュラールは,「火」は科学的思考を妨げる「実体論的障害」と「アニミズム論的障害」の例をつねに与えてきたとして,「ブールハーヴェは, 実体論的偏見を強化することによってアニミズム論的偏見から免れているにすぎない」と評している. 彼によれば,「特質を実体化するという欲求は前科学的精神に属する」のだ[25].

アリストテレス主義の影響は, ブールハーヴェの〈火〉の質量の議論にも痕跡を留めている. 鉄が加熱された状態と冷された状態で質量差を示さないという実験的観察から, 彼は「〈火〉は物体を軽くさせることはないし, また物体の重さを何ら変えない」と論じている. ここでまずはじめに「軽さ」が否定されていることに注目していただきたい. というのもアリストテレス自然学では〈火〉は「軽さ」を持ち「自然状態では上方に向かうもの」であったからだ.

そういうわけでブールハーヴェがこの実験から

　　われわれは, たとえば赤熱した鉄球の中の〈火〉を, 物体自体の中にもその周囲にも広がり, その粒子が特定の方向をとることなく自由に動く流体のように考えることができる. というのも, もしその粒子がある方向を他の方向にたいして優先させると仮定すれば, 熱せられたときには, 物体の質量は以前よりかならず重くなるか軽くなるかしなければならないからである[26].

と結論づけたとしても，それはかならずしも現代的な意味での〈火〉の「質量」ないしは「重量」の有無を調べたのでもなければ，分子運動論的意味での運動の等方性を述べているのでもない．それは〈火〉が「重さ」にも「軽さ」にも無関係で「自然運動」として特定の方向（上ないし下）への傾向性を持つものではないということを語っていると読むべきであろう．その意味で彼の〈火〉は，アリストテレスの四元素の〈火〉に逆規定されている．

そしてブールハーヴェが，〈火〉とともに〈水〉〈土〉〈空気〉さらには〈水銀〉〈酒精〉などを元素として列挙しているのを見れば，彼の元素観は，むしろパラケルススを継承しているとも考えられる．それは〈火〉を「元素」であるとともに「化学変化の道具」でもあると規定する，彼の特異な元素観にも顕著に見てとれる．

ブールハーヴェの〈火〉は，膨張力と自己運動という属性を持つが，同時にそのことは，物体を膨張せしめ運動せしめるという機能を持つことでもあり，そのような機能の実体化として，「道具」という規定が生ずる．とりわけ〈火〉は，「宇宙にあるすべてのものを変化せしめるものであるが，しかしそれ自身はまったく不変に留まっている」という意味で，中心的道具に位置づけられる．このような見解は，〈火〉は分析の道具であり，とくに不純なものから純粋なものを分離・析出させる作用因であるという錬金術の伝統，とりわけパラケルスス主義の影響を顕著に示している[27]．

IV　化学の方法としての物在論

このようなブールハーヴェの元素観にたいしては，現代の哲学者の口を借りるまでもなく，すでに18世紀のスコットランドの化学者カレンが「ブールハーヴェは，自然的流動性を〈火〉に，乾と固形性を〈土〉に，可燃性を〈硫黄〉に，そしてほとんどすべての質を特定の元素に帰着させるという誤りを犯した」と批判を加えている[28]．

にもかかわらず，ブールハーヴェの〈火〉の理論が影響力を持ったのは，なにゆえであろうか．

ブールハーヴェの思想的起源は，複雑，いやむしろ雑多と言うべきであろう．彼の元素観がパラケルススの影響を示していることは，先に見たように事実である．

他方で，たとえばブールハーヴェが

> 〈火〉の本質が何であるのかを探究しようとするさいには，われわれは，その事柄についてまったく何も知らないかのように始め，われわれが以前からそれについて形造っていたすべての観念をすべて棄て去っておかねばならない．そしてわれわれは，幾何学者の分析的方法を踏襲しなければならない[29]．

と語るとき，そこにはデカルトの方法的懐疑の思想があらわに読み取れよう．のみならずブールハーヴェの〈火〉が，デカルトの「火の元素」に起源を持つとする論者もいる[30]．

たしかに，ニュートンの精神的存在としての「〈エーテル〉」と，デカルトの機械論的物質としての「火の元素」を対比するならば，「きわめて小さくて硬くて球形の物質粒子」としてのブールハーヴェの〈火〉は文句なしに後者に近い．

しかし〈火〉がそれ自身で斥力を有するという点では，逆に〈火〉はデカルト的物質よりはニュートンの〈エーテル〉に類似している．もっともブールハーヴェの教科書はニュートンの〈エーテル〉論が広く知られるようになった1740年代以前に書かれたものである．だから現実にブールハーヴェがニュートンから受け継いだのは引力と斥力の概念だけであろう．ただしニュートンとちがって，ブールハーヴェの場合，力は物質に固有の性質である．

しかし重要なことは，ブールハーヴェの思想的起源が何であれ，彼の教科書のショウによる英訳版（1741）が普及して以来，実際には彼の〈火〉がニュートンの〈エーテル〉と同類視されて受け容れられ，18世紀後半の化学に大きな影響を与えたことである．それは彼の方法が時代の要請によく応えていたからである．

このような雑多な起源を，時には折衷主義的に統合するブールハーヴェの方法的立場は，一言で言うならば，当時のニュートン主義自然哲学の手詰まり状況に即応したプラグマチズムであった．

つまり，医学はもちろんのこと医学の補助学としての化学も実践の学であり，ニュートン・サークルのアカデミックな自然哲学者たちのように，原理と方法だけを述べて済

ますことは許されない．一般的原理と個別的現象——つまり力学原理と物質の特殊的性質または普遍的な力と個別的な化学反応——の間の懸隔は経験によって架橋されねばならないし，そのために必要ならば，アリストテレス的ないしパラケルスス的概念をも，経験的に有効であるかぎりで用いる．経験的理論は，たとえ力学原理に基礎づけられていなくとも，実用性によって評価されるというものである[31]．

時代は，ニュートン的還元主義の教条に固執することの不毛さを自覚させつつあった．「自然はきわめて自己相似的にして，きわめて単純であるだろう」，「大きな物体の運動について成り立つどのような議論も，より小さい物体についてあてはまるはずである」というようなニュートンのご託宣 (4-Ⅲ) では，現実にたちむかえなくなっていたのである．

ブールハーヴェの著書を二度にわたって英訳したショウは，もともとは，化学は物理学に還元されうるしそのことによってはじめて完全なものとなりうると信ずる，原則的ニュートン主義者であった．しかしシュタールの影響も受けて 1734 年には，「真の化学者は，世界と物体を構成すると空想されている窮極粒子や原子についての高邁な所説は他の哲学者に委ね」「形而上学的思弁を弄ばない」と語り，ブールハーヴェの著書の 1741 年の訳注で

　　ここ〔化学反応〕におけるわれわれの知識は，きわめて乏しく狭い範囲に限られている．衝突等の可感的物体

の法則の多くは，……その同じ物体の構成粒子の，化学
において引き起こされる構造や色彩や特性の変化を左右
するより内奥で深遠な運動にまでは及ばないであろう．
物体を構成する微小部分は，可感的物体の通常の法則以
外の法則に支配されているように思われる．

と主張するにいたっている[32]．たとえばニュートンは「物
質を構成する透明な粒子は，それぞれの大きさに応じてあ
る色の射線を反射し，他の色の射線を透過させる」と考え，
そのことが個々の物体の呈する色彩の原因だとした．した
がって「天然物を構成する粒子の大きさはその色から推定
できる」と主張している[33]．しかし化学反応や染色による
色の変化が多く知られるようになると，そのような議論は
空想にすぎず，実際のところ何も説明したことにならない
ことがわかってきたのである．

　力学的還元主義とは異なる方法論が求められていたので
あり，ブールハーヴェによる〈火〉物質の経験的導入とい
う路線――総じて「物在論」――が，ニュートン主義のゆ
きづまりにたいする打開策を提供したのだ．そしてこのよ
うな実際的立場が，次章にみるようにカレンをはじめとす
るスコットランド学派に継承されてゆくことになる．

V　保存と平衡――定量的物質論

　ブールハーヴェの〈火〉の物質理論を，それまでの「分

類学的物質論」と分つものは、保存と平衡の概念である。もちろんこれは、アリストテレス以来の物質理論にはまったく欠けていた視点であった。

ガリレオやデカルトによる数学的な物理学の構築は、物質の質的差異を捨象し、物質的物体を幾何学的・数学的に均質化してはじめて、可能となった。そのかぎりで、特殊的質の実体化と自然学の定量化は背反的であった。しかしブールハーヴェは、〈火〉と通常物質という二元論的物質観を導入しつつ、ヘールズに見られるような自然の量的把握の進んだ時代の人間として、物質としての〈火〉の量的保存という観念を語ることができた。

そしてこの保存の概念が、化学や電気学の定量化の方法的指針となった。これがなければ、その後のブラックたちの定量的熱理論は生まれなかったであろう。したがって、ブールハーヴェ以降の物質理論は「定量的物質論」と称されるべきものである。

ブールハーヴェによれば、「〈火〉を灯すとき〈火〉は新しく創り出されたわけではなく、同様に〈火〉を消すことは〈火〉を消滅させることではない」[34]、つまり〈火〉は創られも破壊もされない。これは、彼の〈火〉の形而上学の「公理」であり、それゆえ、経験的諸事実から帰納されたものではなく、逆に経験的事実を統合・整序する枠組を与えるものである。

もっとも〈火〉の保存の観念は、ブールハーヴェではいまだそれほど大きな役割をはたしてはいない。それが重要

になるのはベンジャミン・フランクリンからだ．

　ブールハーヴェにとってより重要なのは，平衡の概念である．つまり「〈火〉は空間のすべての部分に均等に分布する」．そのことは，その空間を物体が占めているか否かによらない．

　〈火〉の元素は，どこにおいても，つまりもっとも密な物体の内にももっとも希薄な空間中にも見出され，すべての物体とすべての空間の内に浸透し均等に（aequaliter）分布する．夏のもっとも暑い日や，冬のもっとも寒い日にきわめて感度のよい温度計を，その中には何もないと思われるトリチェリ真空を内に含むガラスとわれわれが得ることのできるもっとも密な物質としての金のそれぞれにあてがうと，それらがそれ以上熱くも冷たくもならなくなるまで空気中に置かれていたならば，〔その二つの温度計は〕まったく同じ熱と冷の度合を示すであろう[35]．

　ここから平衡の概念が生み出される．そのさい，「熱〔感覚〕はそれによって〈火〉の量を決定できる手段をわれわれに与えることはけっしてない」とあるように，〈火〉の「均等」な分布とは熱感覚の等しさを意味しているのではない．したがってまた〈火〉の平衡はかならずしも感覚的経験から直接に帰納されることではない．

　　私がこれから言おうとしていることは，経験に反する

妄想か誤りのようにみなされることは、わかっています。経験によれば冬には鉄は羽毛より冷たく水銀はアルコールより冷たいからです。しかしすでに述べたように、私は〈火〉を、私たちに感じられる熱さや冷たさの感覚によってではなく、もっぱらそれに固有の性質、つまりその物体を希薄化させるという性質でもって取り扱います[36]。

ブールハーヴェは、人間の体温と当該物体との温度差や当該物質の熱伝導に大きく左右される人間の熱感覚を、温度計の指示値と賢明にも区別したのである。こうして彼は、熱平衡は温度計のみによって示されるとした。

それは平衡概念の確立に向けての大きな一歩であった。しかし彼はファーレンハイトの行った温度の異なる水と水銀を混合させて平衡温度を測定する実験から、「〈火〉は物体中において、物体の体積に比例して分布する」[37]という奇妙な法則を導き出した。つまり彼は、「熱平衡」を物体の種類によらず等体積に等量の〈火〉の分布と解釈したのである。この議論における彼の誤りは、温度と熱の概念的未分化——具体的には温度計の指示値が何であるのかについての混乱——に由来するのだが、後に見るようにこの点の批判を通じてブラックが熱容量の概念を確立させることになる。

ともあれ、保存と平衡という理論的枠組の有効性は、ベンジャミン・フランクリンの電気流体理論の成功によって、すぐさま著しく印象的に実証されることになる。

Ⅵ　フランクリンと電気流体

1732年に出版されたブールハーヴェの『化学』は電気について何の関心も示していないが，それが41年にショウによって英訳された直後から，電気現象が急速に注目されはじめた．実際，ニュートンのボイルへの手紙が公表されて，〈エーテル〉論への関心が高まった1744年は，電気学にとっても転換点にあたる．その年，金属集電装置を付けた回転式起電機が，翌45年にはライデン壜がミュッセンブルークにより発明され，電気の実験は組織的・目的意識的になり，実験事実は飛躍的に増加しはじめる．

ハーバードの一教授が語ったところでは，「43年以来，電気は世界中に大騒ぎ（considerable noise）を引き起した」のである[38]．それは何も専門家の世界に限ったことではない．電磁気現象の大がかりな実験はマジック・ショーの呼び物であり，科学者のみならず一般大衆の好奇心をも掻き立てるものであった（もっとも当時は，科学と魔術の区別も専門家と大衆の境界も，今ほどはっきりしたものではなかった）．

そして，その錯綜した電気現象を整序する枠組を与えたのが，ブールハーヴェの〈火〉の理論であった．

この時代の電気理論の歴史についての論文には「1740年代には，〈火〉の本性についての見解が電気の本性について人が抱く観念の形成に重要な役割を演じた」とある．これはローデリック・ホームの論文の一節であるが，ホームに

よれば，当時の〈火〉の理論には運動論と物質論の二通りがあったが，電気理解の原型となったのは後者とされる．すなわち「科学者の大部分は，17世紀の伝統的な化学にその起源を持ち，当時のもっとも有名な化学の教師ヘルマン・ブールハーヴェの著作のなかに，もっとも新しくもっとも完全に記されている〈火〉の物質的な見解を受け入れた」のである[39]．同様にハイルブロンによる18世紀の電気学の研究書にも「その頃までには，電気の研究者たちも，多くの点で〈火〉の元素と似た物質を想定することによって理論を形成していた」とある[40]．

アメリカ英領植民地のフランクリンが，ライデン壜の公開実験に刺激されて電気に関心を持ち，みずからも実験を始めたのはこの直後，1747年である．そして彼は，それまでの「ガラス電気」と「樹脂電気」という二種類の電気を単一電気流体の過剰と不足と解釈したことで，通常物質の他に単一種類の電気流体が存在するという一流体理論を提唱したことで知られる．独学だが精力的な読書家のフランクリンは，ニュートンの『光学』やヘールズやデザギュリエの書物を通してニュートンを学ぶとともに，ブールハーヴェの理論をも知悉していたのである．

事実，彼の一流体電気理論は，ブールハーヴェの〈火〉と同様の二元論的物質観にもとづき，またニュートンの引力・斥力パラダイムを採用したものである．彼の電気流体は，ブールハーヴェの〈火〉と同様にすべての物体に浸透する，というよりそれはブールハーヴェの〈火〉を改釈し

たものと言ったほうが,より正確であろう.

実際フランクリンも,初期には「電気流体」を〈電気の火〉と呼んでいたのであり,のみならず,〈火〉の元素と同一のものである可能性をも考えていた.すなわち

> 〈通常の火 (common fire)〉は〈電気の火 (electric fire)〉と同様にすべての物体中に多少なりとも存在する.多分それらは同一の元素の異なる変様 (different modification) であろう.あるいは異なる元素かもしれない.そう考えている人もいる.たとえそれらが異なる元素だとしても,それでもそれらは同一の物体中に共存することが可能である.(1749年4月29日)[41]

〈火〉も電気流体も同じものだというような考え方は,当時は珍しいことではない.放電現象がしばしば火花を発することからしても,電気と〈火〉の関連は当初かなり蓋然性があるように思われていた.フランクリンとは独立に電気流体仮説を立てたフランスのアッベ・ノレ (1700-70) もまたブールハーヴェの影響のもとに〈火〉の元素を語り,さらには「〈火〉と電気は同じ原理に由来する (le feu & l'électricité viennent du même principe)」,「電気物質は要素的な〈火〉や光の物質と同じものであると信ずる充分な根拠がある」と主張している[42].

そしてノレやフランクリンより一世代若いスコットランドの化学者ジョーゼフ・ブラックの講義録には,ブールハー

ヴェが熱を説明するために導入した弾性流体，つまり〈火〉について「ある人たちは，この物質が別様に変形されたならば，光や電気現象を産み出すと仮定している」とある[43]．
　ブラックリンの特異性は，その〈火〉について

　もしも〈火〉が始源の元素（original element）ないしある種の物質であるならば，その量は一定で，宇宙において不変である．われわれはそのいかなる部分をも破壊したり創り出したりすることはできない．われわれは……ただ〈火〉を，閉じ込めているものから分離させ自由にするか，ある固体から他の固体に移すことができるだけである[44]．（傍点—引用者）

と語り，保存則を公理的に要請したことにある．ここが一番重要な点で，もちろんそれは，そのまま〈電気の火〉としての電気流体にも適用される．
　フランクリンが「電気物質（electric matter）」という言葉を使ったのは 1750 年のコリンソンへの手紙がはじめてだが，それは次のように特徴づけられている．「電気物質はきわめて微細な粒子より成り，通常物質中に，もっとも密な金属にたいしてさえ，何の抵抗もうけずに容易に入り込むことができる．……電気物質と通常物質のちがいは，後者の部分がたがいに引きあうのに，前者はたがいに反発しあうことにある」．ここまではブールハーヴェの〈火〉と同じである．しかしこの後に「電気物質の粒子は相互に反

発しあうが，それは他のすべての物質には引き寄せられる」とある[45]．通常物質と電気流体の間の引力という観点は，ブールハーヴェの〈火〉にはなかった新しい主張だが，それはやがてクレグホンに継承され，その後の熱素説において重要な機能をはたすことになる．

保存則の重要性は，帯電現象の解釈に端的に見てとれる．

物体の電気的中性の状態とは，物体が一定量の電気流体を含み，電気流体間の斥力と通常物質との間の引力とが拮抗している状態にほかならない．それにたいし帯電とは，電気流体の過剰または不足を表す．ガラスを摩擦したときに見られる帯電は，「電気の〈火〉が摩擦によって創られたのではなく，集められたにすぎない」(1747)，すなわち，一定量の電気流体が摩擦棒からガラスに移動することで，前者における不足分だけ後者に電気流体の過剰がもたらされたのである[46]．

帯電についてのこの説明は，もちろん，電気流体は無から創り出しえないという，保存則を前提としている．ちなみに「ガラス電気」と「樹脂電気」というそれまでの定性的な用語と分類にかわる「正の帯電」と「負の帯電」という定量的な用語と区別は，フランクリンの創意による[47]．その新しい用語は，帯電の状態が二種類ありそれが量的な差にすぎないことを示すもので，電気流体が二種類あるという印象を与える古い用語にたいする決定的な前進である．

つまり，保存則を指導原理として，それまでは質的変化と見なされていた帯電という現象を，量的変化と捉えるこ

とに成功したのだ．ここにはじめて，電気学の定量化への一歩が踏み出されたのである．ちなみに電気流体の概念自体はその後に棄て去られたとはいえ，電荷保存則の有効性は今もって失われていない．

フランクリンはまた，この保存則にのっとって，ライデン壜の帯電が，電気流体の一方の極における過剰と他方の極における同量の不足を表し，全体としての電荷の増減を表すものではないこと，そして両極を導体で接続したときの放電が，単に過剰と不足の相殺にすぎないことを明らかにした[48]．そのさい彼の念頭にあったのは，「熱平衡」とのアナロジーであろう．実際，「一般に電気流体にたいするもっとも良い導体は，通常の〈火〉にたいしてももっとも良い導体であり，逆もまた真である」ということを最初に発見したのはフランクリンである[49]．そして

　　一方が加熱され他方が通常状態にある二個の良導体の物体がたがいに接触させられたならば，平衡が達成されるまでは，〈火〉をより多量に有する物体は，〈火〉をより少なくしか持たない物体にすみやかに〈火〉を与え，〈火〉の少ない方の物体はすみやかにそれを受けとる．（1757年4月14日）[50]

と語っているが，熱の良導体が同時に電気の良導体でもあるかぎり，この議論はそっくりそのまま，ライデン壜における〈電気の火〉の平衡に置き換えうるものである．

さらにフランクリンは,「正に帯電」した物体どうしの斥力を過剰な電気流体間の斥力として,「正に帯電」した物体と「負に帯電」した物体間の引力を前者の過剰な電気流体と後者の未飽和な通常物質の間の引力として説明することに成功した.

　こうして, 当時知られていた錯綜した電気現象は, のちにエピヌスが解決することになる負に帯電した物体どうしの斥力という問題をのぞき, すくなくとも定性的にはことごとく説明づけられた.

　静電気学におけるこのフランクリンの成功は, 不可秤流体, なかんずく, 保存と平衡の概念の有効性をまざまざと見せつけたものであり, 電気流体にきわめて近いものと見られていた〈火〉の理論のその後の方向を決定づけた. 実際, 熱素説を唱えフランスの熱理論の基盤を創ったラヴォアジェは, 化学革命の出発点といわれる論文『燃焼一般についての論考』(1777) で,「〈火〉の物質 (materia du feu) とは何か」という設問にたいして次のように語っている.

　　私は, フランクリン, ブールハーヴェ, および古代の一部の哲学者たちと同様に, 火または光の物質はきわめて微細で希薄で, しかもきわめて弾性に富む流体であり, われわれの住んでいる惑星のすべての部分を取り囲んでいて, 惑星を構成する物体の内部に種々の度合で入り込むが, 自由な状態では (lorsqu'il est libre) それら物体の内部で平衡に向かおうとすると答えよう[51].

18世紀後半の定量的熱学へのブールハーヴェとフランクリンの寄与，とりわけ保存と平衡の概念の影響は，きわめて大きい．

*

　以上で，機械論として始まった近代物理学が，ニュートンによる変容を通して多元的物質論を生み出すにいたり，とくにボイルとフックに見られた熱運動論の芽が忘れ去られ，熱物質論＝熱素説の登場を必然化することになる過程を通覧してきた．
　この第2部では，以下，こうして生まれ出た熱素説のその後の展開を見る．舞台もイングランドからスコットランドと革命前後のフランスに移ってゆく．熱素説は単なる誤りと片づけるにはあまりにも大きな影響を持ち，あまりにも多くのことをなしとげたので，それを無視しては熱学思想の歴史は語りえないのである．

第8章　スコットランド学派の形成
　　　——マクローリン，ヒューム，カレン

I　イングランドの地盤沈下

　18世紀中期以降，イギリス科学の重心はイングランドからスコットランドに移った．専門書によれば「18世紀前半は，全ヨーロッパ的にはむしろ17世紀の科学革命に続く停滞期だったが，社会科学の発展で名高い18世紀のスコットランドは，この時期に自然科学の黄金時代を迎えてもいた．……かつて科学においても後進国だったスコットランドは，18世紀の後半にはイングランドやフランスにならぶ先進地帯となっていた」のである[1]．実際，その時期スコットランドでは，「スコットランド啓蒙主義」と呼ばれる特異な知的活動の昂揚期を迎え，経済学者アダム・スミスや哲学者デーヴィッド・ヒュームや地質学者ジェームス・ハットンを輩出する．

　熱学の分野では，ウィリアム・カレンによってこの時代に形成されたスコットランド学派は，ジョーゼフ・ブラックとジェームス・ワットを生み出し，その伝統は，19世紀にレズリー，ランキン，ケルヴィン（W. トムソン），マク

スウェルに受け継がれてゆく．この顔ぶれを見ていると，熱学の半分以上がスコットランドで生み出されたと言っても過言ではないように思える．

しかし熱学だけが中空に突出していたわけではない．18世紀のイギリス産業革命について「その主体的担い手である発明家，産業資本家，技術者の相当数がスコットランド人であって，特に交通業，土木港湾，運河建設，工作機械業，化学工業においては，そのほとんどがスコットランド人によって占められ，かくして 18 世紀の産業革命はスコットランドの産業革命と言うべきものである」との指摘もある[2]．スコットランドにおける熱学研究の発展はこの背景を抜きには語れないであろう．

ウィリアム・カレン (1710-90) は医学の分野では「18世紀を通じてもっともすぐれた臨床家の一人」に数えられているが[3]，カレン自身が熱学の分野で遺したものが俊才ブラックを育てたことぐらいだと言えば，皮肉にすぎる．むしろカレンは，ボイル以来の機械論の限界を最終的に総括し，ニュートン以来の単純な力学的還元主義とも袂を分かち，化学——熱学は彼の場合化学に含まれる——を物理学から独立させ，自然哲学の独自の分野として研究すべきことを——シュタールやショウの後をうけて——明確に提唱したことによって評価されるべきであろう．とりわけ，各種の化学反応と発熱・吸熱の相関を化学研究の中心に据えたことは，後の熱学の発展にも大きな影響を与えた．カレンは端的に熱化学の創始者であった．

さしあたって，イングランドとの対比で，この時期のスコットランドを特徴づけておこう．

『プリンキピア』出版の翌年の名誉革命（1688）によって，イギリスはブルジョア社会へと突入し政治的安定を得るが，そのもたらしたものは，イングランドとスコットランドでは大きく異なる．

「〔イングランドにおける〕名誉革命の最悪の恒久的成果は……18世紀全体を通じて存続した極度の保守主義である」と言ったのは歴史家トレヴェリアンであるが[4]，それは政治に限らず，思想と文化，なかんずく，大学においてより著しい．

事実，オクスフォードとケンブリッジは，17世紀のガリレオとボイルから18世紀末のラヴォアジェとドルトンまでの物理学と化学の革命の歴史に，たまたまニュートンがケンブリッジにいたことをのぞいて，事実上関わっていないし，18世紀のイギリスの著名な物理学者と化学者では，キャベンディッシュをのぞいて，この両大学から育ったものはいない．19世紀まで広げても，デーヴィー，ファラデー，ドルトン，ジュール，ランキンはこの両大学と無関係だ．

オクスブリッジは，19世紀の中期まで，旧態依然たる古典学を一般教養として修得させることを目的としたカレッジと，専門課程としての神学・医学・法学の3学部より成っていた．オクスフォードでは，17世紀になって医学部に自然哲学と幾何学の講座が，また化学と実験哲学の講座はようやく19世紀になって設けられたが，それらの教育は

ないがしろにされ，事実上機能していなかった．「オクスフォード大学では，大部分の教授は，現在まで多年にわたって，教える真似をすることさえ，まったくやめている」と言ったのは，1740年から学生としてオクスフォードに在籍したアダム・スミスである[5]．

ケンブリッジは少しはましであったが，それでも五十歩百歩で，実際，1741年から17年間，ケンブリッジでは化学の講義は行われなかったし，それから1世紀後の1849年になっても「ケンブリッジには実験室がない」と言われていた[6]．またたとえば1852年の調査報告によれば「従来，化学の学習はこの大学では，大学における本来の学習から学生の注意をそらすものとして，なおざりにされていたばかりではなく，妨害されていた」とある．ラヴォアジェによる化学革命から半世紀以上も後のことだ．にわかには信じがたいことだが，ケンブリッジのあの有名な数学者アイザック・トドハンターでさえ，実験的証明は少年たちの精神的退廃をもたらす，彼らは教師の言葉を信ずるべきであると主張していたというのだから，ものすごい[7]．

要するにこれらの大学は，階層的に固定されたエリートを再生産するためのもので，開いた体系としての，それゆえ将来的に修正され発展してゆく可能性のあるものとしての学問を，研究し教育するところではなく，型にはまった思考方法に学生を鋳造することに腐心していたのである．もちろんそれは，進取の気象や批判精神や独創性を培うこととは無縁であったばかりか，専門知識の修得にすら結び

つかないものであった．そのため，医学や自然科学の専門知識を求める学生は，ロンドンの病院付属学校やオランダやスコットランドの大学に行かねばならなかったという．

実際，ノッチンガムに生まれたエラズマス・ダーウィン（進化論のチャールズ・ダーウィンの祖父）はケンブリッジで学んだ後にエディンバラ医学学校で 2 年間学習し，1756 年に医師の資格を得ている．そしてその息子チャールズ・ダーウィン（進化論のチャールズの叔父）は，オクスフォードに 1 年間在学したが，「古典の優雅さを求めるあまり，精神の活力が失われている」と感じてオクスフォードを嫌い，より地に足の着いた勉強をするために，1775 年にエディンバラの医学学校に移ったのである．イングランドの新興知識階級はオクスブリッジを見捨てつつあった[8]．

他方で，ニュートンの活躍した王立協会も，1741 年に科学者ではないマーチン・フォークスが会長に就任し，1742 年のハリーと 1744 年のデザギュリエの死でニュートン・サークルの人脈が跡絶えたのちは，衰退の一途をたどる．フォークスの下で，王立協会はディレッタントの集りになり，その紀要は「大部分つまらぬ未熟な論文」で占められてゆき，したがって「その時期，『王立協会紀要』は……イギリスの数学者と物理学者の仕事の貯蔵庫（repository）と見ることはほとんど不可能である[9]」．

こうしてニュートン以降，自然科学の中心は，確実にイングランドから離れていった．

「イングランドにおいて科学が長期間にわたってないがし

ろにされ，衰退してきたということは，私が言い出したわけではなく多くの人が思っていることであり，私よりもっと権威のある人も表明してきた」と数学者チャールズ・バベッジが慨嘆したのは，1830年のことである[10]．

II スコットランドの大学の変化

スコットランドでは，事情は相当に異なっていた．ポスト・ニュートンの時代「スコットランドの諸大学は時代の精神にもっと敏感であった」し，「ただちに新哲学を吸収しそれを忠実に伝えた[11]」(アシュビー)．

事実，ニュートンをのぞき，世界ではじめてニュートンの自然哲学を大学で講義したのは，1683年にエディンバラ大学の教授になったダヴィッド・グレゴリーといわれる．ケンブリッジのニュートンの後継者ホイストンは，「〔私が学習し始めたころ〕スコットランドの大学においてグレゴリー博士は，『プリンキピア』に最大級の賞讃を与え，……すでに彼の何人かの学生を，ニュートン哲学のいくつかの分野での研究に取り組ませていたが，他方わがケンブリッジでは，まったくみじめなことに，デカルトの虚構の仮説が屈辱的に学ばれていた」と証言している[12]．

他方でスコットランドの大学は，大陸の影響をも大きくうけていた．後にラヴォアジェの理論を真っ先に教えたのも，スコットランドの大学であった．1787年にはトーマス・ホープがエディンバラ大学でラヴォアジェ理論を講じ，

90年にはブラックもラヴォアジェ理論を受け入れた[13]．またケンブリッジではニュートンの権威によりかかるだけで大陸における数学と力学の発展に目をつむっていた18世紀末に，いちはやくフランスの解析力学を取り入れたのもエディンバラ大学であった[14]．医学と化学ではライデンのブールハーヴェの影響が大きい．

大学教育の影響力そのものがイングランドとスコットランドでは異なっていた．ニュートンの影響は『プリンキピア』や『光学』やその他の王立協会で公表された論文に負っているが，スコットランドでのカレンやブラックの影響はもっぱら大学での講義によってであり，彼らは著書を著さなかったし，論文もごくわずかしか発表していない．しかし彼らの理論は学生の手になる講義ノートによって広まっていった[15]．

根本的には大学と社会の関係がイングランドとスコットランドでは異なっていたのである．

スコットランド社会は，宗教改革・ピューリタン革命・王政復古・名誉革命そして1707年のイングランドとの統合の過程で大きく変動していった．とりわけイングランドとの合邦は「スコットランドの近代化の前提条件」になったと言われている[16]．しかしそれとともに，宗教改革ののち，一教区に一学校の設置を促す条令が相次いで制定され，17世紀末にはそれがかなり実現された状態になっていたことも，近代化のひとつの要因と考えられている[17]．

スコットランドの経済的発展は，王政復古の時代にある

程度は準備されていた．しかし，イングランドとの統合によってスコットランドは，関税障壁なくイギリス市場に組み込まれ，他方で貿易相手としてのフランスを失い，合邦がかならずしも経済的発展に益したばかりではない．そのうえスコットランドは，政治的にも遅れていた．にもかかわらず，1720年代から，スコットランドはアメリカとの貿易港グラスゴーを中心に繁栄の道を歩む[18]．

ともあれ，イングランドとの自由競争に直面したスコットランドの産業は，近代化と生産性向上をせまられ，資源確保と技術改良を急務とし，そのための人材を緊急に必要としていた．そしてスコットランドの大学は，このような社会的変動に比較的素早く対応してゆき，この要請に応えるだけの体制をみずから整えていった．

名誉革命を通じてスコットランドでは，大学にたいする教会の支配力が弱体化し，18世紀のはじめ——エディンバラでは1708年，グラスゴーでは1727年——に，それまでの一人の教官が全教科を教える「全課程指導教授システム（regenting system）」が廃止され，大学は神学校から総合大学へと変貌をとげる[19]．もちろん，教会権力と大学の闘争はその後も続けられてゆくが，教会からの独立を追求する大学は，スコットランド社会との新しい関係を樹立する必要にせまられてゆく．それは，やがて産業革命へと発展してゆくスコットランド資本主義の要請にたいして，専門家として応えてゆくことにほかならなかった．

教会のサイドでも変化をとげてゆく．スコットランドの

II スコットランドの大学の変化

宗教改革では，17世紀末には長老派（プレスビテリアン）の主導権が確立していた．その後，長老派内部の福音派と穏健派の抗争では，実生活の向上をめざす比較的リベラルな穏健派が主流となってゆき，教会を現実に調和させるようになっていった．かくして「スコットランドのエディンバラやグラスゴーなどの有力大学は，長老派の子弟を中心とし，とくに科学教育，技術教育，実用教育を中心とした新教育方針を採っていった」のである[20]．

またこの過程で学生も増加し，彼らはみずからの才能を伸ばし専門知識を得ることにより積極的・意欲的になっていった．こうして，教える側からも教えられる側からも，大学教育の専門化・世俗化が促されていった．

さらに合邦によって政治的安定が生じたことにより，学生たちの目はイングランドやオランダに向けられてゆく．というのも「スコットランドでは立身の機会がすくなく，有為な学生はいきおい故国の外に身を立てねばならなかった」からである．しかし「スコットランド人は貧しい非国教徒であり，当時イングランドからは大いに嫌われていた」．したがって彼らは，この差別と蔑視の中で「おくれたスコットランド」をいやでも意識せざるをえず，学習態度においてもイングランドの上流階級の子弟とは異なる真剣さを示したのである[21]．

まさにこの時期，1726年にマクローリンはエディンバラ大学の数学教授に就任し，翌27年，カレンはグラスゴー大学を卒業する．カレンは46年に講義を始め，51年にグラ

スゴー大学医学部教授，56年にはエディンバラ大学の化学の教授となった．ヒュームの『人生論』出版は1739-40年のことだ．そして，1710年には哲学者トマス・リードが，23年には経済学者アダム・スミスと哲学者アダム・ファーガソンが，26年には地質学者ジェームス・ハットンが，28年には化学者ジョーゼフ・ブラックが生まれ，やがてスコットランド科学をヨーロッパの最先端に押し上げてゆくことになる．ジェームス・ワットがグラスゴーの西方グリーノックに生まれたのは，1736年であった．

III　コリン・マクローリン

18世紀のスコットランドの傑出した数学者で，ニュートン物理学のすぐれた解説書『ニュートン卿の哲学上の発見の概説』(1748) を書いたのは，「エディンバラ大学の生命にして魂」とまで呼ばれたコリン・マクローリン (1698-1746) であった．

『概説』は，ニュートンにたいする批判にニュートンの側に立って反論するという形をとっていることからもわかるように，ニュートンに忠実であるが，その中にも，ニュートン主義にたいするマクローリンの特異な立場が読み取れる．マクローリンは，窮極原因の存在とニュートンの経験的方法を認めつつも，自然には階層があり，人間の経験する自然は，人間の感覚に相応した (proportioned) 寸法の自然でしかなく，そこから単純な類推や内・外挿で自然の

全階層や窮極原因が捉えられるものではないと主張する.

諸原因の連鎖を追跡することは,哲学〔物理学〕のもっとも高貴な仕事である.しかしわれわれは,それ自体が〔他の原因の〕結果と考えられる原因以外の原因にゆきつくことはないし,また,その連鎖のわずかなつながりしか辿ることができない.どのような種類の量であれ,われわれの感覚が相応した程度ないし度合があり,それについての知覚と知識が人間にとってきわめて有用なのである.おなじことが哲学の基本的研究にもあてはまる.というのも,すべての程度ないし度合は等しく哲学的思索の対象ではあるものの,哲学者は,感覚に相応した程度から探究を始めねばならないからである[22].

つまり自然は——ニュートンの言うように——「自己相似的(self-conformable)」とは限らないし,まして,デカルトの言うように,日常の経験から形成された機械論的表象がそのままミクロの世界に適用できるというアプリオリな保証はないのだ.しかし議論はニュートンにたいするものというよりは,むしろニュートンの批判者に向けられている.「自然の牽引や結合や反発や分離の装置も物体的であって,人工的なものと相似であり,後者が大きくて感覚されるのにたいして,前者が微細で感覚されないにすぎない」と言ったのは 17 世紀のイギリスの機械論者チャールトンだが[23],このような発想にこそマクローリンの批判は

向けられていた．したがってまた，自然哲学は，さしあたっては対象の尺度的階層ごとに別個に追究されねばならないことになる．

　われわれの自然観が，知覚の通常の対象から宇宙の限界へと上昇し，また元素へと下降して完結するならば，そして作用している力ないし原因が全体として知られたならば，そのときには哲学が完全なものとなるであろうということは，たしかに認められねばならない．しかし自然のこの機構の全域を人間の能力と比較するならば，それらを部分に分割し，それらの各部分のそれぞれにおいてできるかぎり慎重に進みゆく必要性を認めざるをえない．……それゆえ，宇宙においてわれわれの置かれた立場では哲学のなすべきことは，自然の全機構を一度に単一の観点で捉え込もうとすることではなく，自然の巨視的な運動や作用について，またそのより微細で隠された作用について，細心の注意と慎重さで，われわれの知識を，可感的事実からわれわれの推論と観察が導くところまで拡大することである[24]．（傍点―引用者）

このような自然の階層的把握と経験的知識の限界づけにのっとってマクローリンは，『プリンキピア』における天体力学の数学的・論証的推論と，『光学』における定性的・記述的推論の差を，通常考えられているようにニュートン自身の思索・研究の到達度・完成度の差としてではなく，

対象の差に規定された方法上の相違であると捉える．

〔『プリンキピア』においては〕太陽系を構成している巨大物体のたがいの距離が大きいことは，それらがたがいに作用する力の〈分析〉にむしろ適していた．というのも距離が大きいことによって，それらの力は，若干の単純な原理に還元され，容易に発見されるからである．第２の著書〔『光学』〕では，自然のより隠された部分へとわけ入り，現象そのものの大部分とその原因を追跡している．その作用因の考えられないくらいの小ささと，運動の微細さと速さのために，問題はより困難であり，また結合して諸現象を生み出す諸原理がより多様であるので，それらがたやすく〈分析〉に服するということは，期待されえないのである[25]．

こうしてマクローリンにより，力学的還元主義をはなれ，化学（物質理論）を力学と別個の学として研究する方法論上の根拠が与えられることとなった（ここで「分析」は現象から数学的法則を導き出すという意味で使われている）．

カレンが，ニュートン的原子論を認めつつ，他方で物質の窮極要素としての物理的元素と人間の技によって分解しうる限界としての化学的元素を区別し，「われわれの感覚に捉えられるすべての物体は，何層にもわたる複合物であり，われわれの技は窮極的分割にはけっしていたらず，……われわれが元素と考えるより高位の合成物の中間段階すなわ

ち化学的元素にとどまる」と語るとき[26]，彼はマクローリンと同じ自然観を表明していたのだ．

IV スコットランド哲学

スコットランド哲学もまた，スコットランド学派の形成にあずかっている．「スコットランド哲学の父」と呼ばれたのは，グラスゴー大学教授でアダム・スミスの師でもあったフランシス・ハチスン (1694-1746) である．旧習を破って英語で講義をしたことに見られるように，ハチスンは学生に新しい息吹きを伝えたのであり，善悪の判断を神についての知識と切り離した彼の道徳哲学を教会が危険思想として攻撃したとき，学生たちは断固として彼を擁護したと言われる[27]．

ハチスンは，ボイルからニュートンまでの17世紀自然哲学を受け入れるが，通常のニュートン主義者と異なり，数学的論証だけが明証性の唯一の根拠だとは考えない．哲学上の問題には，本質的に論証(デモンストラブル)的な証明が可能なものだけではなく，蓋然(プロバブル)的な証明しか受け容れないものも存在する．そして後者の種類の問題に厳密な論証を求めることは，目的とする絶対的確実さにゆきつかないがゆえに，逆に絶対的懐疑に陥ることになる[28]．つまり彼は，数学的に証明される種類の問題以外にも，さまざまなレベルの明証性に支えられたさまざまな学問の成立の可能性を見抜いていたのだ．その思想はトマス・リードに受け継がれてゆく[29]．

そして，自然科学における数学的・力学的論証の限界づけを徹底させ，窮極原因をめぐる議論の無意味さをあばいたのが，デーヴィッド・ヒューム（1711-76）であった．

力学理論の要衝に位置する因果概念にたいする批判——認識論的吟味——を通じて，「必然性とは心に存在するあるもので，事物に存在するものではない」，「原因と結果に関するすべての推論は，習慣のみに起因する」というラディカルな結論に到達したヒュームは，学としての力学の概念的構成を，自然自体の存在構造から峻別した．

そのときには，自然における窮極の作用因としての力や存在物をめぐる議論は意味を失う．つまり「物質には，物体の運動ないし変化のような若干の新しい産出のあることが見出される．そしてこのような運動ないし変化を生むことのできる力がどこかになければならないと推断される．こうして遂にこれらの力または効力の観念に到達する」というような説明は「哲学的というよりむしろ通俗的」であり，「われわれは，どの事例においても原因の力および作用の存する原質を明示できない」のである．したがってまた「あらゆる原因が同一種類であること，それらの区別が何の根拠もないこと」が結論づけられる[30]．

それゆえ，物理学における因果律とは単にひとつの体系的記述でしかなくなり，こうして逆に，物理学とは独立した他の自然哲学の分野も，認識論上同等の権利を持つことになる．つまるところ科学のなしうることは，経験から一般的法則を導き出すことに限定されるのである．

カレンが,「ある人たちは,引力が造物主の直接の作用だと言うけれども,そのような論法は哲学的探究を停止させるものであり」と語り「理論とは,諸原因についての学説とその原因の作用を方向づける一般的な規則より成る.……しかしいくつかの現象がひとつの共通の原因に関係づけられたならば,われわれはそれで満足する」と言うとき[31],そこにヒュームの思想に通底するものが見られるであろう.実際にもカレンは,化学の推論の適切な形式として,理論的教義についてのヒュームの懐疑論を推奨したと言われている[32].

スコットランド哲学がヒュームのラディカルな理論をそのまま受け入れたか否かは問わないにしても,すくなくともヒュームの影響は,力学を相対化することには力があった.控え目に見積っても,バークリーからヒュームへと連なる「懐疑論」からの攻撃にたいしてスコットランドの自然科学は慎重にならざるをえず,科学の一分野の他の分野にたいする絶対的優越性の主張や,その方法の野放図な拡張にたいする自制を促すことにはなったと言える.

ちなみに,不成功に終ったとはいえグラスゴー大学のポストにヒュームを推挙したのは,スミスとカレンであった.無神論の疑いで教会から睨まれていた異端の哲学者ヒュームを推すことは,それなりに勇気のいることであり,カレンがヒュームをどれだけ評価していたかをうかがわせるエピソードである.

V　カレンによる化学の独立

　以上のようなスコットランドの大学の専門化志向と，方法論と認識論からの科学批判が，カレンによる化学の学としての自立化の主張を動機づけている．

　そのさい，力学的基礎づけや窮極原因の追究を放棄した化学理論の正当性は，その有用性に求められる．事実カレンは，化学を

　　何らかの技（art）が，ある特殊な物理的性質を有する

図8.1　ウィリアム・カレン

図8.2 スコットランドにおける亜麻（リンネル）の漂白

> 物質を必要とするとき，その性質を有する自然物を教示したり，その性質を有さない物体にその性質を生ぜしめたり，あるいは必要な性質を備えた物体をあらたに創り出したりするものが，化学哲学である[33]．

と規定し，化学の有用性を強調している．その有用性とは，「われわれにどの技が求められているかを教えるのは商人である」とカレンが語っているように[34]，端的に市場原理に支配された企業にとっての有用性であった．実際にも，カレンが行った塩や石灰の研究は，オランダとの競争やイギリスの塩税の圧力下にあるスコットランドの漁業（にしんの塩漬）を改善し，スコットランドの「国民産業」たる亜

麻（リンネル）の漂白や後進スコットランド農業を改良することを，直接・自覚的に目的としていた．

したがってカレンにとって「技術的活動との関わりの中で理論を展開することが決定的に重要であった」．これは科学史家ゴリンスキの書からの引用であるが，同書はカレンの科学を「公共科学（public science）」と特徴づけている[35]．実際にもカレンの化学の講義の聴講生は，医学や自然学に関心のある学生だけではなく，「化学に関わる仕事に従事している」商人や製造業者や農園の経営者にまで及んでいた[36]．そこで何よりも必要とされたのは，化学教育の整備であった．

　化学は多くの有用な事実を世に与える技であり，そのことによって多くの技の改良に寄与してきた．しかしそれらの事実は，多くの異なる書物において散り散りになっているし，幾多の誤りや不明確な用語がまつわりつき，誤った哲学と結びついている．それゆえ化学が，知識のそれほど有用な分野にたいして通常期待されるほどには学ばれてこなかったし，多くの教授たち自身がそれをきわめて浅薄にしか知らないということは不思議ではない．しかしこれまで化学が大学で教えられてきたのだから，その学習の困難は多少なりとも改善されているはずで，その技には一定の形式が与えられ，化学は体系化され，分散した事実は正しい秩序に整えられているにちがいないということは，期待されてきた．しかしいまだにそれ

は達成されていない．化学は今もって，はなはだ狭小なプランに添ってしか教えられていないし，化学の教師は，化学のきわめて狭い範囲しか含まない薬学と医学の目的に自己限定している[37]．

このようにカレンは，一方では化学の実用性を強調するが，それとともに化学を，錬金術的ないし職人的知識の単なる集積としてではなく，近代的な学として教育可能なように体系化・理論化させる必要性と，ブールハーヴェらによる医学の補助学としての化学という狭隘な見解を脱するべきことをも主張する．つまりカレンは，それまで一方では冶金術や農業や薬学等で個別に語られていた実用知識と，他方ではそれと無関係に語られていた物質の本質をめぐる思弁的な理論を，大学教育の場で統合しようとしたのである．かくしてカレンやその弟子ブラックの研究は，技術的実践との関わりを失うことなく，しかし同時にせまい実用主義を越える理論の形成をめざすものとなった．

理論面においてカレンが何よりも力点を置いたのは，物理学と化学の峻別にあった．当時の物理学の一般原理は，現実には化学的実践にたいして有効性をもたなかった．それゆえ「化学が説明することは，物理的効果とその原因一般ではなく，特定の効果とその原因のみである．それらは，化学を自然哲学の他の分野から区別するように特定されなければならない[38]」．カレンにとっては，物理学と化学は異なる現象を対象とする．

そのさい区別の標識は，物質の結合の差に求められる．カレンによれば，物質の結合は，複合物がその構成部分と同一の性質を示し量的にしかちがわない場合と，質的な変化が生じ複合物が構成部分と異なる性質を示す場合に区別される．全体と部分は，前者では「集合体（aggregate）」と「部分（integrant part）」，後者では「混合物ないし合成物（mixt or compound）」とその「成分（constituent part）」と呼ばれる．もちろん化学は後者を対象とする．すなわち「化学は混合物をその成分に分離し，異なる物体を新しい混合物に結合する技」であり「混合（mixture）にもとづく物体の性質や効果を説明する自然哲学の部分」なのである[39]．

Ⅵ　力学的還元主義との訣別

この区別こそは，すべての質を物体の機械論的所産とした機械論や粒子間力に帰着させようとした力学的還元主義を克服する根拠であり，質を直接の対象とする化学の独立を保障するものであった．化学で扱う質，「混合（化学反応）」で示される質とその変化は，あまりにも多様で特殊であるがゆえに，物理学の一般原理だけでは律しきれないのだ．

カレンは物理学の原理としては，ニュートンの〈エーテル〉論以来，ヘールズの〈空気〉，ブールハーヴェの〈火〉と継承されてきた二元論を踏襲する．

集合体の性質や集合の形状は熱と物質粒子の関係にかなり左右される．物質のすべての異なる種が二つ，すなわち熱の物質ないしは斥力を有するように思われる弾性物質と引力を有する物質種に還元されるということはありうることである[40]．

しかし「困難は選択的引力の原因を見いだすことにある」とあるように，カレンにとって問題は通常物質種とその反応がきわめて多様なことであった．

　つまりカレンが重視したのは，物理学の原理が，一般論と個別事実の間の懸隔を埋めることに失敗し有用性において失格であるという点であった．前章で見たように，このような見解はすでにショウにより語られていたが，カレンは——ニュートン物理学を認めるという点ではニュートン主義者であったが——ショウの見解をより積極的に推し進めた．初期の講義（1748）では次のように語っている．

　私は，諸物体の性質とその効果は二通りに考察しうると考える．第一には，その集合体（aggregate）を構成している部分を考慮することなく，物質のある大きさと形状と量の集合体としてそれらの物体が持つ性質である．くさびの効力は，それが木製か金属製かを考慮することなく，その形状から証明される．他の機械的な効力において，重さ等は，物質の質を考慮することなく量に関してのみ考察される——流体力学の法則は，いくつかの管の

形状と比率と高さから証明され，その管が錫製か銅製かはどうでもよい．このような性質の考察は，機械論的と呼ばれる自然哲学の一部分を成している．しかし物体が混合物（mixt）として持ついまひとつの種類の性質もある．つまり，比重とか，固形性と流動性，固さと柔かさ，脆性と延性，弾性，揮発性と不揮発性，混和性，可溶性，可燃性，透明と不透明，味，匂い，音，色，凝固のさいの形状，等である．それらすべては，諸成分ないしその特定の組み合せに左右される．そのような性質は，機械論的なものと考えられるかもしれないが，現在のところそのようには明らかになってはいないし，機械論哲学の適用には失敗している．それらの性質の多くは事実としては知られているし，そのいくつかは一般的法則に帰着されてはいるが，その法則は，機械論的に説明されてはいない——たとえば，選択的引力（elective attraction）の場合がそうである[41]．

興味深く重要なので，いま少し続けよう．

　私が誤って，哲学の化学的部分を機械論的部分と対立させたと批判されるかもしれない．というのも，化学で考察される物体のこれらの特殊な性質でさえも，元素の物質の形状・大きさ・量，および混合物においてはある形と大きさとを有する元素の配列に左右されるということは，ありうることだからであり，私もそうかもしれな

いとは思う．しかし目下のところ，われわれはそのことを確かめてもいなければ，将来確実に確かめられるとも限らないということを，直視しなければならない．物体の元素は，その形や大きさをわれわれが識別するにはあまりにも小さくて，それらについてわれわれは推測の域を出ていない．そしてその推測の適用，つまり機械論哲学の適用は，化学が考察する物体の諸性質を説明することに，今までのところまったく成功していない．簡単な例を挙げれば，水や他の物体の流動性は，物体の部分が完全に丸く，そのため接触や密着がほとんどなくてたやすく動くためであると言われてきた．この説明は，一見もっともらしいが，まったくもって不満足である．というのも，すべての物体は熱のある度合で流体になるが，だからといって火が固形物を流体にするさい，以前には丸くなかったその部分を球形にするのだと仮定することはできないからである．私が言うのは，温度計を 31° から〔氷点 32° を越えて〕33°*) に上げて固体の氷を液体の水に変える熱の差が，氷の角ばった粒子を丸くするとは考えられず，物体のあれやこれやの部分は，もしそれがかならず流体になるのであれば，すべてが丸いと考えなければならなくなってしまうが，逆に，もしすべての元素が丸いと考えるならば，ある物体が固くて他の物体

---

*) 温度は水の氷点を 32°，沸点を 212° にとる華氏温度．「華氏」は考案者ファーレンハイトの中国語表記である「華倫海」にちなむ．

が流動的なことを説明できなくなってしまうであろう，ということである．想うにわれわれは，いずれの場合にもそれとは別のなんらかの原因に頼らなければならないのである．実際われわれは，粒子の仮想的な球形性から流動性を導くことも，流動性から球形性を結論づけることも，できない．これは，機械論哲学を首尾よく化学に適用しえない例である．われわれは，化学が考察する物体の諸性質を単にひとつの事実として知っている．いくつかの物体に共通に見られるそれらの性質のひとつを，それらを左右しまたそれらがつねに結びつく一般的法則ないし特定の状況に追い詰めることはできるが，それでもわれわれは，そのことの機械論的説明にはほど遠くにいる．という次第で，ある物体の選択的引力や優越的引力については，ときには相反するような実に多くの特殊性があり，それらについては，誰かがそれを元素の形や大きさや固形性からうまく説明するだろうとは，私にはとても思えないのである[42]．

マクローリンとヒュームの影響は，あらためて指摘するまでもなかろう．素朴機械論の破産の確認は明白である．
　そしてここから化学研究の新たな胎動がはじまり，新しい化学研究が急速に成長してゆく．19世紀のグラスゴーの化学者トマス・トムソンは1820年に過去を顧みて語っている．

1756年にカレン博士がエディンバラ大学の化学の教授に就任したとき，学生たちの〔化学にたいする〕熱狂に火がつき，それはひきつづくブラックやキャベンディッシュやプリーストリーの発見によってたちまち燃え広がっていった[43]．

ところで上の二つの引用でカレンが，機械論的説明を受け容れない化学的性質として挙げているのが，選択的引力であることに注意していただきたい．このような立場から，複雑多様な化学変化を整序する概念枠としてカレンが採用したのが，〈火〉（熱エーテル）に起因する斥力と各種物質がさまざまな度合でたがいに結合しようとする内在的傾向性を意味する選択的引力（親和力）であった．

カレンはもちろんニュートン主義を継承しているのだが，しかしボイル的機械論を否定したことが，それにかわって化学をニュートン的引力・斥力パラダイムに組み込むことに単純につながるわけではないのである．

ニュートンは化学結合を粒子間引力に関係づけようとしたが，カレンの選択的引力はニュートンの粒子間引力とは別次元のものである．すなわち「化学が考察する質は，力学や数学的哲学が考察するものとは，原理においても対象においても別ものである．引力を粒子の密度に比例するものと見なすことは，まったく空想的である」[44]．他方，斥力は，化学反応での熱の移動（吸熱・発熱）に相関させることによって実験的に決定される．それゆえ，化学研究の

中心的位置を占めるのは,選択的引力と熱である.この設定が18世紀後半の化学研究のパラダイムを形成する.

しかもカレンの化学反応——混合(mixture)——には水の蒸発や凍結のような相転移も含まれ,それゆえ,熱学が化学に包摂されていることに,注目していただきたい.事実カレンは,「〈火〉による物体の分解と合成を扱う技」というオムベルクの化学の定義では「水の氷への変化や弾性蒸気への変化」を含んでいないから不充分であるとして,それを退けている.つまり化学は,結合と分離のみならず「単に混合の様態を変化させることによって与えられる新しい性質」の研究をも含む[45].こうしてはじめて,熱学が機械論的制約を脱して,力学と独立に展開される方向性が,自覚的に打ち出されたことになる.

とりわけ,選択的引力と熱の関係を化学の中心に据えたことは化学研究に温度計を持ち込み,さらには個別の物質ごとの熱特性を研究する方向に向かわせることになるが,それは「比熱」という新しい概念創出への道を拓くことであった.その路線はカレンの弟子のブラックによって実践されることになった.

第9章　熱容量と熱量概念の成立
　　　——カレンとブラック（その1）

I　ジョーゼフ・ブラック

　ジョーゼフ・ブラック（1728-99）が熱学史上ではたした役割はきわめて大きい．ブラックによってはじめて，熱学は近代物理学として形成される出発点を得た．

　ブールハーヴェによる〈火〉の保存と平衡の概念が，その後の熱物質論の基礎を与えたことは事実だが，それだけでは熱学が精密科学となるための十分条件ではなかった．定量的で数学的な熱学の形成のためには，ブラックによる「熱容量」と「潜熱」という概念装置の創出と，それにもとづく熱量概念と熱量測定法の確立が不可欠であった．

　ブドウ酒商人の子として生まれ，グラスゴー大学でカレンの講筵に列したブラックは，1756年に師の衣鉢を継いでグラスゴー大学の教授になり，その後1766年にエディンバラ大学に移った．

　その時点でスコットランドの諸大学は，医学・自然学・数学の分野でイングランドの大学をはるかに凌駕していた[1]．のみならず，当時のスコットランドの諸大学の学問

図9.1　ジョーゼフ・ブラック

はアカデミズムの世界にとらわれたものではなかった．そのことはブラックが蒸気機関の改良と実用化に向けて技術者ジェームス・ワットを経済的にも支援したことから見てとれよう．もちろんワットとは学問上のつきあいも密であった．教育者としてはカレンを上まわる評価を得，医師としてはデーヴィッド・ヒュームの主治医としてその最期を看取り，アダム・スミスやジェームス・ハットンらとも交友のあったブラックは，スコットランド啓蒙主義と産業革命の申し子と言えよう．アダム・スミスの遺稿を編集し出版したのは，ブラックとハットンであった．

「〈火〉は物体の運動と変化の第一の原因である[2)]」と主張したのはカレンであるが,ブラックもまた,初期のノートに「熱は自然においては化学的運動と生命の偉大なる原理と考えられよう」と記し[3)],熱にさらに大きな役割を与え,その重要性に着目する.

いや,ブラックにあっては,熱こそが,ニュートンの〈エーテル〉やヘールズの〈空気〉やブールハーヴェの〈火〉にかわる,全自然界の活性原理の位置を占めていたのだ.事実,彼は講義で

> 熱が何であれ,また熱がどのように作られようとも,それは自然の第一の能動的物質 (principal active matter) であり,昼夜を問わず夏冬を問わず,植物の生命の発生と維持は熱の増減に委ねられているのであり,熱を取り去るならば,植物・動物のいずれもが死滅し,自然のすべての作用はまったく止まってしまうであろう.(ケーリイ手稿)

と断言している[4)].

このような自然観にもとづいて,ブラックは「化学とは,われわれの自然について知識を広げ,有用な知識を改良することを目指し,物体をさまざまに混合し,また物体を単独か混合状態のいずれかでさまざまの熱にさらすことで見出される諸物体の諸性質の研究である」(ケーリイ手稿)と化学を定義するが,それはカレンによる定義と事実上一致し

ている．学位論文の研究において〈固定空気（炭酸ガス）〉を発見し，空気が単一の気体ではなく，また気体が種々の化学的性質を持つことをはじめて突き止めたブラックは，そのことだけでも化学史に不朽の名を留めている．

彼の潜熱と熱容量の研究は，その後 1750 年代末から 60 年代初頭にかけてグラスゴーで行われた．

一見，〈固定空気〉の研究と潜熱の研究はおよそ関連性がないように思われよう．しかし，化学の研究においては熱が中枢の位置を占め，熱学は化学として研究されねばならないという，ブラックがカレンから受け継いだ思想においては，それはきわめて自然な発展であった．そればかりか，〈空気〉が物体に固定されて弾性を失うのと同様に，熱が物体に固定されて潜在化するというブラックの理論では，「〈固定空気〉の研究」は「潜熱の研究」とほとんど同型の問題なのであった．

それゆえにブラックの熱学研究は，カレンの問題意識の継承発展という色彩を色濃く帯びている．通常の熱学史ではこのことはあまり顧みられないだけに，カレンの役割に注目しつつ，本章では熱容量と熱量概念の成立に話題を絞ってゆこう．

II　カレンによる問題の設定

どんな学問でもそうだとは思うが，とりわけ物理学においては，一般に問題を適切に設定することは解答を出すこ

とよりはるかに困難であり，それゆえ問題がしかるべく設定されたということは，解答にあと一歩のところまで来たことを意味している．カレンは，前章に見たように，化学を力学的還元主義から解放して独り立ちさせ，熱の研究を化学の中心に据えたのであるが，それだけではない．彼は後にブラックが解決することになる一連の問題を——時には相当明瞭に時には無自覚に——問題として設定したことによって，熱学史上でこれまで考えられてきた以上に大きな役割をはたしている．カレン自身の言葉では，「〈火〉の理論が追究されるべき道筋を指し示す」ところまで，やりとげたのである．

カレンは，〈火〉——ときには〈エーテル〉とも呼ばれる弾性流体——を，原質にして同時に力であると規定する．すなわち〈火〉は，ある種の化学的性質を有する実体でもあれば，弾性斥力の発現としての熱膨張とその運動の結果としての熱感覚を与える作用因でもある[5]．このような折衷的規定は，熱を直接に〈火〉の粒子の運動と見る点をのぞいては，明らかにブールハーヴェのものである．しかしカレンの研究は，より批判的かつ実証的であった．

カレンは，熱の本質についての合意が形成されていないという当時の現状を踏まえて，〈火〉の効果がすべて枚挙され分類されてはじめて真に包括的な熱理論を形成することができるであろうという戦略を立て，熱学研究を「現象の博物学（history of phenomena）」から始める[6]．その問題の設定や攻略の手法にフランシス・ベーコンの影響をう

かがわせる．そこでカレンが採り上げた現象は，物質の熱伝導と温度変化，融解，沸騰，発光・燃焼・煆焼などであるが，これらの考察は，物体の熱的性質が機械論的・力学的性質とは相関していないという事実を，カレンに意識させることになった．

とりわけ喫緊の問題は，ダニエル・ファーレンハイト（1686-1736）の実験とジョージ・マーチン（1702-41）の測定であった．

ファーレンハイトはブールハーヴェの指示によって，同体積の水と水銀を混合した場合，最初の両者の温度目盛の値の算術平均よりも水の温度目盛の値に近い点で平衡が得られることを示した．のちのブラックの講義録によれば，同体積の水と水銀の温度差が50°であれば，どちらの温度が高い場合でも，水銀から30°，水から20°のところで平衡が得られること，また水2体積と水銀3体積のときには中間点で平衡が得られることが述べられている．

職人ファーレンハイトは，温度計物質に水銀を用いることを考え，また天文学者レーマーにならって水の氷点と沸点を定点とし，その間を精密に180等分した温度計を開発したことで知られる（図9.2）．こうして精密で信頼性の高い温度測定が可能となった．ここでも，自然学の定量化の拡大は新しい測定装置の開発にともなっている．

他方で1739年のマーチンの実験は，同型の2個のガラス壜に同体積の水と水銀をそれぞれ入れ，共通の熱源から等距離の位置に置いたとき，水銀の温度上昇が水の温度上

昇の2倍の速さであること，冷却の場合も同様であることを明らかにした[7]．

　これらの実験結果——とりわけマーチンの得た結果——は，ボイルやニュートンの熱運動論にたいして由々しい問題を突きつけている，と当時は考えられていた．ブラックも「当初はきわめて驚くべき不可解なことに思われた」と記している．というのも，熱運動論の立場では，密度（比重）の大きい物質ほど構成粒子の運動を励起するのに多くの熱を要し，したがって温度上昇により多くの時間を要するはずだと思われていたからである．

　ブラック自身，「これらの実験がなされるまでは，水銀は同量〔同体積〕の水にくらべて，熱したり冷却したりするためには，13ないし14対1〔密度比〕の割合でより多く時間を要すると想定されていた」と講義で語っている．またブールハーヴェは「物体が同一の度の〈火〉で熱せられたとき，より疎であればより速く温まり，冷えるときにもより密であればより時間がかかり，より疎であればより速い」と記している[8]．あるいはニュートンも「すべての物質は，その密度が高いほど，自然の作用を進めるのに多くの熱を要する」（『プリンキピア』第3篇・命題8・定理8・系4）と，何の根拠も示さずに語っている．これが当時の熱運動論の合意事項であった．

　じつをいうとマーチンの実験も，もともとは，加熱による物体の温度上昇率が密度に反比例するというこの当時の通説を「きわめてもっともらしいもの」と考え，それを検

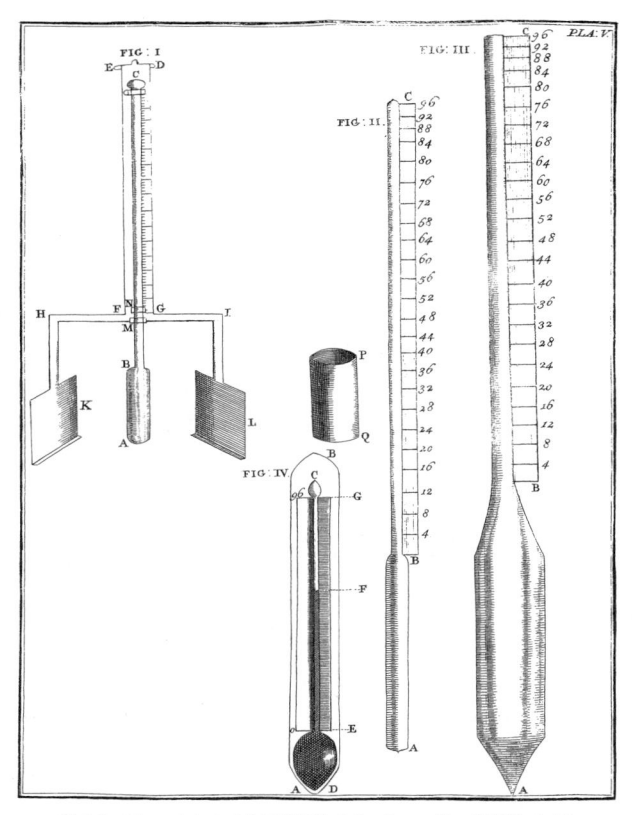

図9.2 ファーレンハイトの温度計（ブールハーヴェ『化学』より）
Fig. I は液体中に立てて使うもの．Fig. II と Fig. III は最初と2番目に作られたもの．Fig. IV は体温計．

証する目的でなされたのだ.

マーチンの実験結果は,当初の予想とは明らかに矛盾したが,その重大さにいちはやく着目しまた頭を悩ませた一人は,カレンであった.「マーチン博士の実験は,それ〔加熱所要時間が密度に比例すること〕が間違いであることを示した.水銀は水より速く温まり,その速さは密度に反比例してはいない[9]」(カレン講義録).ちなみに,他でもないこのことが,その後約半世紀以上にわたって熱運動論が受け入れられなかったことのひとつの大きな要因となった.たとえば,ブラックの学生でのちに熱物質論を定式化したクレグホンは,1779年の論文『火について(*De Igne*)』で,このことを熱運動論を退けるひとつの理由として挙げている[10].

他の諸現象にたいしても,カレンは同じ方向で追究する.つまり物質の熱的性質が力学的性質と相関しているかどうかと問題を設定する.そして,得られた結果はことごとく否定的であった.たとえば,物体の熱膨張は「鉄と鉛のように,密度には反比例していないし,また凝着力〔物体を引き離すのに要する力〕にも反比例していない.というのも,凝着力は鉄と鉛では 450 対 $29\frac{1}{4}$ だが,膨張率は 80 対 155 である[11]」.あるいは融点に関しても,カレンは金属を融点の順に錫・鉛・金・銀・銅・鉄と並べ,その順位が密度等の力学的性質にのっとって並べた系列順位と無関係なことを確認する.

これらの事実は,物質の性質を表すためのものとして,

当時の既存の力学的パラメーター以外の,熱学に固有の新しいパラメーターが必要なことを示唆していた.

しかしカレン自身は,熱学に固有の新しいパラメーターを見出して熱学の新しい概念装置を創り出すことはできなかった.

というのも,カレンはいまだに熱と温度を明瞭には区別していなかったから[12],熱学上の自由になる変数としては1個しか所有していないことになり,新しいパラメーターを定義する術としては,それを非熱学——つまり力学——上の変数に関係づけることしか考えられなかったのだ.しかるに現実には力学と何の相関も見出されない,というのが,カレンの到達地点であった.

他方ではカレンは,力学的・因果律的発想にとらわれていたために,経験事実それ自体を定量化するという方向には進むことができなかった.カレン自身の言葉では,「困難は,なにゆえに〈エーテル〉〔〈火〉〕がすべての物体と等しくは結合しないのかを見出すことにある」と,問題が設定されたのだ[13].

解決はブラックに委ねられた.

Ⅲ　熱平衡の意味と温度概念

ブラックは熱学理論の出発点——手がかり——を,平衡の概念とその吟味に求める.すなわち

われわれは，熱のもっとも普遍的な法則のひとつとして，「たがいに自由に伝達しあい，外部から不均等な作用を受けていないすべての物体は，温度計で示される同一の温度を得る」という事実を採用しなければならない．すべての物体は周囲の媒体の温度を得るのである．（ロビソン版『講義録』）

　このかぎりでブールハーヴェと同一地点にいるのだが，ブラックは熱平衡を実証的・批判的に捉え直すことによって，ブールハーヴェを越えてゆく．つまり「諸物体の熱の平衡は何らかの原理によって確かめうるものではなく，実験によって見出されるものである」（アンダーソン手稿）という立場から，熱平衡を単なる形而上学的公理としてではなく，それが達成され判定される実際的プロセスを吟味することによって，厳密に概念的に捉え直そうとする．

　〔諸物体間で〕熱は，それらの物体のどれもが他に比べてより以上の熱にたいする欲求や引力（demand or attraction for heat）を持たなくなるまで分布してゆき，その結果，一個の温度計をそれらすべての物体に順にあてがってゆくならば，温度計が最初にあてがわれた物体が温度計をその物体の温度に帰せしめてのちは，他のすべての物体は，最初の物体がその温度計に残した熱の量を増やしも減らしもしない．このことは旧来は諸物体間の等しい熱ないし熱の等しさ（equal heat or equality of heat）と呼ばれていた．私はそれを《熱平衡（equilibrium of heat）》と呼ぶ．この平衡の本質は，私がそれを研究する方法を指摘するまではよく理解されていなかった．(ロビソン版『講義録』，傍点―引用者)

ここでブラックが，熱平衡の検出において（ブールハーヴェと同様に）温度計に大きな役割を与えていることに注目していただきたい．他の手稿類では，より明白に「熱がそれ自体で平衡を回復するという性質の観測をわれわれが行ったのは，温度計による」（リチャードソン手稿），「われわれは以前から，熱はつねに平衡に向かうということを観察してきたが，平衡が達成される仕方については，温度計が発明されるまではけっして明快な観念を得ることがなかった」（アンダーソン手稿）とある．

上記の引用から読みとれることは，次の2点である．

第1には，物体 A, B, C, … が熱平衡にあり，かつ A と T（温度計）が熱平衡にあれば，B と T，C と T，…もすべて熱平衡にあるということである．現在ではこの事実は一部の教科書には「熱力学第0法則」と呼ばれているが[14]，これが温度計というものの存在を根拠づけている．

第2には，熱平衡で示されていること――観測されること――が，現実には温度計の指示値の等しさだけでしかないということである．つまり，「熱平衡」とそれまで言われてきた事実が――ブラック自身は旧い用語を踏襲しているとはいえ――実は「温度平衡」でしかないことを発見した

のだ．これは決定的なことであった．

　この立場から捉え直してみるならば，われわれが直接に観測できるのは現実には温度と温度変化だけでしかないことがわかる．たとえば，平衡状態では 2 物体の温度は等しく，そこにいたる過程で直接に観察されることは，高温物体が冷え低温物体が温まったことだけでしかない．そのさいに「一方が熱を失い他方が熱を得た」とわれわれが判断するのは，心理的にはうなずけても理論的にはひとつの飛躍である．

　それゆえ現代の熱力学の教科書にすら見られる，「2 物体間に熱流が存在できなければこの 2 物体は同じ温度にあるが，一方の物体が熱流により他方の物体へエネルギーを失いうるならば，前者の温度はより大きい[15]」（ルイス&ランドル）というような言い回しは転倒した表現なのである．

　あくまでも先行するのは温度とその変化だけであり，〈熱〉というのはさしあたっては観測された事態にたいして人間が想定した原因的作用因ないしはその物化形態にすぎない．

　にもかかわらず，温度概念以前に熱概念が懐胎されたのは，二つの理由が考えられよう．

　ひとつには可感的性質の物化というアリストテレス主義の影響である．ブールハーヴェやカレンの，実体としての〈火〉とその効果としての〈熱〉という形而上学的二元論の根拠も，つまるところここにある．

　いまひとつの，より大きい理由は，もともと温度概念は皮膚での熱感覚に由来するということにある．その場合，

——とくに人間のような温血動物の場合——体温より低い同温の2物体，たとえば金属と木材に指先が接触したとき，明らかに金属の方が冷たく感じられる．その差はもちろん，金属と木材の熱伝導度の差による．つまり，皮膚が感じているのは温度や温度差ではなく，温度差の結果としての体熱の流出にある[16]．その事実は，温度概念以前にあるいは温度概念と同時に，熱量概念の形成を曖昧な形であれ必然とするであろう．

ブラックが（ブールハーヴェにならって）熱平衡は温度計のみによって検出される——皮膚の熱感覚はいっさい無関係である——と語り，のみならずその意味を温度と熱の概念的区別として捉えたときにはじめて，上記のような物質論的転倒を克服することができたのである．

そのことはブールハーヴェにたいする批判に直結する．

ブールハーヴェは，等しい〔体積の〕空間には等量の熱が存在する，そして金属であれ羽毛であれ水であれ空気であれすべての物体の1立方インチには同量の熱が含まれる，と考えた．彼の論拠は，温度計がそれぞれにあてがわれたときには同じ点に留まるということにある．しかしこれは問題にたいする皮相な見方である．熱は，その量（quantity）についてと同時に，その度（degree）についても考察されうる．（アンダーソン手稿）

ブールハーヴェとミュッセンブルークの早計な見解は，異なる物体の熱の量と熱の共通の強さないし強度

(strength or intensity) を，あきらかにそれらは熱の分布を考える際にはつねに区別されるべき二つの異なることがらであるにもかかわらず，混同しているのである．
(ロビソン版『講義録』)

この区別をブラックは，たとえば2量の水と1量の水を同じ温度に温めたとき，同じ温度でも明らかに前者は後者の2倍の熱を有するという，きわめて単純な例で説明する．こうして，熱平衡を特徴づける内包的な (intensive; 示強性の) 量としての温度概念が確立された．

Ⅳ 熱容量と熱量概念の確立

〈温度の変化〉が観測されたときにその変化の原因として〈熱の移動〉を語るのは，そのかぎりでは形而上学的であるが，だからといって，熱量概念が物理学的に権利づけられないわけではない．物理学的概念の存在根拠は，その概念に照応する実体の実在にではなく，厳密な法則的関連の項として概念が措定されうるということ，さらに言うならば，そのことによって新たな関連が生成されるという点にある．物理学の概念は，関係概念としてあるのだ．

ブラックの功績は，温度——温度計の指示値——が内包量であることを明らかにし，その上で熱容量という概念を導入することによって，あらためて外延的な (extensive; 示量性の) 量として熱量を定義しうるということを示した

ことである.このことが,俗にブラックによる温度と熱の分離といわれていることの内容である.

ブラックは,ファーレンハイトとマーチンの実験をめぐってカレンが設定しかつ解きえなかった問題を,いわば転倒させることによって,解決することに成功した.つまりブラックは,水と水銀の間の熱的属性の相違をそれらの非熱的(力学的)属性の相違に相関させることができないという事実を,事実として認めた上で,その事実それ自体を概念化しようとしたのだ.

　マーチン博士の実験は,ファーレンハイトの実験とよく一致しており,ただ単に,水銀はその大きな密度と重量にもかかわらず,同量の冷たい水を熱の同じ度合だけ温めるのに要する熱にくらべて,より少ない熱しか必要としないということを示しているにすぎない.したがって水銀は,熱の物質(matter of heat)にたいしてより少ない容量(capacity)しか持たないと言えよう.そして異なった物体の熱にたいする容量は,実験によってのみ研究しうる.(ロビソン版『講義録』)

熱平衡の吟味のさいに見られたブラックの実証的な態度は,ここにも貫かれている.そして,このかぎりで,ブラックの熱容量は,経験的事実の直接的概念化である.

そのさいもちろんブラックは,あらかじめ漠然と存在していた「熱の量」という曖昧な表象に依拠して議論を起し

てはいる．しかし論理的には——ここが大切なのだが——逆で，ブラックは，熱容量概念を経験的に導入することによって同時に，またその結果として，物理学上の概念としての熱量を定義することができたのであり，したがってまた熱量測定法を確立することができたのだ．

単純に考えるならば，温度変化（$\Delta\theta$）と加熱量（Δq）を区別することによって，その間の関係を与えるものとして新しいパラメーターを導入する理論的自由度が得られ，こうしてブラックは熱容量を，

$$C = \frac{\Delta q}{\Delta \theta}$$

として定義したかのように思われる．

実際，そのように解釈している歴史書もある．たとえばコナントには「水と水銀は熱にたいしてちがった収容力をもつということができる．なぜかというと，水を10度上げるには同量の水銀を10度温めるのに要する熱の約27倍量を必要とするからである．ブラックは部分的にはこんな風に論じて，比熱という概念に到達した」とある[17]．つまり比熱概念に先立って熱量概念が定義されていたというのだ．しかしそのような解釈は誤っている．だいいち，熱が温度と別のものだということを確認しただけではただちに熱量が定義されたことにはならない．

論理的には，実験的に熱容量——厳密には同量の水の熱容量にたいする比——が定められたのちに，加熱量が

$$\Delta q = C\Delta\theta \quad \text{または} \quad \Delta q = \int_{\theta}^{\theta+\Delta\theta} Cd\theta \qquad (9.1)$$

として定義されるのである．熱容量——正確には熱容量比——の決定それ自体には，熱量概念を必要としない．

実際ブラックとアーヴィンによる熱容量の測定は，ファーレンハイト流の混合実験によってなされた．ブラックのロビソン版『講義録』のロビソンの手になる注によれば「ブラック博士は，同質量だが温度の異なる2物体を混合することによってそれらの熱容量を見積った．それらの熱容量は混合によるそれぞれの温度変化に逆比例している」とある[18]．つまり，温度 θ_A の物体 A と温度 $\theta_水(<\theta_A)$ の水を混合して平衡温度 θ が得られたとき，熱容量比が

$$\frac{C_A}{C_水} = \frac{\theta - \theta_水}{\theta_A - \theta} \qquad (9.2)$$

で与えられるというだけのことである．温度変化の測定値だけから熱容量比が定められているのだ．比熱 c_A, $c_水$ で表せば，それぞれの質量を m_A, $m_水$ として

$$\frac{c_A}{c_水} = \frac{m_水(\theta - \theta_水)}{m_A(\theta_A - \theta)} \qquad (9.2)'$$

となる（この式はロビソンによって記されている）．いずれにせよここには熱量概念はどこにも顔を出さないし，必要ともしない．

熱量概念は，保存則を前提としつつ，上式の物理的解釈を通じて得られたのだ．つまり上式 (9.2) を

$$C_A(\theta_A - \theta) = C_水(\theta - \theta_水) \qquad (9.3)$$

と書き直した上で，この式を，Aが失った〈もの〉（左辺）が水の得た〈もの〉（右辺）に等しいということを表すと解釈し，その〈もの〉を「Aから水に移動した熱量」と定義したのである．

この場合，保存則はいわば公理的前提として熱量概念に先立って要請されていることに注意していただきたい．したがってたとえば「ブラックは熱学の研究に定量的な基礎を与えることによって《熱の量》が一方から他方の物体に移動するときに保存されることを実証した」（トゥールミン＆グッドフィールド）というような解釈は転倒している[19]．現実には，保存則を満たすように移動熱量が定義されたのであり，あらかじめ熱量が定義されていて，その保存が事後的に立証されたのではない．

他方で (9.3) 式はまた
$$C_A \theta_A + C_水 \theta_水 = C_A \theta + C_水 \theta \tag{9.4}$$
とも書き直される．この表現の場合には，はじめに全体にあった〈もの〉（左辺）が平衡後に全体にある〈もの〉（右辺）に等しいということを表すとこの式を解釈し，その〈もの〉を「全体が有している熱量」と定義することができる．いずれの場合も，この関係性によってはじめて「熱量」が意味を持ちうるのである[*]．

---

[*] なお (9.3) 式と (9.4) 式は数学的には等価だが，物理的意味は異なる．(9.3) の両辺は「移動熱量」を表し，等号は，その「移動熱量」が平衡化の過程で増減しない——つまり一方が得た熱量は他方が失った熱量に等しい——という意味の保存則を表現している．その解釈は今でも有効である．他方 (9.4) の両辺は

熱量の起源は物質表象にもとづくが，物理学的概念としての熱量は関係概念だということは明らかであろう．熱やエネルギーは理解しやすいが，エントロピーは難解な概念だとよく語られるが，熱もエントロピーも同レベルの関係概念である．

一般的に言うならば，物理学の概念は，法則の成立とともに，ないし法則の成立の後に，他ならぬその法則的関係そのものによってはじめて明確に定義されるのである．法則の成立に先立って明確な概念が存在し，法則が事後的にそれらの概念を関係づけるのではない[*]．

このような熱容量と熱量の定義と解釈の妥当性を保証したのが，マーチンの実験であった．ここでは，すでに熱量（加熱量）が (9.1) で定義されているとする．水銀と水が同一温度差 $\Delta\theta$ 上昇するのに要する時間 Δt_{Hg}, $\Delta t_\text{水}$ を測定したマーチンの実験では，ブラックは，水銀と水が同一の熱源にたいして同一の空間的な関係を保っている（同じ配置にある）という前提から，単位時間あたりの加熱量

「全熱量」を表している．そのさい等号ははじめにあった「全熱量（左辺）」が終りの「全熱量（右辺）」に等しいという意味の保存則を表すが，その解釈が可能となるためには「全熱量」というものが一般に定義できなければならない．しかしそれはアプリオリに認められることではない．この二つのことは一般には混同されているが，その区別はかなり重要であり，後章 (11-IV) で詳述する．

[*] なお，保存則を明示的に語ったうえで，熱量と保存則を (9.1) (9.3) のような代数式で表し，そこから関係 (9.2) を導いたのは 1784 年のラプラスとラヴォアジェである[20]．ただし彼らは比熱を使っている．

$\dot{q} = dq/dt$ が両者にたいして等しいとして
$$\dot{q}\Delta t_{\mathrm{Hg}} = C_{\mathrm{Hg}}\Delta\theta,$$
$$\dot{q}\Delta t_{水} = C_{水}\Delta\theta$$
が成り立つと仮定する(カードウェルが指摘したように[21],ブラックが輻射熱の水銀表面での反射や水中の透過を無視していることは,今は問わない).ブラックが,加熱状況には依らない物質に固有の定数としての熱容量概念の成立可能性を主張するのは,こうして得られた

$$\frac{C_{\mathrm{Hg}}}{C_{水}} = \frac{\Delta t_{\mathrm{Hg}}}{\Delta t_{水}} = \frac{1}{2} \tag{9.5}$$

が,混合法 (9.2) の測定結果 2/3 とおおよそ一致していることにある.

なお,以上で得られたのは,厳密には水の熱容量との比 $s_{\mathrm{A}} = C_{\mathrm{A}}/C_{水}$ であるが,実はこのことが熱量測定法の基礎を与える.

量の測定とは,つまるところ与えられた単位量との比較に尽きている.

熱の場合には (9.1) は
$$\Delta q_{\mathrm{A}} = C_{\mathrm{A}}\Delta\theta_{\mathrm{A}} = C_{水}(s_{\mathrm{A}}\Delta\theta_{\mathrm{A}})$$
と表されるから,結局,物体 A の加熱に要する熱量は同量の水を何度——$\Delta\theta' = s_{\mathrm{A}}\Delta\theta_{\mathrm{A}}$——上昇させるのに必要な熱か,または同量の水を 1° 上昇させる熱の何倍かによって表現される.言い換えれば,単位量の水を単位温度上昇させるのに要する熱が熱量単位を与えることになる.これがその後の熱量測定法の基礎となり,ひいては熱学が数理科

学として形成される出発点となった*）．そのことを考えると，ブラックのこの研究は瞠目に価する．

V　熱と物質の間の引力

ブラックの熱容量についての議論は，彼の熱についての見解にも照明をあてる．

マーチンとファーレンハイトの実験に触れてブラックは，「私は，この問題について考え始めてすぐ後（1760年）に，この〔物体を加熱するには密度に比例した熱を要するという〕見解が誤りであると感じた」（ロビソン版『講義録』）と語っている．

実は，ブラックの講義録を，彼の死後に編集・出版したロビソン自身は，ニュートン的動力学論者で，どちらかというと反熱物質論者であり，そのためロビソン版講義録はややバイアスがかかっていると見られている．ロビソン自身，ブラックのノートが不完全なため，編集のさいに「追加や変更」を加えたことを認めている[23]．だが，他の手稿類では，「これらの実験は，熱が粒子ないし微細物質の動揺よりなるという見解に対立している」（ブラグデン手稿），「マーチンの実験は，熱が物体の粒子の運動ないし動揺より

---

*）　なおブラックは C を定数とみなしているが，そうではないことは，のちにラヴォアジェとラプラスによって語られた．また「比熱（chaleur spécifique）」という用語は1780年にポルトガルの自然哲学者マジェランによってはじめて用いられたがそれは $C\theta$ の意味であった[22]．

成るという見解にたいする克服しがたい反論である」(ディムスデール手稿) とあり, よりはっきりしている.

ブラックが熱物質論者であったか否かについて, よりくわしくは後章で触れるつもりであるが, すくなくとも上の引用からだけでも, 彼が熱運動論に否定的なことは, 読み取れるであろう. 他方, これまでの引用でも彼は「熱の物質 (matter of heat)」という用語を使っていることからして, 熱物質論を容認していたと考えられる. だいいち熱量を定義するさいの (9.3) (9.4) 式の解釈自体が, 熱の物質表象にもたれかかったものであった.

それだけではない. 一般に「熱容量」という用語は, 物質流体としての熱を連想させるものであるが, ブラックの場合には, それは単に熱物質にたいする受容能力——平たくは容器の大きさ——を指すというよりは, むしろ通常物質と熱物質の間の化学的結合力の指標であった. ロビソンの記すところによれば

> 熱容量 (heat capacity) は, 単なる熱の受容にたいする収容力 (capaciousness) ないし空所 (room) の意味でしばしば用いられてきた. しかしそれはきわめて不必要な考察で, すべての化学的科学とは結びつかない. 熱は, 物体に単に受け入れられる (be admitted) のではなく, 結合 (combination)——その合一 (union) の本質が何であれ——しようとする強い傾向によって, 物体中に吸収される, ないし引き込まれる (be absorbed or

drawn) のである[24].

とある．さらにロビソンは，ブラックが熱容量の名称について，当初「親和力 (affinity)，容量 (capacity)，熱受容能力 (faculty for receiving heat)，熱への欲求 (appetite for heat)」等を用いていたと証言している[25].

実際，ブラック自身，物質ごとに熱容量が異なる事実を

〔何種類もの同温の物体を共通の熱源ですべて 20 度温める場合〕それらのうちのいくつかは，他にたいして熱ないし熱の物質をより多く引きつけ保持する (attract and retain) であろう．……それぞれは熱の物質にたいするその固有の容量に応じて，ないしは固有の引力 (force of attraction) に応じて，それぞれを 20 度上昇させるための固有の〔熱の〕量を引きつけ必要とする (attract and require)．(ロビソン版『講義録』)

と表現している．つまり熱物質は，ある種の化学的・選択的引力によって通常物質と結合するのであり，物体ごとに異なるその力の指標こそが，物体の熱容量にほかならないと考えられていたのだ．それは，選択的引力と斥力から化学反応を捉えようとするカレンとブラックの化学理論の延長線上にある．そしてまたこれが後に，クレグホンによる熱素説の原型を与えることになる．

以上の，熱と物質の間の準化学的結合という考え方は，

次章に見る潜熱概念の確立にとっての強力な武器となった．
話はようやく熱学らしくなってきた．

第10章　潜熱概念と熱量保存則
　　　——カレンとブラック（その2）

I　化学変化と熱——カレン

　ウィリアム・カレンにとって化学変化の作用因は，選択的引力と斥力であり，それゆえ，観測される物質の変化にこの2種の力を関係づけることが，化学研究のなすべきことであった．この2種の力の存在は，すでにヘールズが，弾性〈空気〉の固定と放出によって示していた．ヘールズは斥力を〈空気〉に担わせたが，カレンの場合，講義において「〈火〉は弾性流体であり，すべての物体に浸透してその部分を引き離す」と推測しているように[1]，〈火〉こそがこの斥力の担い手であった．というわけで，化学変化と発熱・吸熱の相関が化学研究の中心的課題に位置づけられることになる．

　この観点からカレンは，化学変化を2種に分類する．カレンが，物理的結合を意味する「集合」と区別して，化学的結合を「混合」と名付けたことはすでに見たけれども，さらに後者を，変化の過程での熱の放出・吸収に応じて狭義の〈混合 (mixture)〉と〈溶解 (solution)〉に区分する．

つまり「すべての〈混合〉は熱を生み,すべての〈溶解〉は冷を生む」.ただしここで言う〈溶解〉は,粘土が水に溶けるというような物理現象ではなく,溶解する物質粒子と溶媒との間の選択的引力にもとづく化学変化という狭い意味で用いられている.

ところで〈火〉が弾性斥力の原因であるのだとすれば,発熱――つまり反応物質における〈火〉の喪失――をともなう〈混合〉では物質の濃密化が,他方,吸熱――反応物質における〈火〉の獲得――をともなう〈溶解〉では物質の希薄化が,もたらされるはずである.こうしてカレンは「すべての〈混合〉には濃密化が,すべての〈溶解〉には希薄化が生ずる」という「法則」に導かれる.

このさい,熱と温度の区別の曖昧なカレンには,熱の移動には温度変化が付随するはずだと考えられていたから,現象としては,〈混合〉では熱が放出されることにより周囲に温度上昇が,〈溶解〉では熱が吸収されて周囲に温度降下が見られなければならないことになる.ちなみにカレンにとっては――第 8 章に見たように――水の蒸発や凍結のような状態変化も化学変化に含まれる.

カレンのこの「法則」は,グラウバー塩(硫酸ナトリウム)と水の反応を首尾よく説明した.風解状態(結晶水の不足した状態)のグラウバー塩は水を吸収して結晶化するさいに発熱し,逆に結晶状態のもの($Na_2SO_4 \cdot 10H_2O$)は,水を加えると溶けてそのさい吸熱が見られる.カレンは,前者を〈混合〉による濃密化のための発熱,後者を〈溶解〉

による希薄化のための吸熱であると説明する．もちろん，一般の燃焼や酸とアルカリの中和による発熱は，〈混合〉に分類される[2]．

ここでカレンのこの二分法と「法則」に触れたのは，その正否を問うためではない．重要なことは，それらが——たとえ誤っていたとしても——その後カレン自身とブラックを状態変化と熱の相関の研究に向かわせる大きな要因となったという点にこそある．

事実カレンは，この「法則」を実験的に精密化し敷衍するために，熱の研究に取り組んでいった．そして，その過程で重要な現象を見出す．それは，1755年にエディンバラ哲学協会で読み上げられた論文『蒸発する液体によって生み出される冷について』に，以下のように描かれている．

　　ある物質のアルコール中への溶解によって生み出される熱ないし冷を調べるために私の雇った学生の一人が，次のことを観測した．温度計がアルコールに浸されたとき，アルコールは周囲の空気と正確に同じかやや低い温度であったにもかかわらず，温度計を引き上げて空気中に留めたさいに，ファーレンハイト型の作りの温度計中の水銀はつねに2ないし3度下がった．このことは，同じ目的でなされた，以前に読んだことのあるド・メラン氏の実験と観察を想い出させた．私がはじめてド・メラン氏の実験を読んだとき，私は，水や多分他の流体も，蒸発のさいにある程度の冷を作り出すのではないかと考

えた．私の学生の上記の実験は，私のこの予測を確かなものとさせ，私はあらためていろいろの実験でそれを立証しようとした[3]*)．

そこでカレンは，温度計の球部をアルコールにくり返し浸すことにより，温度降下がより大きくなることや，濡れている球部に風をあてることによって温度降下が速くなることを確かめる．さらに彼は「蒸発する流体の冷を生む能力は，それぞれの揮発性の度合にほぼ比例しているのではないか」と考え，各種の液体を用いて実験をくり返し，「生み出された冷は蒸発の効果である」と結論づけた．

II　カレンの直面した困難

このことがブラックによる潜熱（気化熱）の導入に直接繋がるかのように思われるが，結果的にはそうであっても，話はそれほど単純ではない．

既述のように，デザギュリエは，粒子間斥力の増大によ

---

*)　フランスの自然哲学者ジャン・ジャック・ド・メラン（1678-1771）の研究は 1749 年に発表された．それは，素焼で多孔性の土器の壺の中の水が表面から滲み出して蒸発し温度降下をもたらす，中国で用いられていた冷却装置の研究である．彼はさらに，濡らした布で球部をおおった温度計が低い温度を示すことを見出している．水の蒸発による冷却はそれ以前にもアモントンとリヒマンによって観察されていたが，彼らはかならずしも冷却と蒸発とを直接に結びつけてはいない．いずれにせよ，水以外の液体で実験したのはカレンがはじめてである[4]．

って液体が希薄化し空気の比重以下になったときに蒸発がはじまると主張した（5-Ⅲ）．しかしカレンは，次のように考えた．空気の比重は水の比重の約 1/800 にすぎず，もしも蒸発がデザギュリエの言うような物理現象であるならば，水は 800 倍以上に膨張したときには蒸発するはずであろう．にもかかわらず，デザギュリエ自身の測定では蒸気が水の 14000 倍も膨張しているのであるから，デザギュリエの理論は矛盾している，と．

そこでカレンは，蒸発とは溶媒としての空気と蒸発する流体の間の選択的引力によって流体が空気中に〈溶解〉する化学現象であると主張する．そのかぎりでは，蒸発による温度降下は，「〈溶解〉が冷を生む」という彼の「法則」の一事例にすぎない．もっとも，塩が水に溶けるように水が空気に溶けるのが蒸発であり，それゆえ蒸発には空気を必要とし蒸気の弾性はあくまで空気に由来するという考え方は，当時はかなり広くゆきわたっていたようである[5]．

だが，ここにきわめて困難な問題が潜んでいた．「しかし私は——とカレンは率直に語る——液体が空気中と同様に《真空中》でも蒸発するということを知っていたので[*]，私の実験を排気された容器中でやり直すまでは，私の見解を留保しようと決心した[7]」．というのも，蒸発を空気中への〈溶解〉とみるカレンやその他の理論

---

[*] 真空中でも水が蒸発し，しかもその蒸気が水銀柱を支える——弾性を示す——ことを見出したのは，1746 年のエラーである（後述 12-Ⅱ）．このことは後にラヴォアジェにも影響を与える[6]．

では，液体の気化を促す作用因は，水にたいする空気の引力であって，熱（《火》）はその状態変化に付随的・結果的に吸収されるにすぎない．それゆえ，もしも蒸発が真空中でも生起し，そのさいにも同様の温度降下が生ずるならば，その蒸発理論は座礁するからである．

しかるに，カレンが驚いたことに，真空中での実験では，蒸発と温度降下ははるかに著しかった．「アルコールを用いたこの実験は何回も行われ，真空中でのアルコールの蒸発は，空気中でのアルコールの蒸発の場合よりも大きな度合の冷を生み出すことを明白に示している」．

> 他の流体についても，この《現象》はまったく同じであった．排気することによって，液体は多量の弾性空気〔蒸気〕を生み，その間，浸された温度計の水銀柱はきわめてすみやかにかつ大きく下がった．……硝酸エーテルを用いた他の実験では，空気の温度が約53°〔華氏〕のときにわれわれは，エーテルを含む容器を他のそれより少し大きい水を含む容器中に置いた．排気された《真空中》に容器を数分間留めたところ，水の大部分が凍結し，エーテルを含む容器は厚くて固い氷によって覆われた[8]．

カレンの見るところ「このようなはなはだしい冷を生む手段は，私の知るかぎり以前には観察されていないし，さらに実験的に調べるに値する」．ともあれこの現象は，カレンの理論はもとより，それまでのどの理論でも捉えきれな

いものであった.「さらなる実験がなされるまで,私は上記の実験で生じた他の著しい現象のいくつかについて,どのような説明も選ばないし,その問題が示唆しているいくつかの見解に入り込むつもりはない」と述べ,カレンは既成の理論の無力さを告白する.

いまひとつカレンの理論にとって不可解な現象は,氷の融解であった.氷の水中での融解も,彼の理論では〈溶解〉に分類され,冷を生ずるはずであった.事実彼はそのように考えて実験を行ったが,「きわめて奇妙なことに,50°の水と32°〔氷点〕の氷が混ぜられたならば,温度計は氷が〈溶解〉している間,32°に留まる[9]」.熱と温度の概念的区別に達していないカレンにとっては,熱の移動にはかならず温度変化がともなうはずであり,氷の〈溶解〉による吸熱は,温度降下をもたらすはずのものであった.しかるにこの場合,熱の移動に温度変化がともなわず,彼の理論のいまひとつの側面も困難に直面した.

III 炭酸ガス発見の論理と方法

ジョーゼフ・ブラックは,グラスゴー大学で1748年にカレンの講義に登録し,3年間カレンの下で学んだ.1752-55年になされた学位論文の研究で,彼は,〈固定空気(炭酸ガス)〉が生石灰に固定される特殊な性質を持つ気体であり,通常の空気が単一種の気体ではないことを発見した.それは化学史上で文字通り画期的な発見であり,そのまま研究

を進めていたならば，ブラックは気体化学の創始者として記録されたであろうと想像される．

しかし彼は，その直後，カレンの後任としてグラスゴー大学に職を得てのち，熱学の研究に専心してゆく．現代から見ると，それは化学から物理学への転身のように思われるが，ブラック自身の思考径路では，両者はいずれも化学の問題であり連続していた．彼の採った方法もまた，その両者で同一であった．

というわけだから，元来マグネシア・アルバ（炭酸マグネシウム）の薬学上の効用をめぐって始められた学位論文の研究の——動機や目的はともあれ——方法と論理は，その後の彼の熱学研究にも密に関わっているので，その一部に簡単に触れておこう．

当時，医薬にもちいられていた苛性アルカリ（水酸化ナトリウムや水酸化カリウム）の苛性——皮膚にヒリヒリした刺激を与える腐食性——は，その製造のさいに使用される生石灰（酸化カルシウム）から吸収した〈火〉に起因するものであり，生石灰は白亜（炭酸カルシウム）を焼いて作られるさいに〈火〉を吸収したと信じられていた．もともとブラックの実験はこのことを確かめる目的でなされた．しかしブラックは白亜を焼いたときにその質量が大幅に減少するのを見出した．こうしてブラックは，白亜の煆焼や中和や塩の置換反応の実験から，生石灰は白亜と〈火〉が結合したものというそれまでの理解を退ける．逆にブラックは，生石灰は白亜からある物質が気体として失われたも

のであることを示し，その気体が通常の空気と異なる固有の気体（〈固定空気〉）であることを突き止めたのだが，その一連の実験は次のとうりである（Gは質量単位グレーン，煆焼は強熱して揮発性成分を除き灰化させること）．

(1)　白亜　　　⟶　　生石灰 ・・・・・・・・・・・・・・・・・・・・・・・・・ 煆焼
　　　(120 G)　加熱　(68 G：質量損失 52 G)

(2)　白亜　＋希塩酸　⟶　中和水溶液(起沸あり)
　　(120 G)　(421 G)　　　(493 G：質量損失 48 G)

(3)　生石灰＋水　⟶　消石灰 ・・・・・・・・・・・・・・・・・・・・・・・・ 消和
　　　(68 G)　　　　　(★)

　　　消石灰＋希塩酸　⟶　中和水溶液(起沸なし)
　　　(★)　　(414 G)　　　　(質量損失 0)

(4)　消石灰＋温和アルカリ　⟶　白亜＋苛性アルカリ
　　(★)　　　　　　　　　　　　(118 G：沈殿)

((★)は(3)の第1式右辺と同量，つまり 120 G の白亜を煆焼した生石灰を消和して得られたもの．1G は約 65 ミリグラム．なお，ブラックは同様の実験を炭酸マグネシウムについても行っている[10]．)

以上の反応においてブラックは，(1)では——質量保存則を暗黙の前提として——観測されない気体が質量損失分 (52/120＝44％) だけ分離され失われたと推定し，その質量減少が(2)での減少 (48/120＝40％) とほぼ同量であること，しかも(3)ではもはや起沸がなく生石灰が(2)とほぼ

同量の酸で中和されることから，(1)で推定された喪失気体が(2)の起沸で失われた気体と同じものだと判断する．さらには，(4)で得られた白亜が(1)とほぼ同量であることから，温和アルカリは(1)(2)で失われたものと同じ気体を含み，それを白亜に与えることで苛性化すると結論づける[11]．

以上のピースの欠けたジグソーパズルを完成させると

(1)　$CaCO_3 \longrightarrow CaO + CO_2 \uparrow$
(2)　$CaCO_3 + 2HCl \longrightarrow CaCl_2 + H_2O + CO_2 \uparrow$
(3)　$CaO + H_2O \longrightarrow Ca(OH)_2$
　　　$Ca(OH)_2 + 2HCl \longrightarrow CaCl_2 + 2H_2O$
(4)　$Ca(OH)_2 + K_2CO_3 \longrightarrow CaCO_3 \downarrow + 2KOH$

のようになる．しかし現代の化学反応式で表現することは後知恵による種明しであって，もとの表現では――これでも相当整理したものだが――炭酸ガスは(2)の起沸に垣間見られるだけで，それ以外には登場しない．((1)は空気中で行われるので，気体の発生は直接にはわからない)．

すでにヘールズが固形物体から気体〈〈固定空気〉〉が逃げ出すときに質量が減少することを観察していた．したがって，ブラックが反応(1)の質量損失を〈固定空気〉の遊離と考えたのは，ヘールズの書からの示唆と見ることができる．問題は，その遊離した気体と反応(2)の起沸に見られる気体，さらには反応(3)(4)で白亜に固定されるものが同一の物質であると判断する論理である．

ブラックによる炭酸ガスの存在の主張は，量的保存則を

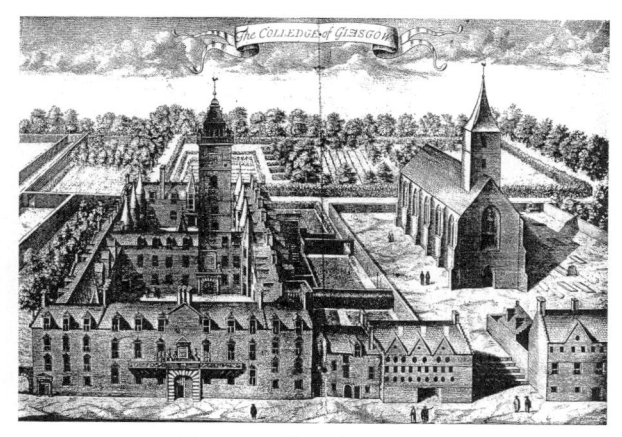

図 10.1 18世紀のグラスゴー大学

公理的前提としたうえで，量的関係の同一性・一定性が関係の項としての存在物の同定の条件を与えるという論理に依拠している．つまり質量保存則をアプリオリの前提とし，それを満たすように直接的には知覚されえない未知の物質が導入されているのだ．熱量保存則を前提とし，それにのっとって熱量概念を定義した前述の論理をさらに発展させたものである．もちろんそれは，精密な定量的測定を不可欠とするが，逆に定量的測定の要求はこのような論理を採用しなければ出てこない．

　ブラックの議論は，少なくとも，質や属性の物化・実体化にもとづくそれ以前の分類学的物質論——アリストテレ

ス的ないしパラケルスス的化学——とも，あるいは構成粒子の形状や大きさから結合のメカニズムをモデル化する粒子論的・機械論的化学とも，異質のものである．少なくとも以前の化学では，(2)の起沸に見られる気体と(4)の沈殿物中に含まれるであろう固体状のあるものを等しいと見る論理も，またそれらと同じものが(1)で失われているはずだと推定する論理も，まったく存在しなかったと言える．

そして，ブラックのこの論法こそ，潜熱概念の確立への道を拓いたものであり，その後の定量的物質論を貫くものであった．その意味でたしかにバターフィールドの言うように「われわれが二酸化炭素と呼ぶものをブラックが発見したさいの方法は，この発見と同じくらい重要である[12]」．

化学を定量的科学として確立したのはラヴォアジェだとしばしば語られ，そのため「化学はフランスの科学だ」[13]とまで言われている．その主張の根拠は，ラヴォアジェの1789年の『化学原論』における次の一節に求められている．

　　人為的過程でも自然的過程でも，何ものも創造されることはない……．あらゆる作用〔反応〕において，その前後での元素の量と質は等しく，それら諸元素の結合の他には変化は生じないということを，原理として仮定することができる[14]．

しかしここで見たように，ラヴォアジェにわずかに先ん

じてブラックも同じ道を切り開いていたのだ.

すでに 16 世紀末のイングランドの詩人エドマンド・スペンサーは「物質は変わらず,移ろいもせず,ただ外形と外観のみが変わる」と詠っていた[15]. その同じ時代に,化学反応における定量的測定は冶金術や試金法において実践され,その重要性は 16 世紀のイタリアのビリングッチョやボヘミヤのラザルス・エルカーの技術書で強調されていた. 1630 年にはジャン・レーが「重量は元素の始源物質にきわめて密に結合しているゆえ,それらが他のものに変っても同じ重さを維持する」と記している[16].

結局のところ質量保存則は特定の個人の着想というよりは,商品経済の発展に促された時代の発明品だと見るべきものであろう. ラヴォアジェは「簿記の原理のいくつかを化学の中へもちこんだ」(クロスランド)のであり,「ブルジョアジーには,自然それ自体がみずからちゃんとした会計管理の要請にしたがっているように見えるのである. ……保存則が基本的な前提に昇格したのは商業がおおいに幅を利かせている社会であったということは,やはり注目すべきことである」(チュイリエ)と言える[17]. 定量化と保存則はスコットランド啓蒙主義の中心にいたブラックやフランスにおける新興上流階級に属していたラヴォアジェにとっては,いうならばアプリオリな要請であった[*].

---

[*] この点については,ラヴォアジェを「金持ちの実業家」と記しているコナントの論文の次の一節が興味深い.

IV 〈溶解〉の原因としての熱

ブラックは,〈混合〉が熱を生み〈溶解〉が冷を生むというカレンの一般「法則」とその直面した困難から出発した.

彼の関心が水の状態変化へと収斂してゆく径路については,科学史家ドノヴァンの推論に従うことにしよう.

カレンの「法則」が首尾よく適用されるグラウバー塩の結晶化のさいの発熱と水溶のさいの吸熱にたいして,ブラックは,〈固定空気〉の研究で威力を発揮した保存則の観念を適用しようとする.つまり「〔塩が水と結合して〕結晶状の固体になるときに水から遊離される熱は,塩が〔結晶〕水から分れるときに吸収される熱と同じではないのか?」(初期ノート)と設問する.しかしそのことをグラウバー塩

　　天秤の系統的使用を化学のなかに持ち込んだのがラヴォアジェだということは,ときどき言われてきた.しかし,これはまったく正確だとは言えない.いずれかの個人がその名誉を受ける資格があるとするならば,それはジョーゼフ・ブラックである.けれども,ラヴォアジェは研究生活の初期に重量関係の重要性を主張した.あるラヴォアジェ伝の著者は,ラヴォアジェが国王のかわりに税金を徴収している組合の組合員として成功した事実に注意をとめて,このフランス人化学者は商売上の原則を科学に適用したのだ,と言った.その後のすべての化学者たちの公理となった原則,すなわち(化学反応における)要素の重さの総和は生成物の重さの総和に等しくなければならぬという原則,を終始一貫して利用した最初の人物が彼であったということは,事実である.これは一組の帳簿の貸借計算をするのとたしかに著しく似かよっている.上記の伝記著者が使った「貸借対照表の原則」という文句は,まったく適切である[18].

で確かめるのはきわめて困難で、彼は、より単純なものとしての水そのものに着目する。というのも、「氷は水の結晶化したものではないのか？」、「水が掌の上で溶けるときに感じられる冷は、塩が水溶するときの冷と同じではないのか？」（初期ノート）とあるように、ブラックには塩の水溶と氷の融解は熱的には同一の現象と思われたのだ[19]．

このアイデアは、氷に塩を加えると氷が溶けて氷点下の水溶液の得られる、いわゆる寒剤の説明にきわめて有効に思われた．寒剤の大きな冷却効果は、結晶の〈溶解〉により生ずる二重の吸熱効果の重畳、つまり

$$
\begin{array}{r}
結晶塩＋水　\longrightarrow　水溶液：吸熱 \\
氷(水の結晶)\longrightarrow　水　　　：吸熱 \\
\hline
結晶塩＋水　\longrightarrow　水溶液：より大きな吸熱
\end{array}
\quad (+
$$

と考えられないか、というわけである．

とするならば、種々の化学変化と熱の関係は、同一構造でより単純な水の状態変化の研究によって解明されるであろう．

他方で〈固定空気（炭酸ガス）〉の研究をものにしたブラックは、「空気の固定」とのアナロジーで「熱の固定」を考えたと思われる．

つまり炭酸ガスが生石灰に一定量固定（$CO_2＋CaO \rightarrow CaCO_3$）されることにより、みずからは弾性を失い生石灰を変化（温和化）させるのと同様に、熱は物質に一定量固定され、みずからは温度計物質を膨張させる性質を失い、

物質の状態変化をもたらすという描像である．「熱は——とブラックは語る——炭酸が大理石〔白亜〕の中に隠されるのと同様にそれらの中に隠される，つまり潜在化する」のである．このことは，状態変化において熱に——カレンとは異なる——能動的な役割を与えることになった[20]．

カレンにとってもブラックにとっても，状態変化は準化学変化と考えられていたが，その意味は両者で異なる．

カレンの場合，蒸発は水と空気の間の引力によるもので，熱の吸収は結果的にそれに付随するものにすぎない．他方ブラックは「〔蒸発のさいに〕熱は気体とともに逃げるのではなく，おそらくはその蒸気の一成分としてすべての粒子と結合している」「蒸気の粒子がふたたび水になるときには，これらの熱の原子（atoms of heat）は，あるきまった化学的親和力の法則によって自由にされる」（ロビソン版『講義録』）と語っているように，蒸発は物質としての熱と水の間の反応であった．

「冷は蒸発の効果（effect）」と言ったカレンにたいし，ブラックは「すべての〈溶解〉は熱の結果（consequence）と考えられねばならない」と主張し，蒸発の作用因を空気から熱に移し換え，熱の役割を結果から原因へと転倒させたのである[21]．とするならば，蒸発にとって空気の存在は本質的ではなく熱こそが決定的因子であって，真空中での蒸発と温度降下というカレンを悩ませた問題は，ブラックにとってはむしろ，蒸発における熱の本質的役割を混じりけなく浮き彫りにするものであった．

ブラックは，すでに初期ノートに「熱はその本質において流動性と蒸発の原質であり，その熱は，これらの効果を生み出すものの，温度計やわれわれの感覚には潜在的である」と記しているように，実験着手以前に事実上，潜熱概念に到達していたのである[22]．残された問題は，量的関係の一定性・同一性によって，その概念を法則的連関の中に位置づけ物理学上の概念として確立することであった．

ちなみに，潜熱という発想それ自体は——重力がニュートンによって発見されたのではないのと同様に——ブラックによって見出されたのではない．潜熱という考え方は，曖昧ではあれ以前から存在した．たとえばフランシス・ベーコンは「触覚にたいしてどんな程度の熱も与えずに，ただ何らかの潜在熱，あるいは熱への素質と備えだけを持っていると思われる事物」を語っているし[23]，既述のようにガッサンディも「閉じ込められた熱」に論及している（1-Ⅵ）

ブラックのしたことは，ニュートンが重力を数学的法則として概念化したのと同様に，潜熱を温度変化と供給された熱との法則的関係によって定量的概念として定義し，そして実際に測定したことである．

Ⅴ　融解熱の測定

あらかじめ概念的把握に達していたブラックは，氷の融解熱を，熱容量の場合と同様に，マーチンの加熱法とファーレンハイトの混合法の両者で測定し，両結果の定量的一致

によって融解熱概念の成立を立証する[24].

加熱法の実験では，47°〔以下すべて華氏〕の室内でほぼ一定状態に保たれた熱源により，フラスコの水の温度が30分で33°から40°に上昇したのにたいして，同型のフラスコ中で凍結させた同量の氷が温度32°で溶け始めてから40°の水になるまでに10時間半＝30分×21だけ要することが測定された．このさい熱源の状態が一定であること，および「氷は固形のために熱を受け入れないと言われるかもしれないが，実験中私は，冷たい空気がフラスコの底から不断に流れ降りているのを見出したので，このフラスコがつねに熱を受け取っていたということは，明らかである」（ドブソン手稿）ということから，ブラックは，単位時間あたりの吸熱量（$\dot{q} = dq/dt$）が一定で，かつ水と氷の双方にたいして同じであると見る．

> それゆえ，21半時間に氷のフラスコが得た全〔熱〕量は，半時間に水のフラスコが得た量の21倍である．つまり前者は，水を $(40° - 33°) \times 21$ すなわち147°温めるであろう熱量である．しかるに8°〔$= 40° - 32°$〕をのぞいては，この熱の部分は氷から生成された水には顕在化しない．残りの139°ないし140°は，氷を溶かすために吸収され，氷が変化してできた水の中に隠されている．（ロビソン版『講義録』）

つまりブラックは，単位質量あたりの融解熱を Λ_F で表し

(添字 F は fusion 融解の意味),水(質量 M)の熱容量を C(比熱は C/M),加熱時間を Δt,もとの水と氷からの水の温度変化をそれぞれ $\Delta'\theta, \Delta\theta$ として

水:$\dot{q}\Delta t_水 = C\Delta'\theta$

氷:$\dot{q}\Delta t_氷 = \Lambda_F M + C\Delta\theta$

$$\therefore\ \Lambda_F = \frac{C}{M}\left(\frac{\Delta t_氷}{\Delta t_水}\Delta'\theta - \Delta\theta\right) = \frac{C}{M}\times 139°$$

のように求めたことになる.

なお,最後の部分は,他の手稿では「その〔139° にあたる〕熱は,吸収され潜在してある(lie latent).というのも,それ以外にはその熱がどのようになったかは判断しようがないからである」(ディムスデール手稿・大英博物館手稿)とある.

混合法の実験では,氷(119 質量 = M, 32° = θ_0)とガラス容器中の水(135 質量,190° = θ_1)を混合して平衡温度 53° = θ が得られた.ブラックはまず容器(16 質量)の熱容量が 8 質量の水の熱容量に相当することを確かめる($M' = 135 + 8 = 143$ 質量).そこで,いまかりに氷が 32° の水であったならば,全体の平衡温度は算術平均

$$\theta^* = \frac{143\times 190° + 119\times 32°}{143 + 119} = 118°$$

になるはずだから,$\theta^* - \theta = 65°$ 相当分が氷の融解に用いられたのであり,それゆえ単位質量の氷を溶かすために要する熱は $65° \times (143 + 119)/119 = 143°$ に相当することになる.これはいわばツルカメ算で,代数的には M の水の熱容

量を C, M' の水の熱容量を C' (比熱は $C/M = C'/M'$) として

$$C'(\theta_1 - \theta) = \Lambda_\mathrm{F} M + C(\theta - \theta_0)$$

$$\therefore \ \Lambda_\mathrm{F} = \frac{C}{M}\left\{\frac{M'}{M}(\theta_1 - \theta) - (\theta - \theta_0)\right\} = \frac{C}{M} \times 143°$$

のように得られる.

この二つの実験は 1759 年から 3 年間にわたって行われ,結果とその解釈は 1762 年にグラスゴー大学の哲学クラブ——教授たちのサークルのようなもの——で発表され,それ以来,毎年の講義で述べられている[25]. 摂氏に直せばそれぞれ $\Lambda_\mathrm{F} = (C/M) \times 77°$, $(C/M) \times 79°$ であり,簡単な実験にもかかわらず現在知られている正確な値 $(C/M) \times 80° = 80\,\mathrm{cal/g}$ にきわめて近い.

そして,以上の 2 通りの測定で得た Λ_F の値がほぼ一致していることが,その物質(水)に固有の——つまり加熱方法に依らない——定数としての融解熱の定義可能性を保証する.

この熱が,融解の過程で消滅したのではなく,水に〈固定〉されたのであり,それゆえ逆の過程ではふたたび分離・放出されることを,ブラックは,ファーレンハイトが見出し (1721) しかも説明できなかった過冷却の現象によって確認する. 氷点下に冷却された水は,動揺を与えたり氷の小片を加えることにより一部が凍結し残りは水のままで全体の温度が氷点まで上昇する. しかしそれまでの解釈では,氷点下ではすべての水が一挙に凍り,また外部熱源がない

のだからそのさい温度上昇は起こりえないはずであった．

　ブラックは，水に〈固定〉されていた融解熱が氷点下の水の凍結のさいに可感熱として放出され，この熱によって全体の温度が氷点まで上昇し，またそのことにより，凍結によって生ずる氷の量が制限されると解釈した．つまりこの現象は，融解・凍結の過程で熱の保存則が成立することを，すくなくとも定性的に示していると考えられたのである．

　しかし水の凍結の過程で放出される熱を実測し，それが氷の融解のさいに潜在化する熱量に等しいことを確かめることによって熱量保存則を直接定量的に立証する試みは，適切な気象条件が得られずにはたせなかったようだ[26]．

VI　気化熱の測定と熱量保存則

　相変化の過程での熱量保存則は，気化熱の測定（1762-64年）において直接定量的に確かめられた．

　ブラックの『講義録』では「氷がある一定量の熱と結合して水になるのと同様に，水は他の一定量の熱と結合して蒸気になる」とあるが，ロビソンによれば，加熱による氷の融解と水の蒸発が同種の現象であることに，ブラックは氷の融解の実験の時点で気づいていたようである．すなわち，水を加熱すればある温度で沸騰し，すべての水が蒸発し終るまで温度が一定に保たれ，得られた蒸気も沸点温度のままであるが，しかし火傷を負わせる力は同温の水にく

らべてはるかに強い.

それゆえ

> 水の蒸気への変換のさいに見えなくなった熱は,失われたのではなく,蒸気の内に保持されている.それは温度計には影響しないけれども,蒸気の膨張形態によって示されている.この熱は,この蒸気が水になるときふたたび顕在化し,温度計に作用するという以前の性質を回復する.(ロビソン版『講義録』)

これを気化熱ないし気化の潜熱という.

その測定実験は以下のようなものだ.

加熱法では,水を華氏 $50°$ から $212°$(大気圧下の沸点, $\Delta\theta = 162°$)まで上昇させるのに 4 分 $= \Delta t_\text{水}$,その後蒸発が続いている間は $212°$ の温度を保ち 20 分 $= \Delta t_\text{蒸気}$ で水はなくなる(全部気化する)ことが観測された(ロビソン版『講義録』).

これよりブラックは気化熱として $(212° - 50°) \times (20/4) = 810°$,あるいは現代風に Λ_E で表し(添字 E は evaporation の意味)

$$\dot{q}\Delta t_\text{水} = C\Delta\theta, \quad \dot{q}\Delta t_\text{蒸気} = \Lambda_\text{E} M$$

$$\therefore \quad \Lambda_\text{E} = \frac{C}{M} \cdot \frac{\Delta t_\text{蒸気}}{\Delta t_\text{水}} \Delta\theta = \frac{C}{M} \times 810°$$

を得ている(他の手稿類に記されている値では,$\Delta\theta = 158°$,$\Lambda_\text{E} = (C/M) \times 790°$,および $\Delta\theta = 157°$,$\Delta t_\text{蒸気}/\Delta t_\text{水} =$

18/3.5, $\varLambda_\mathrm{E} = (C/M) \times 807°$ で,いずれも摂氏に換算して $\varLambda_\mathrm{E} = (C/M) \times 450°$ 前後の値で,現在知られている正確な値 $\varLambda_\mathrm{E} = (C/M) \times 540° = 540 \,\mathrm{cal/g}$ よりすこし小さい).

さてこの熱が蒸気中に保存されているものとするならば,逆に蒸気が液化するさいには,同量の可感熱が顕在化するはずであろう.

そこでブラックはアーヴィンの協力で,3 質量 $= M$ の蒸気を冷却器の蛇管を通して液化したとき,38 質量 $= M'$ の冷却水(熱容量 C')が $52°$ から $123°(\varDelta'\theta = 71°)$ に上昇することを測定した.

ブラックは例によって回りくどい計算をしているが,要するに $\varDelta\theta = |$ 蒸気から液化して得られた水の温度変化 $|$,その熱容量を $C = (M/M')C'$ として,融解熱を
$$\varLambda_\mathrm{E} M + C\varDelta\theta = C'\varDelta'\theta$$
$$\therefore\ \varLambda_\mathrm{E} = \frac{C}{M}\left(\frac{M'}{M}\varDelta'\theta - \varDelta\theta\right)$$
のように求めたものである.『講義録』では蒸気から得られた水の最終温度を $52°(\varDelta\theta = 160°)$ として $\varLambda_\mathrm{E} = (C/M) \times 739°$,また最終温度を $52°$ と $123°$ の平均値 $87°(\varDelta\theta = 212° - 87° = 125°)$ として $\varDelta_\mathrm{E} = (C/M) \times 774°$ を得ている.他の手稿類では $\varLambda_\mathrm{E} = (C/M) \times 800°$ になっているが,これらは蒸気から液化した水の最終温度をもう少し高くとったためか,それとも別の実験によるものであろう.1780 年にブラックはジェームス・ワットへの手紙で,この $774°$ を 64 年のアーヴィンのもので,ブラック自身は簡単な実

験で 65 年に 790°, 807° を得たと述べている. そしてワットはマジェランへの手紙で 800° を記している[27]. ワットはその後に自身の測定でこれより大きな——もっと正確な——値を得ているが, それについては後章（18-Ⅳ）で触れよう.

ともあれ, 水から蒸気へおよび蒸気から水へのたがいに逆向きの過程で得られた Λ_E のこの 2 通りの測定値がほぼ一致していることが, ブラックの解釈では, 熱が消滅したのではなく潜在化したにすぎないということを立証しているとみなされた.

なお, 凍結の場合の過冷却に類似するものとして, ブラックは, 水を入れて栓をし, 沸点よりさらに 10° 高くまで加熱したフラスコの栓を抜いたとき, 水のごく一部だけが蒸発し, 残った水の温度が沸点まで下がることを確かめている. それまでの考え方では, 大気圧下で水は沸点を越えればただちにすべて蒸発する——氷も融点を越えればただちに融解する——と考えられていたのだが, ブラックは, 蒸発には多量の気化熱を必要とするため, 沸点以上の温度にある水の持っていた可感熱が一部の水の蒸発の潜熱に交換され, 残った大部分の水の温度が沸点にまで下がることを明らかにした.

以上より, ブラックは次のように結論づける.

　　私は, 氷が融解されるさいに熱が吸収され, 生成された水の組成にその熱が入り込むのと同様に, 沸騰のさい

には熱は水に吸収されると考える．そして，前者の場合，外に顕われる熱の効果が周囲の物体を温めることではなく氷を流体にすることにあるように，沸騰の場合には，吸収された熱は周囲の物体を温めることなく，水を蒸気に変える．いずれの場合にも，われわれは，温かさの原因としての熱を感じることはない．それは，隠され潜在化する．そして私はそれに《潜熱（LATENT HEAT）》という名を与える．（ロビソン版『講義録』；大文字による強調—原文ママ）

こうして，熱量学の基礎方程式として，加熱量 Δq にたいして

$$\Delta q = C\Delta\theta \quad \text{および} \quad \Delta q = \Lambda\Delta m \tag{10.1}$$

が得られた．ここに Δm は，融解では液化した質量，蒸発では気化した質量を表す．

また，単純な混合の場合には，$\sum \Delta q = \sum \int dq = 0$，融解・蒸発においては，変化径路 $\mathcal{P}$ にたいする逆の径路を $-\mathcal{P}$ として

$$\int_{\mathcal{P}} dq = -\int_{-\mathcal{P}} dq \tag{10.2}$$

という制限された熱量保存則が確立された（もちろんブラックがこう表現したわけではないが）．

これが，やがて潜熱概念の拡張を通して，ラプラス学派による解析的熱量学の概念枠を提供することになる．

第11章 熱物質論の形成と分岐
——ブラック，クレグホン，アーヴィン

I ブラックと熱物質論

　ジョーゼフ・ブラックが実証主義を貫き「熱は何であるのか」についての態度決定を差し控えたという伝説は，彼の講義録を編纂したロビソンの証言から生まれたようだ．ロビソンによれば，1758 年にブラックは「理論を作りたがる私〔ロビソン〕の気質を穏やかに諭し，どのようなものであれ理論を疑うように警告し，……すべての仮説的説明は時間と能力の浪費にすぎぬから，検証するまでもなく排除すべきだと助言を下さった」とある[1]．そしてロビソンは，ブラックの息子ジョージ・ブラックへの手紙でつぎのように書いている．

　　ブラック博士は化学の体系（system）を創ろうとはけっして試みませんでした．博士は実験科学のどのような体系にたいしても批判的でした．そして化学について言うならば，体系を馬鹿げたことだと考えていました．というのも，われわれは自分たちを賢明だと考え，化学に

おいていくつもの発見を行ってきましたが，それでも化学はまだ歩みはじめたばかりの幼年時代にあり，その体系を教えるようなふりをするのはナンセンスだからなのです．……したがって博士の講義は体系を公言するものではありませんが，……化学に通じてはいないものの化学を学びたいと思っている人たちにたいする完全な指示をふくむでありましょう[2]．

ブラックの体系ぎらいは彼が教科書や著書を書かなかったことからも見てとれる．ともあれここに，マクローリンからカレンへとつながる，経験に忠実で理論的な先走りを戒めるスコットランド科学の特徴を認めることができる．

たしかにこれまで見たように，熱平衡の吟味や熱容量と潜熱の概念の導入のさいに，ブラックは，実験事実の概念化と測定にとどまり，それ以上に議論を進めようとはしていない．地上物体の加速落下運動の研究のさいに，加速度の原因を追究することなく落下の数学的法則の確立に自制したガリレオ[3]と同様の，数学的現象主義の立場を，ブラックは遵守しているようである．

ブラックの実証主義的自制は，化学的親和力（選択的引力）をニュートン的粒子間引力と同一視することを拒否する彼の姿勢にも見てとれよう．彼によれば「化学的作用を引力と斥力によって説明しようとする器用な人たちの試み」によって化学の発展は妨げられているのであり，「引力の助けによって化学結合についての明晰で真に説明に役立つ観

念を持ったものは，これまで誰一人としていなかった」のである[4]．つまり，親和力はそれ以上説明を要さない事実であり，化学者のなすべきことは，親和力の原因を憶測したり，類推や仮説を弄ぶことではなく，実験によって親和力の法則を確定することに限られるというのだ．

そのブラックの態度は，「私が想うに，ヴェルラム卿〔フランシス・ベーコン〕とその後継者たちは，じつのところ熱のもっとも単純な効果と振動運動の論理的帰結との間のきわめてわずかな類似性に満足しているにすぎない」（ロビソン版『講義録』）というブラックの熱運動論批判にも，認められるであろう．そこには，トマス・リードからヒュームにいたるスコットランド哲学の影響を認めることもできるし，また，哲学者としてのマッハがブラックを高く評価するゆえんもそこにある[5]．

しかしだからといって，ブラックが熱運動論と熱物質論にたいして中立を保ったとは言い難いし，ましてや，熱の本性についての考察を放棄していたわけでもない．なるほどブラックは，学生の前では，熱の本性についての論議が時期尚早であると語り，熱の本性をめぐる積極的な主張を控えている．しかし初期のノートに「われわれは熱を物体の偶有性としてではなく，光や電気物質と同様の独立した特殊な実在（separate and specific existence）と考えねばならない」と記しているように[6]，ブラックは熱を物質的実在と見なす立場から出発した．それは，既述のように，彼による熱量概念の導入や熱の保存則の提唱が，すくなく

とも出発点では熱の物質表象に依拠したものであったということからも，うなずけよう．

物理学の概念としての熱量（移動熱量）は，これまでのところでは $\Delta q = C \Delta \theta$ という関係によって数学的に定義されるだけのものでしかないが，その概念の着想と受容には，高温から低温に流れる〈あるもの〉という実体的描像を必要としたし助長もしたのである．

ブラックの言葉では「不均等に熱せられた諸物体がたがいに接触したさいに他の物体に作用するのは，つねにより温かい物体であり，それが他の物体にわれわれが熱と呼ぶある現実的なもの（a real something）を与える」（ロビソン版『講義録』）のである．のみならずブラックは，「熱物質（calorific matter）」や「熱の物質（matter of heat）」という用語を再三にわたって使用しているのであり，そのことは彼の熱物質論への傾斜を表しているといえよう．

ブラックの一連の定量的概念は，流体としての熱物質という観点には首尾よく適合しうるのに反して，熱運動論との関係づけは——当時の物理学の現状では——ほぼ絶望に近いものであった．それだけに，客観的に見て，ブラックの理論がその後の熱物質論を助長したことは，否み難い．

II　クレグホンの熱物質論

一般的に言っても，数学的・現象論的法則の確立の後には，それを実体的・モデル的に説明づけようとする試みが

往々にして追求されるものだ.ニュートンの重力理論の成功の後には,重力を説明づける_からくり_(メカニズム)が何種類も提唱されたし,光の波動論がおびただしいエーテル力学を生み出したことも知られている.ブラック以降の熱学もまた,ブラックの現象論的・定量的諸概念を熱流体の保存や移動や物質との結合に関係づける方向に向かって進んだ.

そのひとつは,ブラックの学生クレグホンによる熱物質論の定式化である.

1754 年生まれのウィリアム・クレグホンは,1777-79 年にブラックの化学の講義を聴講し,79 年に学位論文『〈火〉について (*De Igne*)』[7]をものにし,83 年に 28 歳の若さで死んだ.

クレグホンの理論の前提は,すべての流体(液体および蒸気・空気)の流動性の唯一の担い手としての熱物質すなわち〈火 (ignis)〉の存在と保存であり,その〈火〉は次の性質を持つ.

第一には,熱平衡という経験的事実,すなわち,空気より高温に熱された物体を空気中に放置したならば,空気の温度と等しくなるまで冷却するという普遍的事実にもとづく.その事実を彼は「〈火〉の粒子間には,それらをたがいに遠ざける斥力が存在することが正当に推論される」(§ Ⅲ 1) と,力学的に捉え,その斥力の存在を「原理1」と呼ぶ.ここまでは,それまでの一連の〈エーテル〉論と変わりはない(もっともそれまでの熱・電気・光・重力等を説明するニュートン以来の〈エーテル〉論と異なり,クレグ

ホンの〈火〉は熱現象のみを説明するためのものである).

クレグホンの〈火〉のいまひとつの特徴は——そしてまたブールハーヴェの〈火〉やニュートンの〈エーテル〉との相違は——通常物質と〈火〉の間に物質ごとに強度の異なる引力の存在を考えることにある.すなわち

> このことと他の多くの実験から,2個の物体でその内部における〈火〉の量が同一のものがほとんど存在しないことは明らかである.それゆえ,物体中には〈火〉を引きつける力(vis)が存在し,その力〔の大きさ〕は異なる物体ごとに異なっていると結論づけられねばならない.(§Ⅲ 2;傍点—引用者)

これが「原理2」であり,もちろん同一質量の物質の熱容量(比熱)が物質ごとに異なるというブラックの発見にもとづく.ブラックの熱容量の力学的モデル化と言えよう.〈火〉の分布はこの〈火〉どうしの斥力と〈火〉と通常物質間の引力の力学的均衡から決定される.

> これらの原理から,〈火〉は諸物体間でそれらの物体が〈火〉を引き寄せる力に比例し,〈火〉の粒子間の斥力に反比例して分布していることが導かれる.任意の隣接している物体間での〈火〉の分布は,このようなものであり,それは熱の平衡とよばれる.(§Ⅲ 2)

このモデルは，その後の熱物質論の原型である．

ほとんど同時期にアイルランドのブライアン・ヒギンズ（1776）とフランスのラヴォアジェ（1772-77）がほぼ同様の理論を提唱したが，三者は独立に同じ理論にいたったと見られる．三者に共通しているのは，通常物質どうしは相互に引き合うけれども，〈火〉は相反的には反発し合い通常物質との間では引き合うというモデルで，それはフランクリンの電気流体モデルと同一構造である．ラヴォアジェがフランクリンに影響を受けたことはすでに見たが，フランクリンの論文は1751年以来，英・仏・独語版が普及していたから，おそらくクレグホンにも影響を与えていたであろう[8]．

ブラックがクレグホンを評価したのも，この通常物質と〈火〉の間の異なる度合での引力という着想にあったと考えられる．以前に見たように，ブラックにとって物質ごとに異なる熱容量は，どちらかといえば熱と物質の準化学的結合力の指標であったのだから（9-V），当然といえば当然であろう．

〔熱を物質と見る理論の〕より精巧な試みは，最近になってなされ，私〔ブラック〕の知るかぎりその特徴は故クレグホン博士によって，学位論文で与えられた．彼は熱が微細な弾性流体の豊富さによると考える．その弾性流体は，他の哲学者たちによって，宇宙のすべての部分に存在し熱の原因であると，以前から考えられていた．

しかしこれらの哲学者たちは，たったひとつの性質つまりその大きな弾性ないし相互的な強い斥力のみがこの微細物質に属すると考えていた．それにたいしてクレグホン博士は，それがいまひとつの性質，つまり，一般には多少なりともたがいに引力を及ぼしあっている自然界の他の種類の物質の粒子にたいしては強い引力を持っていると仮定した．（ロビソン版『講義録』）

熱物質論ではこのように「熱物質は，たがいには強い斥力を及ぼしあうが他の種類の物質によってさまざまに異なる度合の力で引き寄せられる」（同上）のであり，このことによってはじめて，ブラックの熱容量の物質ごとの相違が説明づけられる．相互的斥力だけでは，ブールハーヴェのように熱平衡を空間内の熱の均等分布と考えざるをえなくなってしまうであろう．

そしてブラックは，「熱の本質についてのこのような〔クレグホンの〕観念は，私の知っているものの中では，もっとも見込みのある（probable）ものである」（同上）と語ることによって，その後の熱物質論への是認を表明した．もっともその少し後には「しかしそれはまったくの仮説である（altogether supposition）」と付け加えることによって，ふたたびどっちつかずの立場に固執しているのである．

III 断熱変化をめぐって

クレグホンの熱物質論が,熱平衡と物質ごとの比熱差を「説明」したといっても,それは一種の力学的言い換えにすぎず,それだけでは熱物質論の優位を示すものではない.決定的なことは,彼の理論が断熱変化をはじめて断熱変化として捉え,かつその説明のモデルを提供したことにある.

気体の断熱変化にともなう温度変化は,本質的には熱と仕事の互換性を表すものであり,熱力学第1法則(エネルギー保存則)によってはじめて正しく解明されうるものである.事実,断熱変化とエネルギー保存則は,現代の学生にとっては「メダルの表裏のように思われている[9]」(トーマス・クーン).つまり可逆的な断熱膨張による温度降下(吸熱)や断熱圧縮による温度上昇(発熱)は,仕事と熱の互換性をストレートに表すものと考えられている.

しかしはなはだ逆説的なことに,クレグホン以降1820年代までは,断熱変化現象は熱物質論にたいする強力な定性的かつ定量的証拠を与えるものと考えられていた.

断熱変化は,現象それ自体としては,ボイルによって見出されていた.1662年のことである.その同じ現象にカレンが1755年にあらためて出会った.既述のようにカレンは,真空中での流体の蒸発とそれによる温度降下を確かめることを目的として実験に取り組んだが,そのさい偶然に次のことに眼を止めた.

真空ポンプ容器中に吊された温度計は，空気が排気されるさいに，つねに 2 度ないし 3 度〔華氏〕だけ下がる．少し後には，真空中の温度計は室内の空気の温度に戻る．その後にあらためて空気を導き入れたならば，温度計はつねに外気温より 2 度ないし 3 度だけ上がる[10]．

ボイルが発見したのも，これと同じ状況下での同じ現象であったが，ボイルはそれを温度変化とは見なさなかった．彼は，排気により温度計の外側が真空になったために，温度計内部に残存していた空気の圧力によって温度計のガラス管が膨張し，そのためあたかも温度計物質が収縮したかのように見えるという，きわめて機械論的な説明を与えた[11]．

この現象が温度変化であることを認めたのはカレンであるが，カレン自身がその重要性をどれだけ自覚していたのかは，疑わしい．カレンは，これにたいして何の説明も与えなかったし，また温度変化にたいする原因的現象を特定することもしなかった．その上カレンの論文では，この現象が蒸発による温度降下にからめて述べられているので，それはしばしば蒸発による冷却と混同されて受け取られていた．たとえば 1759 年にエルランゲン大学のヨハン・クリスティアン・アーノルドは，排気時の降温を蒸発による冷却に帰し，他方で空気流入時の昇温を流入する空気と管の摩擦によって説明している[12]．

　温度変化の原因的現象として気体の急激な体積変化をはじめて特定した——つまり気体の急激な膨張にたいして降

温が，急激な圧縮にたいして昇温がともなうことを認めた——のはエラズマス・ダーウィンとクレグホンであった．

ダーウィンの理論は1787年に読み上げられ翌年の『フィロソフィカル・トランザクション』に発表されているが，実験はそれより12〜14年以前になされたとあり，クレグホンのものとは独立と考えられる．そこでダーウィンはいくつもの実験と観察を記したのちに「大気は，機械的に膨張させられたならば，それと接している他の物体から熱の流体物質（the fluid matter of heat）を引き寄せることができるようになる」「弾性流体〔気体〕は機械的に膨張させられたならば周囲の物体から熱を引きよせ，ないし吸収し，機械的に圧縮されたならば熱の流体物質がそこから押し出され周囲の物体に分布する」と結論づけている[13]．温度変化の原因をたしかに体積変化に関連させたけれども，その解釈は端的に熱物質論による．つまり空気は，膨張によってまわりから熱物質を吸収するため，周囲の物体の温度が下がる，つまり周囲に置かれた温度計からも熱が奪われてその示度が下がるということで，空気自身が冷却するのではない．圧縮についても同様である．

クレグホンの議論は，これよりはもうすこし詳しいが，基本的には同様である．

クレグホンの理論では，温度計の指示値の変化は「温度計が上昇するときには，それがあてがわれている物体から〈火〉が温度計に流入することを，下降するときには〈火〉が温度計から物体に流出することを示している」（§II）と

いう〈火〉にたいする実体的描像によって解釈される．

そしてこのような〈火〉の移動は，〈火〉どうしの斥力と〈火〉と物質の間の引力の均衡の乱れから生ずる．つまり「何らかの物体において，〔〈火〉にたいする〕引力が減少し〈火〉の粒子どうしの斥力が増加すれば，〈火〉はふたたび平衡が回復するまで，その物体から逃げ出す．このとき熱が生成されたという．逆に何らかの物体の〔〈火〉にたいする〕引力が増加し〈火〉の粒子どうしの斥力が減少したならば，より多くの〈火〉がその物体に流入し，冷が生成されたといわれる」(§III).

このモデルでは，断熱変化の過程で〈火〉の斥力のこの変化をもたらすのは，〈火〉の粒子間の距離の変化，すなわち気体の体積変化に他ならない．クレグホンによる以下の記述は平明であろう．

カレンの行った実験は，これらの原理〔原理1,2〕を例証するものであり，逆にこれらの原理によって説明される．……〔真空ポンプから〕空気が排気されているときに温度が下がる理由は，残った空気の希薄化によって〔空気中の〕〈火〉の粒子間の斥力が減少し，温度計内の〈火〉が〔空気中に〕流出するからである．しかし外の空気との平衡が回復されたときには，温度計は空気の温度を得る．外の空気が導き入れられるときには，外の空気と同じ温度の容器中の希薄な空気が突然圧縮されて〈火〉の粒子間の斥力が増加し，〈火〉はその空気から流出し

て温度計に入り込み，温度を上昇させる．他の諸実験からも，空気が圧縮されたときには温度は上がり，空気が希薄にされたときは温度が下がることは，よく知られている．このことの原因は上述の原理から明らかである．(§Ⅲ 2, 傍点—引用者)

いわば，スポンジは膨らむ過程でその隙間に水を吸い取り，逆に水を含んだスポンジを圧縮すれば水が絞り出されるように，膨張すると気体は熱を吸収し，逆に圧縮されることによって気体から熱が絞り出されるという描像である．

そして，熱物質論により断熱変化がこのように単純明快に説明づけられたということが，熱物質論を受け入れさせるのに大きな力があった．事実，18世紀末から19世紀はじめにかけて断熱変化が大きな関心を集めたとき，それを気体運動論から説明する試みは——ヘラパスの1820年の無視された論文（17-Ⅶ）をのぞき——皆無であった．

後章で触れるつもりであるが，はじめは熱物質論と熱運動論の優劣を決しかねていたラプラスがやがて熱物質論に踏み切った大きな要因は，熱物質論による断熱変化のこの解釈であったと考えられる．そこからラプラスは「膨張の潜熱」というそれなりに有効な概念を創り出し，こうして比熱・潜熱パラダイムは熱物質論内部で首尾一貫した理論を作ることに一度は成功する．

この点についてつけ加えるならば，クレグホンによる断熱変化のこの「解決」を，以前から経験的事実として認め

られ，かつ解けない問題として対象化されていた断熱変化現象が，ようやく解明されたのだというふうに見てはいけない．

　真相は彼の理論的立場から見たときはじめて，おそらくはそれまでそれほど注目もされていなかった，ないし他の現象と混同されていた一現象が，断熱変化として，つまり体積変化の結果としての温度変化として対象化され，理論的に解明されるべき問題として自覚的に位置づけられたということである．一般に，新しい理論によってはじめて，それまでは自覚的に対象化されることのなかった問題が新しい関係連関の中に位置づけられ，それゆえにこそ解決に導かれるのである．裸の現象というものはなく，現象が現象として措定されるときにはすでに何がしかの理論に支えられた意味を帯びているのであり，クレグホンの熱物質論によってはじめて，ボイルとカレンの発見した現象が断熱変化現象という意味を帯びたと言えよう．

　ちなみにブラックには，この断熱変化のクレグホンによる「解決」にそれほどの注意をはらった形跡はない．

IV　アーヴィンの比熱変化理論

　クレグホンは「結論」として，次の四点を挙げる．

I．〈火〉は特殊な流体であり，流動性を本質とする唯一の実体である．

Ⅱ. 〈火〉の粒子間には斥力があり，それにより〈火〉の粒子は相互に反発しあう．
Ⅲ. ほとんどすべての物体には〈火〉を引きつける力があり，その力は物体ごとに異なる．
Ⅳ. すべての熱現象は，〈火〉の斥力における変化から，あるいは物体の状態変化による物体と〈火〉の間の引力の変化から生じる．そして〈火〉は無からは生じない．

Ⅰ～Ⅲはすでに述べた．Ⅳの「〈火〉の斥力における変化」は体積変化の結果としての変化——断熱変化——を指す．重要なのは「状態変化による引力の変化」の箇所である．これは，以下に述べるアーヴィンの理論にもとづく．

ブラックは，単純な温度変化のさいに流入する熱量を $\Delta q = C \Delta \theta$ と定義した（C は熱容量）．これは物体間の熱の移動量である．そのことと物体の保有する熱の絶対量 Q はいくらかという問題とは本来はまったく別の事柄である．しかし熱を不生不滅の物質流体と見なすならば，移動熱量から絶対熱量へのそのような飛躍は避け難い．

すべての熱量測定は，物体に与えられたないし物体から放出された熱の量のみにかかわり，それは与えられた温度での物体に含まれる全熱量については何らの結論に導くものではない．……（しかし）熱が不滅の実体であるという仮説から出発する旧い熱理論は，必然的に《物体に

含まれる熱》は物体に吸収されたないし放出された量のみによるという結論につながる[14].（プランク『熱力学』）

数学的に表現するならばこうだ．

以前に見たように，ブラックはある物体 A と水の混合過程での温度変化のみを用いて（9.2）式で熱容量を定義し，それを

$$C_A(\theta_A - \theta) = C_水(\theta - \theta_水) \quad (9.3)r$$

と書き直し，これを「A が失った熱（左辺）」は「水が得た熱（右辺）」に等しいという保存則を表すものと解釈した．このかぎりでは両辺の熱はあくまで「移動熱量」であり，その解釈は今日でも有効である．

他方，上式はまた

$$C_A\theta_A + C_水\theta_水 = C_A\theta + C_水\theta \quad (9.4)r$$

のようにも書き直される．そこでこの式を保存則にのっとって解釈するならば，左辺は「はじめにあった全熱量（絶対熱量）」，右辺は「終りにある全熱量」であり，混合過程で「全熱量」は増減しないということになるだろう．しかしそのように解釈しうるためには「全熱量」が一般的に定義できるという条件を必要とする．

（9.3）と（9.4）は数学的には等価だが，ここに見たように物理的解釈としては，「移動熱量（$\Delta q = C\Delta\theta$）」から「絶対熱量（$Q = C\theta + \text{Const.}$）」への飛躍であって，レベルの異なる主張と見なければならない．つまりある変化にたいする Δq の定義可能性が一般的に Q の存在を保証して

いるわけではないのである.

しかしそれが根拠のない飛躍であることが明らかになったのはずっと後の1850年代のことである（後述 25-V）.

話を戻そう.

熱の絶対量という概念は同時に，熱をまったく保有しない状態（the point of total privation of heat）としての絶対0度という問題をともなっている．つまり，かりにブラックのように熱容量を定数と考えるならば，温度計目盛 θ 度での絶対熱量 $Q(\theta) = C\theta + Q(0)$ を決定するという問題であり，さらに温度計目盛の0度が絶対 x 度に相当するとすれば，$Q(0) = Cx$，すなわち

$$Q(\theta) = C \times (\theta + x) \qquad (11.1)$$

として，絶対温度 $T \equiv \theta + x$ を決定するという問題である[*]．

このように問題を設定して特異な理論を作り出したのは，ブラックのグラスゴー時代の学生で，のちの共同研究者ウィリアム・アーヴィン（1743-87）であった．それはしばしばブラック理論のひとつの解釈のように受け取られているが，実際にはブラックの潜熱理論に対置される別個の考え方と見るべきものである.

---

[*] 熱容量を温度 θ の関数と考えたとしても，熱を温度の関数——状態量——と見るかぎり

$$Q(\theta) = \int_{-x}^{\theta} C(\theta') d\theta'$$

における積分の下限 $-x$ 度としての絶対0度の問題はやはり避けられない[15]．

アーヴィンは，たとえば水と硫酸の混合による発熱にたいして，次のように推論する．

> 諸流体を混合することによって熱が生み出されるのは，混合流体を構成する成分が，熱にたいして混合前とは異なる状態にあるためである．熱の原因が何であれ，熱が混合前に成分を熱する力にくらべて，混合後に物体を熱するさいには，熱はより大きな効果を持つ〔つまり比熱が小さくて同じ温度幅温めるためにより少ない熱しか要しない〕ように思われる．混合されることによって発熱する2物質は，混合前の成分の性質から期待されるであろうものにくらべて，混合後にはよりたやすく熱されたり冷されたりする．したがって硫酸と水の混合物は，強い火の前に置かれるならば，成分に分れている場合にくらべてより短い時間に同じだけ熱くなりうる．

つまりアーヴィンは，水を W，硫酸を A，混合液を AW で表すならば，それらの熱容量の間に $C_{AW} < C_A + C_W$ の関係があると考える．その上で絶対熱量として (11.1) 式を採用する．

> 酸と水〔のそれぞれ〕は，混合以前には熱の最小の度合〔絶対0度〕から，それらが混合される度合〔θ 度〕までのすべての熱を作るのに充分な熱の量を含んでいる〔$Q_A = C_A \times (\theta + x)$, $Q_W = C_W \times (\theta + x)$〕．混合の瞬間

に物質は，熱の原因たる実体のその同じ量〔$Q_A + Q_W$〕が，同量の物質にたいして混合以前より大きな効果を作り出すことができるようになる[16].

もちろんここでアーヴィンは熱量保存則を前提にしているのであり，混合による発熱が $Q_A(\theta) + Q_W(\theta) - Q_{AW}(\theta) > 0$ で与えられ，その結果としての温度上昇 $\Delta\theta$ が，熱量保存則 $Q_{AW}(\theta + \Delta\theta) = Q_A(\theta) + Q_W(\theta)$，すなわち
$$C_{AW} \times (x + \theta + \Delta\theta) = (C_A + C_W) \times (x + \theta)$$
から決定されると考える．それゆえ，θ, $\Delta\theta$, C_{AW}, C_A, C_W を測定すれば，絶対0度 $= -x$ 度 が求まることになる．

この考え方は，氷と水の状態変化（相転移）にそのまま適用される．ただし $C_氷 < C_水$ ゆえ融解で吸熱になる．

ブラック自身が熱と温度を区別しながら熱の量を温度で表現していたこともあって，アーヴィンの記述では熱と絶対温度が混同され，しかもマジェラン以来 $C\theta$ を「熱容量」と称する混乱があるので，言葉を少々補って引用しよう．

ある物体が状態変化のさいに熱くなったり冷たくなったりする度合の比〔熱容量比 $C_固/C_液$〕は，それらにおける熱の量〔実は絶対温度〕x が同じである……ないしその氷点が可感熱の同一の度合にあるならば，固体の熱容量の流体の熱容量〔実は絶対熱〕にたいする比に比例している〔$Q_固/Q_液 = C_固/C_液$〕．それらにおける熱の量〔実は絶対温度〕が100で表されるとしよう〔$x = 100$〕.

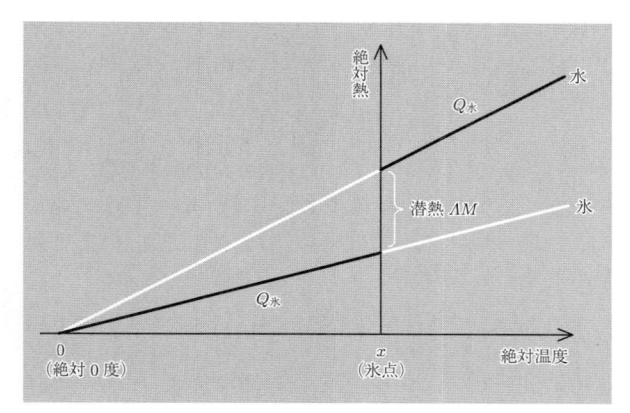

図 11.1 アーヴィン理論（比熱変化理論）の図解

　もしも固体の熱容量の流体の熱容量に対する比が 1:2 であったなら，その物体は，液体のときには固体のときの 2 倍の熱を持たねばならない．あるいは 100 度の熱が潜在していなければならない．……一般に，流体の潜熱は，流体と固体の熱容量の差を固体の熱容量で割り，固体の全熱をかけたものに等しい[17]．

　つまり融解点（絶対 x 度）で固体と液体はそれぞれ $Q_固 = C_固 \times x$, $Q_液 = C_液 \times x$ の絶対熱を持っているから，ブラックの言う「潜熱」は，その差

$$M\Lambda_\mathrm{F} = Q_液 - Q_固 = (C_液 - C_固) \times x = \frac{C_液 - C_固}{C_固} \times Q_固$$

で与えられることになる（図 11.1 参照）．アーヴィンは氷の融解にたいして——フォックスの推定では $C_氷 = 0.85 C_水$ を用いて——

$$x = M\Lambda_\mathrm{F}/(C_水 - C_氷) = 140°\mathrm{F}/0.15 = 933°\mathrm{F}$$

すなわち絶対 0 度 $= 32°\mathrm{F} - 933°\mathrm{F} \fallingdotseq -900°\mathrm{F}$ を得，これが硫酸と水の混合のさいの発熱量の測定から得られた絶対 0 度の値とほぼ等しいことをもって，彼の理論の成立可能性を主張する．その後，アーヴィンの息子やカーワンそしてクロフォードは，$C_氷 = 0.9 C_水$ を用いて $x = 1400°\mathrm{F}$ を得た[18]．

後にラプラスとラヴォアジェが指摘したように，この計算は氷の熱容量のわずかな誤差が結果に大きく影響するので，実際には，得られた値の信頼性はきわめて低い[19]．

V 熱物質論の二つのパラダイム

アーヴィンの理論は——熱が状態量でないことの判明している現在から見れば根拠がないが——当初は，絶対熱量と絶対 0 度を決定したという点をのぞいて，ブラック理論と事実上同じもの，つまりブラック理論のひとつの解釈と受け取られていたようだ．

たとえばブラックおよびアーヴィンの両者と親交のあったジェームス・ワットは，「アーヴィン博士の理論は，彼がその理論を硫酸と水の混合に適用し，物体に現実の熱（actual heat）がどれだけ含まれているか，言い換えれば

いわゆる熱の最小の度合（the lowest degree of heat〔絶対0度〕）を示したという点をのぞいては，ブラック博士の理論を他の言葉で説明したにすぎません」と語っている[20]．当事者のブラックとアーヴィンでさえ，どこまで違いを見きわめていたかは怪しいようである．マッキーとヘスコートの『比熱と潜熱の発見』にも「このこと〔アーヴィン理論〕はブラックには同じことの別の表現にすぎなかった」とある[21]．

しかしアーヴィンの理論では，潜熱は状態変化において中心的位置を占めていない．いや，アーヴィンにはそもそも熱の潜在化という発想は存在せず，彼の理論にとって大切なのは，可感熱の指標としての温度と絶対熱だけであって，潜熱といわれるものは二つの状態における絶対熱の差という二義的で派生的な概念にすぎない．

この両者における理論構成の決定的な相違を見抜いたのがクレグホンであり，しかも彼は，アーヴィン理論に与する立場を表明した．問題の所在とクレグホン自身の立場は，次の一節に明快に表されている．

　　ブラックは，物体が〔固体から〕流体になるときや蒸気になるときには〈火〉がおびただしく物体に入り込み，その蒸気が〔液体に〕凝縮したり固体になるときにはその〈火〉は物体から離れることをはじめて実験で示した．このことから彼は，以前には熱や冷が生成されると言われていた多くの現象を説明した．その〈火〉にたいして，

それがこれらの物体内に固定されて留まっているかぎり，彼は潜熱の名称を与えた．というのも，それが物体中に入っている間，それが物体の温度を変えることもなければ，それが物体中に入ってしまった後でも温度計に作用しないからである．そしてブラックは，流動性と蒸気の状態はこの潜在〈火〉（latent fire）に負っているという見解であった．

　しかしグラスゴーで化学を教えている医師ウィリアム・アーヴィンは，ブラックの方法によって物体中の〈火〉の相対量を見出そうとさまざまな試みを行い，同一の物体は異なる状態では〈火〉にたいする異なる傾向の比例性を示す〔比熱が異なる〕ことを実験によって示した．たとえば氷は，20度冷たい水銀と混合したならば，水が同様に20度冷たい水銀と混合したときにくらべて，水銀の冷たさをより少なくしか減少させない，言い換えれば，水銀にたいしてより少ない冷しか与えないことを示した〔$C_氷 < C_水$〕．彼はここから，物体中に蓄えられている〈火〉の大きな斥力は，物体が流体または蒸気になるときには，その状態変化の結果として，それゆえ〈火〉にたいする傾向性の変化の結果として吸収され，したがって〈火〉の流入は流動性や蒸気の原因ではなく，結果ないし効果であると結論づけた．後者の見解は，上述の発見にてらせば，前者のものよりももっともらしいもので，§Ⅲで私が指定した原理によりよく適合している．（§Ⅳ，傍点—引用者）

ブラックの理論では熱の吸収の結果として状態が変化するのに反して，アーヴィンの理論では状態変化にともなって比熱が変化した結果として熱が吸収される．

　クレグホンは，アーヴィンの理論を状態変化にともなう物質と〈火〉の間の引力の変化と解釈し直す．「〈火〉にたいする物体の引力は，〔固体が〕流体や蒸気に変化するときには増加するであろう．つまり融解や蒸発のさいには〔周囲から熱を奪うことにより〕冷を生むのであろう．そして蒸気が流体に，流体が固体に変化するときには，〈火〉にたいする引力は減少するであろう．つまり〈火〉は生成されるであろう」(§Ⅳ)．それが「結論Ⅳ」における「状態変化による引力の変化」の意味する内容であった．

　こうしてブラックの理論は，熱物質論を助長したのだが，同時に，熱物質論内部に《比熱・潜熱パラダイム》と《比熱変化パラダイム》の二潮流を生み出してゆくことになった．

　実際，18世紀末から19世紀初頭にかけての熱学論争は，熱が物質か否かではなく，熱物質論を前提とした上でこの両パラダイムをめぐって展開されてゆくことになる．比熱・潜熱派の指導者はラプラスとラヴォアジェであり，比熱変化に与したのは，クロフォードそしてドルトンとアヴォガドロであった．そしてこの論争こそが，その後の熱理論の整備と実験や測定の精密化を促すことになった．

第12章 熱素理論と燃焼理論
―― 初期ラヴォアジェ

I ラヴォアジェと化学の体系化

　近代化学史上に最大の足跡を遺したのがアントワーヌ・ローラン・ラヴォアジェ（1743-94）だという点では，後世の評価は一致している．よく言われるように，彼は化学に革命をもたらしたのだ．

　そのラヴォアジェにたいして，たとえば「彼は不運にも熱素説を提唱したにもかかわらず，酸素による燃焼・煆焼・呼吸についての説明は化学を成果のある方向にむかわせた」（アイド）というような言い方が，しばしばなされてきた．あるいはパーティントンの浩瀚な『化学史』にあるような，一方で燃焼＝酸化理論をラヴォアジェの「主たる貢献（main contribution）」に，他方で熱素の導入を彼の「重大な過失（major mistake）」に単純に割り振る収支勘定も，多々見られる．「この合理的な化学者〔ラヴォアジェ〕は，後に自分は形而上学的な燃素（フロギストン）を正面玄関からみごとに蹴り出したと自慢したのだが，それと同じくらい形而上学的な熱素（カロリーク）を裏口からこっそり忍び込ませるという罪

を犯した」と決めつけたのは，科学史家のクロスランドである[1]．

しかしそのような——非弁証法的な——捉え方は，ラヴォアジェ理論の実相を見誤まらせるものである．彼の理論形成にとって，「燃素（Phlogiston）」の追放と「熱素（calorique）」の導入は表裏一体であり，彼は「熱素」を導入することによってはじめて「燃素」を追放することができたのである．ちなみに『オクスフォード英語辞典（*OED*）』によるとcaloriqueという単語はラヴォアジェの造語とされる．

ラヴォアジェの化学をそれまでの化学と分かつものは，もっぱら彼のなしとげた「統合」にある．実際彼は，とりわけ重要な化学物質を発見したわけではないし，画期的な実験方法を考案したとも言えない．酸素も水素も炭酸ガスもラヴォアジェ以外の手で見出されたし，彼の実験も多くはイギリスのライバルの模倣である．そのためラヴォアジェには，剽窃という芳しくない噂がいくつか付きまとっている．しかし彼自身はそうは思っていなかったであろう．というのも，彼はそれらの個別事実を新しい枠組のなかに捉え直し，したがってそれまでとは異なる意味を与えたからである．ラヴォアジェは，いうならば先人の手で得られ間違って並べられていたかバラバラに放置されていたジグソーパズルのピースを隙なく無駄なく巧妙に組み合せて，一枚の秩序だった絵を完成したのだ．

そのことを象徴しているのが，フロギストン理論にたい

して公然たる批判の口火を切った彼の 1777 年の論文『燃焼一般についての論考』の冒頭の一節である.

> 物理的化学において,体系の精神(l'esprit de système)の危険性もさることながら,あまりにも多くの事実を無秩序に寄せ集めることによって,科学を明快にするどころか訳のわからないものにし,科学を志す人たちに負担をかけ,長たらしくて骨の折れる学習のあげくに無秩序と混乱しか得られなくするようなこともまた憂慮される.事実や観測や実験は,大建築物の素材ではあるが,それらをただ寄せ集めて科学に混乱をもたらす愚は避けるべきであり,全体においてそれらが占めるべきそれぞれの部分にそれらを割り振り,秩序だてるべきである[2].

ここに言われている「体系の精神の危険性」とは,ニュートンの前に敗北したデカルト自然学の演繹的論理にのっとって構成される観念論の体系にたいするフランス啓蒙主義の否定的な総括を指している.

1746 年にダランベールは『歳差・章動論』の序文に「物理学における体系の精神は,幾何学における形而上学に相当する.……その力でわれわれが真理の道に到達することはほとんど不可能である.……人々が体系と称してありがたがっているこれらの下らない憶測の中に高度の確実さを見出すことは,まったくできない」と書き,後の『百科全書』では「デカルト学派は,体系にたいする愛好を非常にはや

らせた．現在では，ニュートンのおかげで人々はこの偏見から目ざめた」(『体系』項目)と語っている[3]．このように性急な体系化を戒めることが，百科全書派——したがって18世紀後期のフランス思想界——の合意事項(コンセンサス)であった．

しかしラヴォアジェは，上記の一節からわかるように，むしろ「体系の精神」の対極にある博物学的・没論理的経験主義をより以上に危険視している．1773年2月20日の彼のノートには

　　物質と結合する空気，あるいは物質から遊離される空気に関するわれわれの知識を，すでに得られている他の知識と結びつけて，一個の理論を形成するために私はあらためてすべてをやり直そうと考えた．（傍点—引用者）

とある[4]．ラヴォアジェは，化学を諸事実の単なる寄せ集めを越える合理的科学たらしめようと明確に意図していたのである．とするならば，彼の化学は——すくなくとも彼の考えるところでは——単一の整合的な理論体系であり，彼の導入した「熱素」もまた，理論の不可欠の構成要素として全体の中にしかるべく位置づけられているはずのものであろう．彼の理論の完成後に書かれた主著『化学原論』(1789)の記述が「熱素(calorique)」から始まり，同書の「単体表」に酸素・水素・窒素とならんで「光(lumière)」と「熱素(calorique)」が挙げられているのは（図12.1），それ相応の確かな根拠のあることと見るべきであろう．

	Noms nouveaux.	Noms anciens correspondans.
Substances simples qui appartiennent aux trois règnes & qu'on peut regarder comme les élémens des corps.	Lumière........	Lumière.
	Calorique........	Chaleur. Principe de la chaleur. Fluide igné. Feu. Matière du feu & de la chaleur.
	Oxygène........	Air déphlogistiqué. Air empiréal. Air vital. Base de l'air vital.
	Azote...........	Gaz phlogistiqué. Mofete. Base de la mofete.
	Hydrogène......	Gaz inflammable. Base du gaz inflammable.
Substances simples non métalliques oxidables & acidifiables.	Soufre......... Phosphore....... Carbone........ Radical muriatique. Radical fluorique. Radical boracique.	Soufre. Phosphore. Charbon pur. Inconnu. Inconnu. Inconnu.
Substances simples métalliques oxidables & acidifiables.	Antimoine....... Argent......... Arsenic......... Bismuth........ Cobolt......... Cuivre......... Etain.......... Fer............ Manganèse..... Mercure....... Molybdène..... Nickel......... Or............ Platine......... Plomb......... Tungstène...... Zinc...........	Antimoine. Argent. Arsenic. Bismuth. Cobolt.
Substances simples salifiables terreuses.	Chaux......... Magnésie....... Baryte......... Alumine........ Silice..........	

図 12.1 ラヴォアジェ（右）と『化学原論』(1789) の単体表（上）

II　1766年の出発点——〈空気〉とは何か

　実際，ラヴォアジェの化学理論，なかんずく，その根幹をなす燃焼＝酸化理論の形成において，熱素理論は——20世紀後期の研究で明らかになってきたように——不可欠の位置を占めている．それどころか，ラヴォアジェの燃焼理論の形成は，それまでの通説——たとえばアイドの歴史書やコナントやクロスランドの論文——のように1772年の燐と硫黄の燃焼の実験から始まるのではなく，1766年の熱と蒸気と〈空気〉の問題の考察から始まったのであり，その〈空気〉の問題はその後も新しい燃焼理論が出来上るまで中心的位置を占めつづけたのである[5]．

　1766年に22歳のラヴォアジェは，真空中でも水が蒸発しその圧力が水銀柱を支えうるという発見を述べたエラー論文（1746）を読んで，2枚のメモを書き残した．それは20世紀にドーマによって発見され，1972年に全文が活字にされた[6]．「ベルリン・アカデミーの論文中には，私にはきわめてもっともらしく思われる元素についてのエラー氏の2論文が見出される」という書き出しで始まるそのはじめのメモで，ラヴォアジェは，「〈空気〉は，それ自体で存在する元素ではなく，結合状態（être composé）であり，蒸気になった水である．あるいはよりわかりやすく，水と〈火の物質（matière du feu）〉との結合の結果と言うこと

ができよう」と，エラーの所説を要約している*).

　次のメモでラヴォアジェは，微細で弾性的な〈火の物質〉の存在を認めるが，エラーの所説を鵜呑みにはせず，「ある熱の度合で水は膨張して蒸気となる．蒸発は水の空気中への溶解によるのか，それとも水の〈火の流体（fluide igné）〉への溶解なのか？　空気はそれ自身で弾性的というわけではないのか？」と発問している．

　前者の問いは，水が真空中でも蒸発すること，およびそれにより冷却が生じるというエラー（そしてカレン）の見出した事実に触発されたものであるが，このように設問するかぎり答はおのずと明らかだ．蒸発は水が空気に「溶解」することだというそれまでの通説は，当然否定されねばならない．

　後者の問いは，いわゆる「固定空気の矛盾」に触発されている．

　ヘールズによる固定空気の発見にラヴォアジェが着目したのは，1766年のピエール・ジョセフ・マッケによる紹介を通してだと言われているが[7]，上記の引用の後にラヴォアジェは「〈空気〉の流体と〈火〉の流体の間には多くの類似点が見られる．両者はともに物体の構成に入り込むさいにその諸性質の一部を失う．たとえば〈空気〉は，自由状

---

　*)　ヨハン・テオドール・エラー（1689-1760）はライデンでブールハーヴェに学び，1746年にフリードリヒ大王によってベルリン・アカデミーに招聘され実験物理学の主任となった物理学者であり，ブールハーヴェ理論の直接の継承者の一人である．

態にあるときよりもはるかに小さな空間を占めている〔固定されている〕ときには，弾性的であることを止める」と記している．しかしもしも〈空気〉の弾性が〈空気〉自身の性質だとするならば，「固定空気」は自己矛盾であろう．このことは，〈空気〉が，弾性的な状態——つまり気体状態——では，他のそれ自身で弾性的な〈あるもの〉との結合物である可能性を強く示唆していた．

しかも，水もまた同様に熱によって弾性的な蒸気になるということは，その〈あるもの〉が「熱」つまり〈火〉であるという着想を促すものであった．

この事実認識と問題設定こそ，ラヴォアジェのその後の研究を方向づけることになる．

当初ラヴォアジェが，〈空気〉を蒸気と同様に何らかの液体と〈火〉の結合物と見ることに躊躇していたのは，もしもそうであれば起沸反応には吸熱（周囲の冷却）がともなうはずであるにもかかわらず，通常は発熱が見られるという事実にあったといわれる[8]．しかし1768年に彼は，パリの薬剤師エティエンヌ・フランソア・ジョフロアの研究から，ある種の起沸には冷却がともなうことを知り，それを正常反応と見なすことによって

$$\langle 空気 \rangle = \langle ある液体 \rangle + \langle 火の物質 \rangle$$

というモデルに傾斜してゆく．（〈ある液体〉は後の用語では〈空気の基（base）〉を指す）．その結論は1772-73年の草稿に書き残された．

III 「奇妙な理論」——化合物としての〈空気〉

 ラヴォアジェが 1772-73 年に書いた草稿は, 1959 年に科学史家ゲラックによってその存在が推定され[9]. その直後に見出されたもので,『〈空気〉の本性について』と題する 1772 年 8 月のものと, 同題名の 73 年 4 月のものといまひとつの 3 篇より成っている. それらは 1959 年にフリックの論文に全文が再現された[10].

 72 年 8 月の草稿でラヴォアジェは, 66 年の最初の発問にたいする解答として, 蒸気を液体と〈火〉との結合物だとみなすにいたる. その上で蒸発にともなう冷却について,「蒸発とは, 何らかの物質の〈火の物質〉との結合以外の何物でもなく, それゆえそれは〈火の物質〉の吸収をともなう結合の事例であり, したがって冷却の事例である」と解する (Fp. 142).

 この解釈のもとにあるのは, 熱 (〈火の物質〉) が「自由状態」と「結合状態」の二通りの形態で存在し, 前者の状態においてのみ温度計に影響する——可感熱となる——という認識である.

   このことを説明しようと思えば, おのずと〈火の物質〉は自然界において二つの状態で存在すると考えざるをえない. 第 1 には, 他の元素と結合した状態にある, つまり〈空気〉とほとんど同じように, さまざまな割合で自然界のすべての物体と結合して存在しうる. 第 2 には,

すべての物体の孔の中に入り込んで留まり，それらの間でほとんど平衡を保っている流体のように存在し，そのさまざまな強度が熱の度合の差を生み出す（Fp. 142f.）．

もちろん〈火〉のこの「結合状態」はブラックの「潜熱」と同じことを，また「孔の中に入り込んで……」というのは「可感熱」を，意味している．

他方で，蒸気の弾性（膨張力）と流動性は液体の気化のさいにその液体の粒子と結合した〈火〉自身の弾性と流動性の顕れであると考える．

水にはたえず〈火の流体〉が浸み込み，〈火の流体〉は豊富に水に混じれば，それだけ，水の粒子どうしを遠ざけ，水を膨張せしめる．……人工の火によってわれわれが〈火の物質〉と水をきわめて高い割合で結合させたならば，そして水の分子を〈火〉の分子で取り囲んだならば，そのときその流体は膨張して蒸気となり，その状態で水は〈空気〉ときわめて似た流体を形成する（Fp. 143）．

この着想はスコットランド学派のものに酷似している．ブラックがカレンによる真空中での蒸発と冷却への着目から出発したように，ラヴォアジェはエラーによる同じ発見から出発し，のみならずラヴォアジェは，前年9月には——カレンと同様に——氷の融解中は加熱しても温度が一定に保たれる事実に着目している．ブラックの理論と似ていて

当然と言えよう.

この草稿をラヴォアジェが書いたのは72年7月と考えられているが,ブラックの潜熱理論がはじめてフランスで紹介された同年8月19日のアカデミーの会合のさいの書記の記録には,「ラヴォアジェ氏は,『要素的火について』〔という論文〕を持っていると言って,それを探しに席を立った.彼はそれを携えて戻り,私が署名した」とある[11].もちろんラヴォアジェが,ブラックと独立に潜熱を発見したことを認めさせるために焦って探しにゆき確認の署名を求めた論文こそ,この草稿である.ちなみに200年近く後にゲラックがこの草稿の存在を推定したのも,アカデミーの書記のこの記録からにほかならない.

〈火〉が通常物質(液体)と結合しうるというこの熱理論,およびその結合の結果としてその液体は蒸気になるという蒸発理論にもとづいて,ラヴォアジェは,逆に,通常の弾性流体でありしかも固定されることもありうる〈空気〉もまた,他の蒸気とまったく同様に〈火〉と〈ある液体〉との化合物であるという見解に到達する.つまり〈空気〉の弾性と流動性は,〈空気〉自体の性質ではなく,それに結合している〈火〉に負うというものであり,それゆえ逆に,〈空気〉の固定——弾性と流動性の喪失——は〈火〉の分離の結果と解釈される.

こうして,66年の二つの問いは統一的に答えられることになった.

いかにして〈空気〉は物体中に存在するのか．このはなはだしく膨張しうる流体が固体中に固定され，大気中で占めている体積の 600 分の 1 以下の空間しか占めないということが，いかにして可能なのか．この同一の物体〔〈空気〉〕が二つのこれほど異なった状態で存在しうるのは，どのように考えられるのか．この問題の解答は，私が述べようとするある奇妙な理論（une théorie singulière）にもとづく．すなわち，われわれが呼吸する〈空気〉は単体（être simple）ではなく，〈火の物質〉と結合した特殊な流体である（Fp. 145）．

この見解は，アリストテレス以来——もっとさかのぼればアナクシメネスやエンペドクレス以来——連綿と続いてきた「元素」としての〈空気〉という理解を放棄するものであり，それゆえにこそ「奇妙な理論」と考えられたのであった．
　その「奇妙な理論」を展開したのが，翌 73 年 4 月の草稿に他ならない．そこでは，原理的にすべての物質が固体・気体・液体の 3 状態をとりうること，その違いは結合している〈火〉の量の多少のみによることが，はじめに述べられる．すなわち「同一の物体がこの 3 状態を次々にとることができ，その現象〔状態変化〕を生ぜしめるためには，何程かの量の〈火の物質〉と結合することだけが必要である」（Fp. 147）．
　当然，〈空気〉もまた〈火の物質〉と結合することによっ

て蒸発した液体に他ならない．

　水銀や水やアルコールやエーテル，一言でいえば自然界のすべての物質は，ある量の〈火の物質〉と結合することによって膨張し〈空気〉に似た流体を形成することから，〈空気〉それ自体が膨張している流体，言いかえればきわめて多量の〈火の物質〉と結合した流体以外のものではないと，結論づけることができよう（Fp. 147）．

ヘールズが〈空気〉に負わせた斥力は，こうして最終的に熱（〈火〉）に担わせられることになった．

IV　燃焼理論の出発点におけるシュタールとラヴォアジェの違い

　〈空気〉はこのようにして，物理的のみならず化学的にも他の流体の蒸気と同レベルの存在物となった．少しのちのラヴォアジェの用語を用いるならば

　　　〈空気〉＝〈空気の基〉＋〈火の物質 or 燃素〉
ということになる．このモデルこそ，その後のラヴォアジェの燃焼理論の根幹をなすものである．ちなみにラヴォアジェにとって〈燃素（phlogistique）〉とは〈火の物質〉の別名であり，シュタールの「燃素（Phlogiston または Brenstoff）」と区別して筆者が〈　〉で囲むゆえんである．

　しかしこのモデルは，現実の〈空気〉が液体状態を呈さないという点に難点を有していた．これにたいしてラヴォア

ジェは,たとえば地球を土星の位置に移したならば,「〈空気〉は,もはや充分な量の〈火の物質〉とは結合せず,おそらく蒸気であることをやめ,水と似ているがより揮発的で比重の小さい可感的・可触的流体に凝縮するであろう」と考える.しかし「〈空気〉はわれわれの惑星〔地球〕の現実の熱〔温度〕に耐えるにはあまりにも揮発的であり」「われわれの大気の温度では自然な形態〔液体〕では存在しえない」(Fp. 148f).(空気の液化の可能性のはじめての指摘であり,ファラデーによる塩素の液化はこの50年後,リンデが空気の液化に成功したのは1895年であった).

とするならば,地球上の温度で〈空気〉の弾性を喪失させる——つまり〈空気〉を固定する——唯一の方法は,〈空気〉を〈火の物質ないし燃素〉よりもさらに親和力の強い別の物質と結合させることであろう.この〈空気〉固定のメカニズムが,上記モデルにもとづく燃焼(煆焼)と還元の説明原理を与える.

ラヴォアジェは,72年8月の草稿を書いた時点では,金属は金属灰と〈空気〉の結合物であってそれゆえ金属の煆焼(強熱による金属の灰化)は金属からの〈空気〉の分離であると見なしていたようだ.というのも——彼の言うところでは——金属は加熱により発煙し,また酸に溶かすと起沸が見られるからである[12].

つまりこの時点でのラヴォアジェの理解は,図式的には,
$$(金属) = (金属灰 + 〈空気の基〉) \quad (12.1)$$
であり,その煆焼は

$$(金属 = 金属灰 + \langle 空気の基 \rangle) + \langle 火の物質 \rangle$$
$$\rightarrow (金属灰) + (\langle 空気 \rangle = \langle 空気の基 \rangle + \langle 火の物質 \rangle)$$
$$(12.2)$$

と表される．他方でシュタールのフロギストン理論では

$$(金属) = (金属灰 + 燃素\ Phlogiston)$$

にたいして煆焼は

$$(金属 = 金属灰 + 燃素) \xrightarrow{加熱} (金属灰) + (燃素)$$

となり，ラヴォアジェの〈火の物質〉つまり〈燃素 (phlogistique)〉とシュタールの「燃素 (Phlogiston)」とは明らかに機能が異なる．

この点ではラヴォアジェの〈火〉は，もともとシュタールの「燃素」とは無関係で，むしろブールハーヴェの〈火〉をモデルとするという 1980 年代の研究は興味深い[13]．少なくともラヴォアジェが，燃焼による物質の変化という化学的問題より熱による液体の弾性化（気化）という物理学的問題から出発したことは重要である．

上記 (12.1, 2) 式の考え方と金属の煆焼による質量増加の矛盾をラヴォアジェに気づかせたのは，その年の2月に公表（5月出版）されたギトン・ド・モルヴォーの一連の精密な実験であった．金属の煆焼による質量増加は以前から知られていたことだが，銅，鉄，亜鉛，鉛，アンチモン，ビスマスを空気中で注意深く燃焼させたモルヴォーの実験は，それが例外的ないし副次的現象ではけっしてないことを決定的に示した[14]．

金属の灰化のさいの質量増加という問題を考えるとき，上に見たラヴォアジェの理解とシュタールのフロギストン理論のちがいはかなり重要である．

確かにモルヴォーの測定が質量増加を疑いの余地なく示したとはいえ，その事実はシュタール以前にすでに知られていた．古くは1540年に出版されたイタリア人ビリングッチョの『ピロテクニア』には鉛の灰化のさいに8〜10%の重量増加が記されている．まったく同様の事実を約半世紀後にドイツのアンドレアス・リバヴィウスも記している[15]．また1630年にはフランス人ジャン・レーが錫の灰化物が錫より重いことを見出しているし，1673年にはボイルも同じことを明らかにしている[16]．

にもかかわらずシュタール理論は支持されていた．18世紀中期のドイツの化学者マルグラーフは，化学に天秤を導入した先駆者であり，しかも燐を燃焼させると重量が増すことをみずから見出しながらも，フロギストン理論の信奉者であることをやめなかったと言われる[17]．

今から見ればそれはいかにも彼らが固定観念にとらわれて真実に目を閉ざしていたかのように思われるが，しかしかならずしもそうとは言えない．というのも，重量と比重の混同とか天秤の不正確さ等の他に，アリストテレス以来，〈火〉の元素は絶対的に軽いもの・上方に向かうもの，「軽さ」つまり現代風に言えば「負の質量を持つもの」と考えられていたからである．その観点では，物体が〈火〉つまり「燃素」と結合して軽くなり，逆に〈火〉を失ってかえ

って重くなるというのは,むしろ自然で理にかなっていることであった.

シュタール理論の支持者であったガブリエル・ヴネル (1723-75) は,「フロギストンは地球の中心に引かれるのではなく,上昇傾向をもつ.したがって金属灰の形成〔フロギストンの喪失〕にさいしては重量が増加し,その還元にさいしては減少する」と明言している[18].ヴネルは『百科全書』の「化学」の項目をいくつも書いたことで知られているが,ダランベールとならぶその編者ディドロは1770年に「私は自然の中には,他の分子と結合して,その結果,より軽い混合物を生むような分子が存在しても驚きはしないだろう」と語っている[19].ギトン・ド・モルヴォーは,自分の手で金属の煆焼による質量増加を示したにもかかわらず,フロギストン説を棄てなかった.フロギストンは揮発性で空気より軽く,空気中の物体はフロギストンと結合して軽くなると,彼も考えていたのであった[20].

しかしラヴォアジェの当初の見解では,(12.2)のように金属が加熱されて失うのは「燃素」ではなく〈空気〉であった.しかるに空気に重さのあることはすでにトリチェリやパスカルによる大気圧の測定以来よく知られていたことであったから,〈空気〉を失ってかえって重くなるというのは,明らかに矛盾であった.

新しい燃焼理論の形成にとって,ラヴォアジェとシュタールの——通常は無視されている——出発点のこのちがいは,かなり重要であったと言うことができよう.

V 新しい燃焼理論と〈火〉

 この矛盾を解決するためにラヴォアジェは,金属は煆焼により逆に〈空気〉を吸収するのではないかと考え,燃焼・煆焼の研究を開始する.その年の秋に「シュタール以来なされたもっとも興味深い発見のひとつ」と自讃した実験を行い,11 月 1 日に「重量の増加は燃焼の過程で固定される大量の〈空気〉に由来する」と記した有名な封印メモをアカデミーに託した[21].その実験では,燐と硫黄が燃焼により重量を増すことだけではなく,金属灰(1 酸化鉛)が金属に変化する(還元される)ときに大量の〈空気〉が発生することをも確認している.これは金属が煆焼で〈空気〉を吸収するという仮説を裏返しに示すものである*).

---

*) コナントは,金属灰が金属より重いという事実がすでに 150 年も以前から知られていたにもかかわらず,ラヴォアジェの理論的転換にとってはこの燐と硫黄の燃焼の実験こそが決定的であったと見て,その理由を次のように論じている.つまり,酸素の原子量 16 にたいして硫黄と燐の原子量はそれぞれ 32 と 31 であり,燃焼によって 1 原子の硫黄が 2 原子の酸素と,また 2 原子の燐が 5 原子の酸素と結合するから,質量増加率はそれぞれ

$$\frac{16 \times 2}{32} = 100\%, \qquad \frac{16 \times 5}{31 \times 2} = 129\%$$

となる.他方,金属の場合では,金属の原子量が大きく,たとえば錫(原子量 118)は 2 原子の酸素と結合するから,その質量増加率はわずかに

$$\frac{16 \times 2}{118} = 27\%$$

にすぎない.つまり硫黄や燐では質量増加効果が金属の 4 倍を越え,その差が決定的だったというのである[22].しかしそのことは,

こうして，燃焼と還元の新理論は，翌73年4月の草稿ではじめて語られることになる．

その原理は，先述の「〈空気〉固定」のメカニズムであった．すなわち

> 〈空気〉を〈火の物質ないし燃素〉から分離できるのは，それを〈火の物質ないし燃素〉にくらべてより親和的 (plus du analogie) な物体に接触させ結合させることによってでしかない (Fp. 149).

つまり可燃性物質とは，〈空気の基〉にたいする親和力が〈火ないし燃素〉よりも強い物質を意味し，燃焼ないし煆焼とは〈空気の基〉をその物質に「固定」し，〈空気〉に結合されていた〈火ないし燃素〉を「自由」にすることである．そのさい「自由」にされた〈火〉は可感的になり，熱と光を生む．それは図式的には次のように表される．

(可燃性物質)＋(〈空気〉＝〈空気の基〉＋〈火 or 燃素〉)
→(灰化物 ＝ 物質＋〈空気の基〉)＋(自由な〈火 or 燃素〉)
(12.3)

もちろんこの新しい理解では

(金属灰)＝(金属＋〈空気の基〉)　　　(12.4)

である．(12.1, 2) 式と〈空気の基〉の位置が変わってい

燃焼による質量増加をより強力に追認させたにせよ，ラヴォアジェ自身は実験以前にすでにそれまでの理論の欠陥に気づいていたと見るべきであろう．でなければ実験着手の動機づけが不明である．

る．ラヴォアジェ自身の表現では

　もしも〈空気〉が，私が主張するように実際に〈空気の基〉を成すある物質と〈燃素〉の2実体より構成され，すべての燃焼と煆焼のさいに〈空気〉の固定があるならば，そのそれぞれの作用において〈燃素〉の放出がつねにともない，その〈燃素〉は《自由》になり熱と光る炎を形成する《燃素自体》になると結論づけられる（Fp. 151）．

　逆に，〈燃素〉を豊富に含む木炭（還元剤）を用いて灰化物から〈空気の基〉を分離することが還元であり，このとき〈空気の基〉は，木炭中の〈火ないし燃素〉と結合してふたたび弾性を回復する．

　金属と結合した〈空気〉は，きわめて多量の熱を受け取っても〈空気〉の形態をとらず，蒸気には戻らないが，それを速やかに元の状態に戻すには，燃え上っている炭の〈燃素〉に接触させるだけでよい．そうすればただちに，金属と結合し金属を金属灰の状態にしている〈空気〉の固定部分は〈燃素〉を取り戻し，その〈燃素〉と結合してふたたび弾性〈空気〉の形態をとる．簡単に言えば，それが金属灰の還元である（Fp. 149）．

この還元反応は，記号的に書くならば

（金属灰 ＝ 金属＋〈空気の基〉）
　　＋（炭 ＝ 固定された〈火 or 燃素〉)
　→（金属）＋（〈空気〉＝〈空気の基〉＋〈火 or 燃素〉）
ということになる．

　ラヴォアジェの慎重な燃焼理論にとって，〈ある液体〉と〈火〉との結合物としての〈空気〉というモデルがどれほど大きな役割を果したかが，鮮明に見て取れるであろう．

　この間のラヴォアジェの慎重な思考過程は翌 1774 年の『物理と化学の小著』（初版）に活写されている．興味深いから，少し長いが引用しておこう．

　　炭やその他の同様の〔還元〕物質が，シュタール氏の門弟たちが考えているように，金属にそれが失った燃素を戻すのに役立っているのだろうか．それともこれらの物質は弾性流体〔気体〕の組成に入り込むのだろうか．私が思うに，この点は私たちの現在の知識の状態では判断できない．

　　推測に身をまかせることが許されるのであれば，私は次のように言いたい．すべての弾性流体はなんらかの固体ないし流体が可燃性の原質，たぶん純粋な〈火〉の物質（matière du feu pur）と結合したものであり，その弾性状態はこの結合によるものであると．このことを私はいくつかの——公表するにはいまだ不十分な——実験から信じるようになった．さらに付け加えるならば，金属灰に固定されてその重量を増やしている物質は，この

仮説では，弾性流体ではなく，正しくはその可燃性の原質を奪われた弾性流体の固定部分であると言うべきであろう．とするならば，炭や還元に用いられる他のすべての物質の主要な作用は，固定されている弾性流体に燃素ないし〈火〉の物質を戻し，そのことによって〈火〉の物質に由来する弾性を回復させることにあるのではないだろうか．この見解がシュタール氏のものとどれほど異なっているように見えても，それと相容れないわけではない．還元のさいに炭を加えることは，同時に二つの目的にかなうものである．第一に，金属にそれが失った可燃性の原質を回復させること，第二に，金属灰に固定されている弾性流体にその弾性を構成する原質を回復させること，である．しかしくり返すが，このようにデリケートで困難な問題，いまなお多くの点で不明瞭な問題について，あえて見解を公にするには，十二分に慎重でなければならない．……これらの点については，時間と経験のみが私たちの見解を確定しうるであろう[23]．

VI 転倒された「燃素」としての「熱素」

こうしてラヴォアジェは，「〔還元のさいに〕〈燃素〉が付与されるのは，シュタールの考えたように金属にではなく，元に戻った〈空気〉自体であり，〈空気〉は〈燃素〉と結びついて膨張状態を回復する」と結論づける（Fp.

150；強調—引用者）．つまり，「燃素（Phlogiston）」を可燃性物質中に求めたシュタールの理論は転倒され，〈燃素（phlogistique）〉すなわち〈火〉は気体としての〈空気〉の中に求められることになる．

そのさい，すべての弾性蒸気が〈燃素〉を含むにもかかわらず，燃焼がある特定の〈空気〉の中でしか可能でないとしたならば，燃焼を支えるのは〈燃素〉ではなく，〈燃素〉と結合している特定の〈空気の基〉の方であるということになるだろう．その特定の〈空気〉を明らかにすることこそ，73年に残された問題であった．

ラヴォアジェ自身は，この1773年の草稿では，〈空気〉が単一種類ではなく何種類かの蒸気の混合物である可能性に言及してはいるものの，以上に見たように，燃焼にあずかる〈空気〉（酸素ガス）と炭を用いた還元で生じる〈空気〉（炭酸ガス）をいまだに明確に区別していない．

この区別は，1775年4月に読み上げられた論文『煆焼中に金属と結合しその重量を増加させる元素の本質について』で明らかにされた[24]．

彼は炭を用いた還元と，プリーストリーから示唆された炭を用いない還元（酸化第2水銀の還元 $2HgO \rightarrow 2Hg + O_2$）の両者で得られる気体を比較することによって，後者で生じる〈空気〉が呼吸に適し燃焼を支える〈純粋空気（air pur）〉であり，前者で得られる〈空気〉がいわゆる〈固定空気〉つまり炭素と〈純粋空気〉の化合物であることを確認した．

この発見でもってラヴォアジェの燃焼理論の原形は，後の用語の変更をのぞいて，ほぼできあがったと言える．その完成は，1777 年の『燃焼一般についての論考』で与えられた．そこでは，燃焼理論の出発点として次の 4 種類の「現象」が挙げられている．

（ⅰ） すべての燃焼で〈火ないし光の物質〉が放出される．
（ⅱ） 燃焼は 1 種類の〈空気〉すなわち〈純粋空気〉中でしか生じない．
（ⅲ） すべての燃焼で〈純粋空気〉は破壊され，燃焼した物質の重量が〈純粋空気〉の減少分だけ増加する．
（ⅳ） すべての燃焼で，燃焼した物質は〈酸 (acide)〉に変化する[25]．

のちに『化学原論』(1789) で展開されたラヴォアジェの完成された理論は，この〈火ないし光の物質〉を〈火〉と〈光〉に分離し，その前者つまり〈火の物質〉を「熱素 (calorique)」に，そして〈純粋空気〉を「酸素 (oxygène)」に読み換えたものにほかならない．

1766 年以来のラヴォアジェの生涯を貫く思索の基調は，気体としての〈空気〉は〈空気の基〉と〈火〉の化合物（蒸気）でありその弾性は〈火〉に負うという認識であった．たとえばこの場合には，生命と燃焼の維持に必要とされる〈純粋空気〉すなわち〈酸素ガス〉は〈基〉としての〈酸

素〉と「熱素」の化合物だということになる．したがって燃焼とは，〈酸素ガス〉から〈基〉としての〈酸素〉を奪って固定し「熱素」を自由にすることであり，その意味で酸化（酸を作る）と考えられたのだ*)．シュタールが物質から放出されると誤って考えた「燃素（Phlogiston）」は，最終的なラヴォアジェの考えでは，〈酸素ガス〉から遊離された「熱素（calorique）」のことであった．

つまるところラヴォアジェは，シュタールの燃素を追放したのではなく，その位置と役割を転倒させたにすぎず，その「転倒された燃素」こそ「熱素」にほかならない．したがって彼の熱素は，シュタールが〈火〉と〈空気〉に与えた役割とシュタールの「燃素」の機能をあわせ持つ．つまり，ラヴォアジェの燃焼理論にとって熱素は不可欠の位置を占めているのであり，熱素の導入によってはじめてシュタールのフロギストン理論の克服が可能となったと言える．1972 年のモリスの論文が語っているように「ラヴォアジェの熱素概念は，あってもなくてもよいものではなく，彼の体系のきわめて重要な部分であり，酸化理論における中心的で欠かすことのできない役割をはたしている」のである[26]．

---

*) 「酸化」と「酸を作ること」が別の事柄である——たとえば塩酸 HCl は酸素を含まない——ということは，ラヴォアジェ以降に明らかになった．

Ⅶ　ラヴォアジェの熱素理論

　ラヴォアジェの熱素理論と燃焼理論は，このように一体のものとして，1777 年の『〈火の物質〉と揮発性弾性流体の結合および空気状弾性流体の形成について』[27]，およびはじめに触れた『燃焼一般についての論考』の 2 篇の論文で，用語等をのぞいて，ほぼ完成された．前者は熱素理論，後者は燃焼理論にあてられている．そして後者ではじめて，シュタールのフロギストン理論にたいする公然たる批判が展開される．この 2 篇の論文は，ラヴォアジェの考えるところでは，この順に読まれるべき一個の理論の展開であった．つまり熱素理論は燃焼理論に先行し，燃焼理論の前提を成している．

　前者の論文の冒頭では，熱物質の存在とその特性——平衡と物体への結合——およびそれが「自由状態」と「固定状態」の 2 通りの状態をとりうることが仮定される．

　本論文とこれに続く論文において私は，われわれの住む惑星のすべての部分が，この惑星を構成するすべての物体に例外なく浸透するように見えるきわめて微細な流体によって囲繞されていること，《火の流体 (fluide igné)，火と熱と光の物質 (matière du feu, de la chaleur et de la lumière)》と私が呼ぶその流体は，すべての物体中で平衡に向かおうとするが，しかしそれはすべてにたいして同じやさしさで浸透するのではないこと，そして最後

に，その流体はあるときは自由な状態で，またあるときは固定され物体と結合された状態で存在することを，仮定する (Dp. 212 [11]).

そのさい,「自由な状態では〈火〉はわれわれが熱と名づける効果を生む (Dp. 215 [13])」,「熱の強度〔温度〕は, 物体中に含まれる結合していない自由な〈火の流体〉の量で測られる」(Dp. 213 [12]) とあるように，〈火の流体〉は「自由状態」においてのみ温度計に作用する——可感熱となる. 状態変化にさいしては〈火〉の一部が「結合状態」に変わる——潜熱となる. そして，このように「〈火の物質〉が吸収される場合には，つねに結果としてその周囲に冷却が生じる (Dp. 216 [14])」.

もしもすべての物体の温度が，その物体に浸透している自由な〈火の流体・火の物質〉の量のみにしかもとづかないのだとしたら，温度計が揮発性流体によって濡らされたときに下がるのは，その流体が蒸気になるさいにその温度を構成している自由な〈火の物質〉の一部が奪われるからにほかならない (Dp. 217 [14f.]).

これは，前章に見た 1779 年のクレグホンの〈火〉の理論とほとんど同じである.
こうしてラヴォアジェは

> 弾性的ないし空気状の蒸気は揮発性の流体と結合した〈火の物質〉から成る合成物であり，〈火〉の一部が自由な状態から結合状態に移らなければ，空気ないし空気状の流体は形成されない（Dp. 221 [18]）．

と結論づけた．ラヴォアジェにとって，〈火の物質〉すなわち熱素は物質の斥力と弾性と体積変化と相変化の担い手であり，流動性の原因にして，熱と光のもとであった．

ラヴォアジェが数理物理学者ラプラスとの共同研究を経てのちに書いた『化学原論』[28]では，熱素説は——本質的変化はないが——より力学的に展開されている．

彼は，物質の状態変化が「実在的で物質的な実体，ないしあらゆる物体の粒子間に浸透しそれらをたがいに分離させるきわめて微細な流体」すなわち「熱」によるとして（Ep. 10 [23]），熱の反発力（$F_{熱}$），分子間引力（$F_{分子}$）および大気の圧力の及ぼす力（$F_{大気}$）の大小関係によって，状態を次のように分類する：

$F_{分子} > F_{熱}$ ………… 固体，
$F_{大気} + F_{分子} > F_{熱} > F_{分子}$ ………… 液体，
$F_{熱} > F_{大気} + F_{分子}$ ………… 気体．

このことを実証するものとして，真空中では沸点が下がり蒸発が促進され大きな冷却が生じるエーテルの実験が語られている．またこのことは——ラヴォアジェの言うところでは——「自然界のすべての物質の粒子は，それらの粒子を結びつけておこうとする引力とそれらを引き離そうとす

る熱素の作用の平衡状態にある」ことを示すものであり，それゆえ「熱素は，物体のすべての側面を取り囲んでいるばかりではなく，物体の粒子間に残されたすべての隙間に入り込んでいるのである」(Ep. 13 [28]).

しかるに「粒子間の隙間は，その粒子のさまざまの大きさや形状の結果として，またその固有の引力と熱素による斥力の比率に応じて決まる粒子間距離の結果として，さまざまに異なる」から，物質ごとの比熱の差が生じる.

> 物体の比熱 (calorique spécifique) という表現によって，同質量の各種の物体を同じ温度だけ上昇させるのに要する熱素の量と解する．この熱素の量は，物体の構成粒子の距離とその凝着力の度合に左右される (Ep. 13 [29f.]).

このような力学的色彩を帯びた熱素説にクレグホンの理論がどれだけの影響を与えたのかはわからぬが，すくなくともニュートン主義者ラプラスの影響は著しい.

ラヴォアジェの熱理論のクレグホンのものとの決定的な相違は，理論内容ではなく，そのはたした役割にある.

そしてラヴォアジェは，1783 年に公表した『〈燃素〉についての考察——1777 年発表の燃焼と煆焼についての理論の発展にむけて』の冒頭に，それまでの研究を次のように総括している.

私は一個の単純な原理からすべての現象を説明するのに成功した．それは，〈純粋空気〉ないし〈生命空気〉はそれに固有の基としての私が酸の原質と名づけた原質と〈火と熱の物質〉より成るというものである．ひとたびこの原理を認めるならば，化学の基本的な問題はことごとく解決され，すべての現象が驚くほど簡単に説明される[29]．

　熱素ないし〈火の物質〉はラヴォアジェの酸化理論による燃焼反応の理解の不可欠の環であった．
　ラヴォアジェの熱素理論が燃焼＝酸化理論を生み出したことは，気体化学への関心を通して気体の熱理論への関心を高めるとともに，化学の新理論の承認と抱き合せに熱素説の承認を促すことになった．たとえば，有名な熱運動論者であったフルクロアは1784-86年の間に熱素説に転向しているが，それは彼がラヴォアジェの燃焼理論を受け容れたのとほとんど同時期であった[30]．つまるところ「熱素（カロリーク）は化学の反フロギストン体系におけるきわめて本質的な要素であり，フロギストンの放棄は熱物質の受容によって可能となった」のである[31]．
　ここにニュートンの〈エーテル〉，ヘールズの〈空気〉，ブールハーヴェの〈火〉，フランクリンの〈電気流体〉と発展してきた力の物化理論——物在論——は，ひとつの完結を迎え，やがてラプラス学派により解析的な熱素理論にまで高められ，数理科学の水準に押し上げられていく．

注

第1章
1) Barnett (1956), pp. 274-7, Boyer (1943), p. 444f., Middleton (1966), p. 6f., Taylor (1942), pp. 135, 141f., Drake (1978), p. 121f., 邦訳, p. 158f., Wolf (1968a), Vol. 1, p. 82f. 等参照.
2) Koyré (1939), pp. 86, 269, 273. Cf. p. 66.
3) Cassirer (1969), pp. 148f., 60.
4) 以下, アリストテレスの著作からの引用は岩波書店『アリストテレス全集』より. 該当箇所はBekker版の頁と行数で記し, 注記しない.
5) Pico della Mirandola (1486), p. 59.
6) Middleton, p. 3, Taylor, p. 129f.
7) Middleton, p. 3f., Taylor, pp. 130-2.
8) Cassirer (1910), Ch. 1 参照.
9) Thomas Aquinas, 邦訳, p. 102f.
10) Bacon (1620), Vol. 2-20, 邦訳, p. 326.
11) Boas (1966), p. 62.
12) Bacon, Vol. 2-11, 12, 13, 18.
13) *Ibid.*, Vol. 2-20, 邦訳, p. 324.
14) Galileo (1590), p. 79.
15) Galileo (1623), pp. 502, 505, 506.
16) Descartes (1641), p. 105, idem (1633), p. 148, idem (1637), p. 228.
17) Tyssot de Patot (1710), p. 164.
18) Galileo (1623), p. 480.
19) *Ibid.*, p. 506.
20) *Ibid.*, p. 507. なお文中「常識的」は豊田訳では「意識的」とあるが, 青木靖三『ガリレオ』p. 114 の抄訳にならった.
21) *Ibid.*, p. 506f.
22) Galileo (1638), 英訳, p. 27, 邦訳,(上) p. 44.

23) 山本編 (1958), p.75f.
24) Lucretius, Vol.2, line 675, 引用は樋口訳, p.91.
25) *Ibid.*, Vol.2, line 842, 893, 樋口訳, pp.98, 100. なお, Barnett (1946), p.166 によれば「火の原子」という概念は Democritos にまで遡る.
26) Gassendi, p.180.
27) Boas (1952), p.430, Brett, p.73, Pyle, p.562.
28) Westfall (1971), p.61.
29) Descartes (1633), p.147.
30) Cf. Cantor & Hodge (1981), p.11f.
31) Descartes (1637), p.226.

第2章

1) Cassirer (1910), p.178, idem (1922), p.434 参照.
2) Cassirer (1910), p.177, Berthelot, p.137, Taylor (1949), Ch.2 等参照.
3) Debus (1977), pp.45-126, 邦訳, pp.55-121, Kearney (1971), pp.120ff. 等参照.
4) Partington (1961), pp.142ff. 参照.
5) Thackray (1972), p.64 より.
6) Burtt, p.155, 邦訳, p.148.
7) Boyle (1666), *WRB*, Vol.III, p.13, 邦訳, p.26f.
8) Kuhn (1952), pp.15, 17.
9) Boyle (1661, 大沼訳頁で指定), pp.131, 137.
10) *Ibid.*, pp.139-42.
11) *Ibid.*, p.15.
12) Kant (1787), (上) p.30.
13) Butterfield (1957), (下) p.29.
14) Boyle (1661), p.146.
15) Westfall (1971), p.110.
16) Boyle (1661), pp.145, 174.
17) Kuhn (1952), p.26.
18) Boyle (1661), p.28.
19) Boyle (1672), *WRB*, Vol.III, p.298, 邦訳, p.51. Cf. idem

(1661), pp. 27, 76.
20) Boyle (1661), p. 103.
21) *Ibid.*, p. 156.
22) Boyle (1666), *WRB*, Vol. III, pp. 34, 15, 邦訳, pp. 62, 29.
23) Boyle (1674a), *WRB*, Vol. IV, p. 77.
24) Boyle (1666), *WRB*, Vol. III, p. 30f., 邦訳, p. 56.
25) Charlton (1654), p. 343.
26) Schofield (1970), Ch. 1, idem (1971), p. 41f.
27) Boyle (1666), *WRB*, Vol. III, p. 21, 邦訳, p. 39.
28) Boyle (1661), pp. 44, 93. Cf. Kuhn (1952), p. 30.
29) 以下の引用は, Boyle (1675), *WRB*, Vol. IV, p. 244.
30) *Ibid.*, p. 244.
31) *Ibid.*, p. 245f.
32) 本節の Boyle, *WRB* からの引用は, Vol. 番号, 頁番号をローマ数字, 算用数字で記し, 注記しない.
33) Power (1664), p. 61.
34) Webster (1967), p. 173.
35) Schofield (1970), p. 15f.

第3章

1) Torricelli to Michelangelo Ricci (June 11, 1644). 邦訳, 小柳 (1992), pp. 248-52, 英訳, Magie ed. (1935), pp. 70-73. Torricelli の実験はこの書簡に記されている.
2) Cardwell (1971), p. 7, 邦訳, p. 19.
3) Galileo (1638), 英訳, p. 24f., 邦訳, (上) p. 40f.
4) Pascal『科学論文集』参照.
5) 小柳 (1992) 参照.
6) Conant (1951), p. 146f.
7) Boyle (1660), *WRB*, Vol. I, p. 11.
8) *Ibid.*, p. 11f.
9) *Ibid.*, p. 12.
10) その経緯については, Webster (1965), idem (1967), Cohen (1964) 等参照.
11) Newton (1962), p. 411f.

12) Power (1664), p. 130.
13) Cohen (1964), p. 618.
14) Knight (1972), p. 35.
15) Gillispie (1960), p. 63, Bernal (1972), p. 246. Cf. idem (1954), p. 274.
16) Newton (1962), p. 216 (羅), p. 223 (英訳), p. 411f.
17) Hooke (1665), p. 227.
18) Webster (1965), p. 494.
19) Hooke (1665), pp. 105, 12, 13.
20) Hooke (1678), p. 339.
21) 山本 (2003), Ch. 21, pp. 834-43 参照.
22) Hooke (1678) p. 347f.
23) Brush (1976), p. 19.
24) Steffens (1979), p. 62, Eve & Creasey (1945), p. 100. この時の論争については, 後者 pp. 94-105, Bernal (1953), pp. 67-70 に詳しい.
25) Newton (1962), p. 217 (羅), p. 223f. (英訳).
26) Newton (1704, 21), p. 396, 邦訳, p. 348.
27) Brush (1976), p. 8, Fox (1971), p. 6.

第4章

1) 山本 (2003), Ch. 18 参照.
2) 山本 (1981), Ch. 2 参照.
3) Dobbs (1991), p. 4, 邦訳, p. 3. Cf. idem (1975), p. 284, Westfall (1971), p. 213.
4) Charlton (1654), p. 404.
5) Partington (1962), p. 32f.
6) Newton (1692), *NPL*, p. 256f.
7) Newton (1687, 1726), 邦訳, p. 56f.
8) Thackray (1970), pp. 26, 133.
9) Schofield (1970), pp. 6ff., idem (1971), p. 41f.
10) Merz, Vol. 2, p. 7. Cf. Vol. 1, pp. 347ff.
11) Leibniz (1710), p. 63.
12) Newton (1687, 1726), pp. 565, 64, 325.

13) Newton (1704, 21), Bk. II, Pt. 1-3.
14) Cohen (1956), p. 68. Cf. *ibid.*, pp. 152, 165.
15) *Ibid.*, p. 14. Cf. *ibid.*, pp. 113ff., 120, 162.
16) Newton (1701), *NPL*, p. 259, 英訳, p. 265.
17) Herschel (1830), p. 320.
18) Newton (1704, 21), p. 397, 邦訳, p. 349. Cf. p. 376, 邦訳, p. 332.
19) Newton (1687, 1726), 邦訳, p. 416, idem (1962), 原典, p. 321, 英訳, p. 333 (英訳). Cf. *ibid.*, 原典, p. 304, 英訳, p. 307.
20) Newton (1692), *NPL*, p. 256f.
21) Newton (1962), p. 328, 英訳, p. 341, idem (1692), p. 258.
22) Newton (1704, 21), p. 394f., 邦訳, p. 347f.
23) *Ibid.*, p. 375f., 邦訳, p. 332.
24) *Ibid.*, pp. 339, 377, 邦訳, pp. 302, 333.
25) Newton (1961), pp. 206, 210.
26) Newton (1704, 21), p. 368, 邦訳, p. 325f.
27) Heilbron (1979), pp. 49, 55, Guerlac (1977), p. 160, Schofield (1970), pp. 8, 103, Heimann (1981), p. 67f. 等参照.
28) Brewster (1855), p. 341f., Guerlac (1981), p. 118f.
29) Hales の用いる 'statical' 'staticks' に「計量的」「計量学」の訳語を宛てることは,島尾 (1976) にならった. Hales の 'statical' は Nicolaus Cusanus の *De staticis experimentis* に由来し,その 'staticis' は 'weighing' の意味を持つから,この訳語は妥当である. 島尾 (1976), p. 72, Guerlac (1977), p. 173 参照.
30) Boerhaave (1732), 原典, p. 268, 英訳, p. 314, Lavoisier (1774), 英訳, p. 18f., 邦訳, p. 13.
31) Lavoisier (1774), 邦訳, p. 192.
32) Hales (1727), p. 178. Cf. p. xxvii.
33) Schofield (1970), pp. 74ff. Cf. Donovan (1975), p. 22, Thackray (1970), pp. 118, 122.
34) Kant (1755a), 松山訳, p. 266f., 田中他訳, p. 23, idem (1755b), p. 59.
35) Newton (1704, 21), p. 395f., 邦訳, p. 348.
36) Hales (1727), pp. xxviif., 179.

37) Newton (1704, 21), p.396, 邦訳, p.348f.
38) Hales (1727), pp.166, 105. Cf. p.116.
39) *Ibid.*, p.179f.
40) *Ibid.*, p.182.
41) 渡辺 et al. (1980), p.73 より.

第5章

1) Fourier, C. (1808), (下) p.124.
2) Green, M. (1990), p.50f. Pierre Coste については, Guerluc (1981), pp.144-7 参照.
3) Cohen (1956), p.244. なお, Desaguliers については, Cohen (1956), pp.243-61, Guerluc (1981), pp.118-28, Schofield (1970), pp.80-87 に詳しい.
4) Cardwell (1971), p.129, 邦訳, p.169, Cohen(1956), p.245f.
5) Cardwell (1972), p.106, Schofield (1970), p.81. Cf. Dickinson (1938), pp.33f., 39, 48f., 55f., 73, Hills (1989), pp.19-25.
6) Desaguliers の『実験物理学教程』については, 直接見ることができなかったので, おもに Schofield (1970), Cohen (1956), Thackray (1970) 等を参考にした.
7) 以下 2 箇所の引用もあわせて, Cohen (1956), p.254f. より.
8) 山本 (1981), p.133 参照.
9) Desaguliers (1739/40), p.175.
10) Newton についての部分は Schofield (1970), p.85, Cohen (1956), p.247, Thackray (1970), p.19f., Descartes についての部分は Desaguliers (1726/7), p.265 より.
11) Desaguliers (1729/30), p.15.
12) *Ibid.*, pp.6f., 10f.
13) *Ibid.*, p.16f.
14) Dickinson (1938), p.201.
15) Schofield (1970), p.85, Cohen (1956), p.258 より.
16) Cohen, *ibid.*, p.250.
17) Desaguliers (1739/40), p.180.
18) Newton (1704, 21), p.395, 邦訳, p.348.

19) Boscovich (1758, 63), pp. 105ff.
20) 磁力については, 山本 (2003), Ch. 22, 毛細管現象については, Newton (1704, 21), p. 393f., 邦訳, p. 346f., Thackray (1970), p. 76f. 参照.
21) Thackray (1970), p. 98 より.
22) Laplace (1825), p. 108.
23) Maxwell(1877b), p. 32. Cf. 山本 (1997), p. 12, Dugas(1954), pp. 289, 349, Dijksterhuis (1950), p. 471f.
24) 音速の測定値については, 西條 (1988), Hunt (1978), *passim*, Finn (1964), p. 8f., Laplace (1825), p. 135 等参照.
25) Euler (1727), p. 187.
26) Schofield (1970), p. 98, idem (1971), p. 45 より.
27) Cohen (1956), p. 246 より.

第6章

1) Heilbron (1979), p. 47, Cohen (1956), p. 143 footnote.
2) Heilbron (1979), p. 55, Schofield (1970), p. 103.
3) Newton to Boyle (Feb. 28, 1678/9) および Newton to Oldenburg (Jan. 25, 1675/6) は, Boyle (1772), *WRB*, Vol. I, pp. 70-74 に, Newton "An Hypothesis explaining the properties of Light" は, Birch (1757), Vol. 3, pp. 248-69 に収録され, いずれも, Newton (1978), *NPL*, pp. 250-254, pp. 178-99 にそれぞれ再録されている.
4) Bryan Robinson の書については, Thackray (1970), pp. 135ff. 参照.
5) Cohen (1956), pp. 377, 309.
6) Schofield (1970), pp. 94ff., 205. Cf. idem (1971), p. 50f.
7) Newton to Boyle (Feb. 28, 1678/9), Newton (1978), *NPL*, p. 250.
8) Guerlac (1977), pp. 120ff. Cf. *ibid.*, pp. 107ff., Heilbron (1979), pp. 232f., 239f. なお Heimann (1981) は 1717 年の Newton の〈エーテル〉論を Leibniz からの批判に反論するためとし (p. 65f.), Thackray (1970) はその両方の理由を挙げている (pp. 28, 75).

9) Heimann (1973), p. 4 n. 4. Hauksbee の実験について, 詳しくは Harvey (1957), pp. 276-81 参照.
10) Newton (1704, 21), p. 349, 邦訳, p. 310. Desaguliers の実験については, Guerlac (1977), pp. 123-6 参照.
11) Rumford (1968), pp. 53ff., 62ff., 448ff. Franklin の実験については, Black, *Lectures* (1807) p. 23——Lindsay ed. (1975), p. 192——にあり.
12) Kant (1755a), 松山訳, p. 260, 田中他訳, p. 15.
13) Newton (1704, 21), p. 267, 邦訳, p. 245.
14) Newton (1687, 1726), 邦訳, p. 412f. この部分は初版から不変.
15) Drake (1978), p. 28, 邦訳, p. 47, Leibniz (1689), p. 148, 邦訳, p. 398.
16) Newton (1687, 1726), p. 564. Cf. 山本 (1981), p. 80.
17) Newton (1704, 21), p. 352, 邦訳, p. 312.
18) Newton (1675/6), *NPL*, p. 182.
19) Newton (1962), p. 113 (羅), 英訳, p. 147.
20) Desaguliers to Hans Sloan (Mar. 4, 1730/1), Guerlac (1977), p. 125 より.
21) Thackray (1970), p. 146.
22) Cohen (1956), p. 124.
23) Cf. McMullin (1978), §§2-4, 2-7, 4-1, 4-2. とくに Henry More との関係については, Koyré (1957), Ch. Ⅵ.
24) Newton の物質理論の錬金術的起源については, Dobbs (1982), idem (1991), pp. 92-96, 邦訳, pp. 118-22, Westfall (1980), Ch. 8, Ch. 9 等参照.
25) Clarke to Leibniz (Jun. 26, 1716), Leibniz (1715-6), 英訳, p. 53, 邦訳『著作集』p. 330.
26) Heimann (1973), p. 5 より.
27) Newton (1704, 21), pp. 369, 397, 401, 邦訳, pp. 326, 349f., 353.
28) *Ibid.*, p. 399f., 邦訳, p. 352.
29) Clarke to Leibniz (Jan. 10, 1716, Jun. 26, 1716), Leibniz (1715-6) 英訳, pp. 22, 47, 邦訳, 『著作集』pp. 281, 321.
30) Newton (1704, 21), p. 370, 邦訳, p. 327.

31) Heimann (1973), p.6.
32) Newton to Oldenburg(Dec.7, 1675), Dobbs(1991), p.102, 邦訳, p.129 より.
33) Newton (1675/6), *NPL*, p.180.
34) Newton (1687, 1726), p.565.
35) Newton (1675/6), *NPL*, p.181.
36) Newton (1687, 1726), pp.544-6, Newton(1704, 21), p.374f., 邦訳, p.330f.
37) Copernicus (1543), p.24.
38) 山本編 (1958), pp.11ff.
39) *Ibid.*, pp.30ff.
40) Newton (1704, 21), p.374, 邦訳, p.331f.
41) Russell (1946), p.55.
42) Drake (1978), p.246, 邦訳, p.313.
43) Dobbs (1982), p.516f. idem (1991), pp.96-117, 邦訳, pp.122-45 等参照.
44) Cardwell (1971), pp.118, 186-9, 192, 邦訳, pp.155f., 237-9, 242.
45) Elkana (1974), p.132 より.
46) Kant (1754), pp.235, 244f.
47) Schofield (1970), p.16.

第7章

1) Gay, p.113. Cf. Ashby, p.26.
2) Ruestow, pp.3-8, Partington (1961), p.738f.
3) Struik (1981), p.132.
4) Boerhave の医学および生物学については, 川喜田 (1977), (上) pp.349-55, Hall, T.S,(1969), Ch.26 参照.
5) Cleghorn (1779), p.10f. Cf. Partington (1961), p.740f.
6) Gay, p.114, Cohen (1956), p.215, Kerker (1955), p.36f.
7) Metzger (1930), p.191 および Cohen (1990), p.18 より. Boerhaave の書は, 化学とくに気体化学の面では Boyle, Hales の後をうけて 18 世紀のいわゆる化学革命への前哨となったが, その点については Kerker (1955) 参照.

8) Hales (1727), p. 21, Lomonossow (1961), Bd. 1, p. 40, Kant (1755c), p. 182.
9) Scheele については Ihde, p. 52, Dalton については Thackray (1970), p. 113 より.
10) Rumford (1804c), p. 443.
11) 川島 (1997) 参照.
12) Bacon (1620), Vol. 2-20, 邦訳, p. 324, Hooke (1665), p. 105.
13) Boerhaave, 原典, p. 36, 英訳, p. 46.
14) *Ibid.*, 原典, p. 101, 英訳, p. 123.
15) *Ibid.*, 原典, p. 73, 英訳, p. 91.
16) *Ibid.*, 原典, p. 94, 英訳, p. 114.
17) Goethe (1825), p. 288.
18) Heimann (1973) 参照.
19) Metzger, p. 218. Cf. Schofield (1970), p. 152.
20) Lavoisier (1774), 英訳, p. 27, 邦訳, p. 17, idem (1789), 英訳, p. 13, 柴田訳, p. 28.
21) Heilbron (1979), p. 70.
22) Boerhaave, 原典, pp. 175f., 63, 英訳, pp. 207, 78. Cf. Love (1974), pp. 557ff.
23) *Ibid.*, 原典, p. 67f., 英訳, p. 84.
24) *Ibid.*, 原典, p. 87, 英訳, p. 106f.
25) Bachelard(1938a), pp. 104, 110. Cf. idem(1938b), Ch. 6.
26) Boerhaave, 原典, p. 130, 英訳, p. 156.
27) Love (1974), pp. 553-5 参照.「道具としての〈火〉」の錬金術的・パラケルスス的観念については, Debus (1977), pp. 81f., 181, 邦訳, pp. 86, 170 参照. Boerhaave の〈火〉の観念の起源について, より一般的には Love (1972) 参照.
28) Donovan, p. 128 より.
29) Boerhaave, 原典, p. 63, 英訳, p. 79.
30) Fox (1971), p. 13f., Metzger, p. 221, Thackray (1970), p. 112 等参照.
31) Cohen (1956), p. 227, Schofield (1970), pp. 149, 193f., p. 210.
32) Cohen (1956), p. 224, Schofield (1970), p. 211f. より. Cf.

Heimann (1981), p. 74, Donovan (1975), p. 31, Thackray (1970), p. 184.
33) Newton (1704, 21), pp. 251, 255, 邦訳, pp. 231, 234.
34) Metzger, p. 243 より.
35) Boerhaave, 原典, p. 92f., 英訳, p. 113.
36) *Ibid.*, 原典, p. 93, 英訳, p. 113.
37) *Ibid.*, 原典, p. 133, 英訳, p. 160.
38) Cohen (1956), p. 384.
39) Home (1981), pp. 87, 89. Cf. Home (1979), p. 173f.
40) Heilbron (1979), p. 70. Cf. Heimann (1973), pp. 14, 17.
41) Franklin to Mitchell (Apr. 29, 1949), Seeger (1973), p. 142 より.
42) Home (1981), p. 100, Cohen (1956), p. 388 より. Cf. Home (1979), p. 173.
43) Roller (1948), p. 152 より.
44) Cohen (1956), p. 342 より.
45) Franklin to Collinson (July 29, 1750), Seeger (1973), p. 106f. より.
46) Franklin to Collinson (July 11, 1747), Seeger (1973), p. 74 より.
47) Cohen (1956), pp. 372ff. 参照.
48) Franklin to Collinson (Sep. 1, 1747 & Apr. 29, 1749), Seeger (1973), pp. 78, 85 より.
49) Rumford (1786, 92), p. 53.
50) Franklin to Lining (Apr. 14, 1757), Seeger (1979), p. 41 より.
51) Lavoisier (1777a), p. 228.

第8章
1) 長尾 (2001), p. 17f.
2) 天川 (1966), p. 188f.
3) 川喜田 (1977), p. 374f. Cf. 長尾, pp. 268-71.
4) Trevelyan (1938), p. 8.
5) Adam Smith, (下) p. 185. Cf. 天川, p. 59, 水田 (1968), p. 57.

6) Thackray (1970), p. 115, Merz (1904), Vol. 1, p. 254 n. 1.
7) Ashby (1963), pp. 21, 60. この時期のイングランドの大学についての記述は本書に多くを負っている.
8) King-Hele (1977), pp. 19, 168, 170.
9) Schofield, R. E. (1970), p. 92f., Merz, Vol. 1, p. 41 n. 1. Cf. Allen (1976), pp. 26-29.
10) Merz, Vol. 1, p. 234.
11) Ashby, pp. 24, 30.
12) この Whiston の証言は *Memoirs of the Life of Mr. William Whiston by himself* (London, 1740) からのもので, Rouse Ball (1893) に前後をふくめて引用され, Gregory (1726), 'Introduction' by Cohen, p. vi にもその一部が引用されている. これはたとえば Bryson (1945) による当時のエディンバラ大学における David Gregory とセントアンドリュース大学の James Gregory 兄弟の講義についても記されている. しかし Eagles (1977) によれば Whiston の表現は少し誇大なようである. David Gregory の講義の実態については, Eagles の同論文参照.
13) Boerhaave の影響については Kerker (1955), pp. 38-40, Lavoisier については Fox (1971), p. 21.
14) Merz, Vol. 1, pp. 232 n. 1, p. 270.
15) Golinski (1992), pp. 41-43.
16) 天川, p. 237.
17) 田口 (1993), p. 31f., Green, V. H. H. (1969), p. 103.
18) 水田, p. 34.
19) Donovan (1975), p. 14, Golinski, p. 15.
20) 田口, p. 69, 天川, p. 190.
21) Bronowski & Mazlish (1960), p. 261.
22) Maclaurin (1748), p. 17.
23) Charlton (1654), p. 345.
24) Maclaurin, p. 18f.
25) *Ibid.*, p. 21.
26) Thackray (1970), p. 185 より. Cf. Donovan, pp. 97, 113, 129.
27) 水田, p. 46f.

28) Donovan, p. 54f.
29) 長尾, p. 185f.
30) 以上, Hume (1739),『人生論』第1篇・第3部・第14節より.
31) Donovan, p. 59, Christie (1981), p. 92f. より.
32) Golinski, p. 24. Cf. Donovan, p. 47.
33) Donovan, p. 60, Christie (1981), p. 95 より.
34) *Ibid.*, p. 110 より.
35) Golinski, p. 29.
36) Christie (1993), p. 100.
37) Donovan, p. 39 より.
38) *Ibid.*, p. 98 より.
39) *Ibid.*, p. 97f. より. Cf. p. 105.
40) Golinski, p. 23f. より.
41) Donovan, p. 99 より.
42) *Ibid.*, p. 101f. より.
43) Golinski, p. 12 より.
44) Schofield (1970), p. 218 より.
45) Donovan, pp. 95f, 99f. より.

第9章

1) Green, V. H. H. (1969), pp. 101-3, Rudy (1984), p. 86.
2) Donovan, p. 132 より.
3) Donovan, p. 229, Heimann (1981), p. 75, Christie (1981), p. 102 より.
4) Black の講義録は, 死後, 1803 年に Robison が編集・出版した *Lectures of Elements of Chemistry* と Carey による 1807 年の再版 (二つの版は1頁ずれているだけ), および学生の手になる何種類かの手稿が残され, それらは以下に収録されている. Cayley MS., 1-5 講, in McKie (1959, 60, 62); Blagden MS., Dimsdale MS., Dobson MS., British Museum MS., Anderson MS., Richardson MS. の各, 熱容量・潜熱の部分の抄録, in McKie (1962); Robison 版 *Lectures* の熱容量・潜熱の部分の抄録, in Magie ed. (1935), pp. 134-45; Carey 版 *Lectures*, pp. 21-34, in Lindsay ed. (1975), pp. 190-203. なお Roller (1948) にも豊富な引用あり. 以下の引用で

5) Donovan, p. 131f. より.
6) *Ibid.*, p. 132 より.
7) この実験については, Boerhaave, 原典, p. 133, 英訳, p. 159, Crawford (1779), p. 74, Mach, p. 154f., McKie & Heathcote (1935), p. 13f. 等参照.
8) Boerhaave, 原典, p. 99, 英訳, p. 120.
9) Donovan, p. 134 より.
10) McKie & Heathcote (1958), p. 14f.
11) Donovan, p. 135 より.
12) Donovan は Cullen が熱と温度を区別していたという見解をとっている. p. 224 参照.
13) Donovan, p. 143 より.
14) たとえば Guggenheim (1950), p. 5f., 小野 (1975), p. 148.
15) Levis & Randall (1923), p. 51, idem (1961), p. 32.
16) Ostwald (1912), p. 150f.
17) Conant (1951), p. 177.
18) McKie & Heathcote (1935), pp. 15, 123f.
19) Toulmin & Goodfield (1962), p. 211.
20) Lavoisier & Laplace (1784), 原典, p. 17, 邦訳, p. 31.
21) Cardwell (1971), p. 36f., 邦訳, p. 55.
22) McKie & Heathcote (1935), pp. 42, 130.
23) J. Robison to James Black (Joseph の弟) (Sep. 16, 1802), McKie & Kennedy (1960), pp. 161-70. Cf. Scofield (1970), pp. 280-2, Thackray (1970), p. 225, Christie (1981), p. 101f.
24) Donovan, p. 230 より.
25) *Ibid.*, p. 225 より.

第10章

1) Donovan, p. 141 より. なお, 本章, とくに I, II, III節は同書に大きく負っている.
2) 以上3パラグラフ, *ibid.*, pp. 155ff., 224 より. Christie (1981), p. 99 参照.
3) Donovan, p. 158 より.

4) Gough (1981), p. 20f. 参照.
5) Donovan, pp. 146f., 159 より. Gough, p. 18f. 参照.
6) Gough, p. 15f. および Siegfried (1972), pp. 59-61, Melhado (1985), P. 204f. 参照.
7) Donovan, p. 160.
8) *Ibid.*, p. 161 より.
9) *Ibid.*, p. 161 より.
10) Guerlac (1977), pp. 285-303, 大沼 (1959), pp. 23-25 参照.
11) Black (1756), p. 26f. (頁は1963年のもの).
12) Butterfield (1957), (下) p. 132.
13) Merz (1904), Vol. 1, p. 114f., Ostwald (1926), p. 140, Berry (1968), p. 23.
14) Lavoisier (1789), 英訳, p. 41, 柴田訳, p. 80.
15) Spenser (1590), Vol. 3, Ch. 6, 38.
16) Rey (1630), p. 14. 質量保存則をめぐるLavoisierの先行者については大沼 (1959) 参照.
17) Crosland (1987), p. 167, Thuillier (1980), p. 223f.
18) Conant (1951), p. 207f.
19) Donovan, p. 227 より.
20) *Ibid.*, p. 225 より. Fox (1971), p. 25 参照.
21) *Ibid.*, pp. 230, 227 より.
22) *Ibid.*, p. 229 より.
23) Bacon (1620), II-13, p. 313.
24) 以下, Black の実験については, Magie ed., pp. 134-45, McKie (1967), Donovan, McKie & Heathcote (1935) より.
25) McKie & Heathcote (1935), p. 19.
26) *Ibid.*, p. 20.
27) Black to Watt (Jun. 3, 1780), Watt to Magellan (Mar. 29, 1780), Robinson & McKie ed. (1970), pp. 92, 87.

第11章

1) Fox (1971), p. 24, Crowther (1962), p. 35 より.
2) Robison to George Black Jr. (Oct. 18, 1800), Robinson & McKie ed. (1970), p. 361.

3) 山本 (1981), Ch. 2-IV, VII参照.
4) Schofield (1970), p. 225f., idem (1971), p. 48より. Cf. Crosland (1959), p. 81f.
5) Mach (1923), p. 178f.
6) Donovan, p. 229より.
7) William Cleghorn の *De Igne* は McKie & Heathcote (1958) に羅英対訳つきで全文収録されている. 以下ではこの Cleghorn 論文の引用は§番号を記して頁は注記しない.
8) Fox (1971), pp. 12-17, Cohen (1956), p. 338.
9) Kuhn (1958), p. 132f.
10) Donovan, p. 160, Hunt (1978), p. 235より.
11) Fox (1971), p. 41f. 参照.
12) *Ibid.*, p. 45. Cf. Kuhn (1958), p. 134, Hunt (1978), p. 235.
13) Darwin (1788), pp. 47, 43. Cf. King-Hele, pp. 27, 263, 283-5.
14) Planck (1922), p. 37f.
15) 高林 (1948), p. 45f. (1996年版では p. 47).
16) Donovan, p. 268f. より.
17) Wolf (1968b), p. 188より. Cf. McKie & Heathcote (1935), p. 131f.
18) Fox (1971), p. 28, Wolf (1968b), p. 189.
19) Lavoisier & Laplace, p. 47f., 邦訳, p. 46f.
20) Watt to Magellan (Mar. 1, 1780), Robinson & McKie ed. (1970), p. 77.
21) McKie & Heathcote (1935), p. 30. Cf. Fox (1971), p. 25.

第 12 章

1) Ihde (1972), p. 89, Partington (1962), p. 376f., Crosland (1987), p. 170. 伝統的 Lavoisier 像とそれにたいする批判については, 大野 (1988) 参照.
2) Lavoisier (1777a), p. 225, 邦訳, p. 30.
3) 山本 (1981), pp. 288, 291参照.
4) Ihde (1972), p. 63, Daumas (1941), pp. 60-62. なお, これらの書物では, 日付が1772年になっているが, 1773年の誤りである.

Grimaux (1888), p.71, Partington (1962), p.387, Guerlac (1977), pp.375, 388 n.2 参照.
5) Morris (1969), Siegfried (1972), Gough (1981) 等参照. Lavoisier の燃焼理論の始まりを 1772 年にとる見解は, Ihde, p.63, Conant (1948b), p.68 等にあり.
6) Siegfried, p.62 に全文 (仏語) あり. 以下, 引用はここから.
7) Guerlac (1977), pp.279f., 379, Gough (1981), p.25 等参照.
8) Siegfried, pp.64, 67f.
9) Guerlac (1977), pp.334-9.
10) Fric (1959). 以下, この Lavoisier 草稿の本論文からの引用は, 本論文の頁を Fp.** で記して, 注記しない.
11) Guerlac (1977), pp.334-9, Morris (1969) 参照.
12) Siegfried, p.69 参照.
13) Melhado (1985), p.204.
14) Smeaton (1964), p.527, Siegfried, pp.69ff., Guerlac (1977), pp.361, 380f.
15) Biringuccio (1540), p.58. Libavius については Partington (1961), p.256 参照.
16) Rey (1630), p.36f., Boyle (1673), *WRB*, Vol.Ⅲ, p.717. なお Rey, Boyle のそれぞれについて, Partington (1961), pp.631f., 529 参照.
17) Marggraf については, Partington (1961), pp.723ff., 参照.
18) Partington & McKie (1937), p.380 より.
19) Diderot (1770), p.272.
20) Smeaton (1964) 参照.
21) Siegfried, p.71 に英訳全文あり. Daumas (1941), p.68 にも全文収録されているが, これは Lavoisier が後から手を加えたものである. Guerlac (1977), pp.375ff. 参照.
22) Conant (1951), p.201.
23) Lavoisier (1774), 英訳, p.324f., 邦訳, p.153f.
24) Lavoisier (1775).
25) Lavoisier (1777a), p.226f., 邦訳, p.31.
26) Morris (1972), p.1. Cf. Lilley (1948), p.632, 島原 (1989).

27) Lavoisier (1777b). 以下, 本論文からの引用は Dp. ** (原典頁) [** (邦訳頁)] で記し, 注記しない.
28) Lavoisier (1789). 以下, 本書からの引用は, 該当頁を Ep. ** (英訳頁) [** (柴田訳頁)] で記し, 注記しない. ただし訳文は, 英訳からのもの.
29) Lavoisier (1783), p.623.
30) Fox (1971), p.23 footnote, Lilley (1948), p.634 参照.
31) Lilley (1948), p.632.

本書は、一九八七年二月一日、現代数学社より刊行されたものをもとに、全面的に改稿されたものである。

数学文章作法 基礎編	結城浩	レポート・論文・プリント・教科書など、数式まじりの文章を正確で読みやすいものにするには?『数学ガール』の著者がそのノウハウを伝授!
数学文章作法 推敲編	結城浩	ただ何となく推敲していませんか? 語句の吟味・全体のバランス・レビューなど、文章をより良くするために効果的な方法を、具体的に学びましょう。
数学序説	吉田洋一 赤攝也	数学は嫌いだ、苦手だという人のために。幅広いトピックを歴史に沿って解説、刊行から半世紀以上にわたって読み継がれている数学入門のロングセラー。
ルベグ積分入門	吉田洋一	リーマン積分ではなぜいけないのか。反例を示しつつ、ルベグ積分誕生の経緯と基礎理論を丁寧に解説。いまだ古びない往年の名教科書。
微分積分学	吉田洋一	基本事項から初等関数や多変数の微積分、微分方程式を具体例と注意すべき点を挙げて丁寧に叙述。長年読まれ続けてきた大定番の入門書。(赤攝也)
数学の影絵	吉田洋一	数学の抽象概念は日常の中にこそ表裏する。数学の影絵を澄んだ眼差しで観照し、その裡にある無限の広がりを軽妙に綴った珠玉のエッセイ。(高瀬正仁)
私の微分積分法	吉田耕作	ニュートン流の考え方にならう? 積分はどのように展開される? 対数・指数関数、三角関数から微分方程式、数値計算の話題まで。(俣野博)
力学・場の理論	L・D・ランダウ/E・M・リフシッツ/水戸巌ほか訳	圧倒的に名高い『理論物理学教程』に、ランダウ自身が構想した入門篇があった! 幻の名著「小教程」がいまよみがえる。(山本義隆)
量子力学	L・D・ランダウ/E・M・リフシッツ/好村滋洋/井上健男訳	非相対論的量子力学から相対論の理論までを、簡潔で美しい理論構成で登る入門教科書。大教程2巻をもとに新構想の別版。(江沢洋)

思想の中の数学的構造	山下正男	レヴィ=ストロースと群論?、ニーチェやオルテガの遠近法主義、ヘーゲルと解析学、孟子と関数概念……。数学的アプローチによる比較思想史。
熱学思想の史的展開1	山本義隆	熱の正体とは? その物理的特質とは?『磁力と重力の発見』の著者による壮大な科学史。熱力学入門書としての評価も高い。全面改稿。
熱学思想の史的展開2	山本義隆	熱力学はカルノーの一篇の論文に始まり骨格が完成した。熱素説につまづきつつも、時代に半世紀も先行していた。理論のヒントは水車だったのか?
熱学思想の史的展開3	山本義隆	隠された因子、エントロピーがついにその姿を現わす。そして重要な概念が加速的に連結し熱力学が体系化されていく。格好の入門篇。全3巻完結。
重力と力学的世界(上)	山本義隆	〈重力〉理論完成までの思想的格闘の跡を丹念に辿り、先人の思考の核心に肉薄する壮大な力学史。上巻は、ケプラーからオイラーまでを収録。
重力と力学的世界(下)	山本義隆	西欧近代において、古典力学はいかなる世界を発見し、いかなる世界像を作り出し、そして何を切り捨ててきたのか。歴史形象としての古典力学。
数学がわかるということ	山口昌哉	非線形数学の第一線で活躍した著者が〈数学とは〉をいざなみと〈私の数学〉を楽しげに語る異色の数学入門書。 (野崎昭弘)
カオスとフラクタル	山口昌哉	ブラジルで蝶が羽ばたけば、テキサスで竜巻が起こる? カオスやフラクタルの非線形数学の不思議をさぐる本格的入門書。 (合原一幸)
大学数学の教則	矢崎成俊	高校時代の数学と大学の数学では、大きな断絶がある。この溝を埋めるべく企図された、自分の中の数学を芽生えさせる「大学数学の作法」指南書。

ユークリッドの窓
レナード・ムロディナウ　青木　薫訳

平面、球面、歪んだ空間、そして……。幾何学的世界像は今なお変化し続ける。『スタートレック』の脚本家が誘う三千年のタイムトラベル。

ファインマンさん　最後の授業
レナード・ムロディナウ　安平文子訳

科学の魅力とは何か？　創造とは、そして死とは？　老境を迎えた大物理学者との会話をもとに書かれた、珠玉のノンフィクション。

生物学のすすめ
ジョン・メイナード=スミス　木村武二訳

現代生物学では何が問題になるのか。20世紀生物学に多大な影響を与えた大家が、複雑な生命現象を理解するためのキー・ポイントを易しく解説。

現代の古典解析
森　毅

おなじみ一刀斎の秘伝公開！　極限と連続に始まり、指数関数と三角関数を経て、偏微分方程式に至る。見晴らしのきく、読み切り22講義。

ベクトル解析
森　毅

1次元線形代数から多次元へ、1変数の微積分から多変数へ。応用面とは異なる教育的重要性を軸に展開するユニークなベクトル解析のココロ。

対談　数学大明神
森　毅　安野光雅

数楽的センスの大饗宴！　読み巧者の数学者と数学ファンの画家が、とめどなく繰り広げる興趣つきぬ数学談義。（河合雅雄・亀井哲治郎）

線型代数
森　毅

理工系大学生必須の線型代数を、その生態のイメージと意味のセンスを大事にしつつ、基礎的な概念をひとつひとつユーモアを交え丁寧に説明する。（亀井哲治郎）

新版　数学プレイ・マップ
森　毅

一刀斎の案内で数の世界を気ままに歩き、勝手に遊ぶ数学エッセイ。「微積分の七不思議」他三篇を増補。「なる流れ」の大い

フィールズ賞で見る現代数学
マイケル・モナスティルスキー　眞野元訳

「数学のノーベル賞」とも称されるフィールズ賞。その誕生の歴史、および第一回から二〇〇六年までの歴代受賞者の業績を概説。

科学と仮説
アンリ・ポアンカレ
南條郁子訳

科学の要件とは何か? 仮説の種類と役割とは? 関連しあう多様な問題を論じる、規約主義を初めて打ち出した科学哲学の古典。

フラクタル幾何学(上)
B・マンデルブロ
広中平祐監訳

「フラクタルの父」マンデルブロの主著。数学と物理学を題材に、地理、天文・生物などあらゆる分野から事例を収集・報告した巨大なフラクタル研究の金字塔。

フラクタル幾何学(下)
B・マンデルブロ
広中平祐監訳

「自己相似」が織りなす複雑で美しい構造とは。そのの数理とフラクタル発見までの歴史を豊富な図版とともに紹介。

数学基礎論
竹内外史

集合をめぐるパラドックス、ゲーデルの不完全性定理からファジィ論理、P=NP問題などのより現代的な話題まで。大家による入門書。(田中一之)

現代数学序説
松坂和夫

『集合・位相入門』などの名教科書で知られる著者による、懇切丁寧な初等数学・組合せ論・初等数論を中心に、現代数学の一端に触れる。(荒井秀男)

不思議な数eの物語
E・マオール
伊理由美訳

自然現象や経済活動に頻繁に登場する超越数e。この数の出自と発展の歴史を描いた一冊。ニュートン、オイラー、ベルヌーイ等のエピソードも満載。

フォン・ノイマンの生涯
ノーマン・マクレイ
渡辺正/芦田みどり訳

コンピュータ、量子論、ゲーム理論など数多くの分野で絶大な貢献を果たした巨人の足跡を辿り、「人類最高の知性」に迫る。ノイマン評伝の決定版。

工学の歴史
三輪修三

オイラー、モンジュ、フーリエ、コーシーらは数学者であると同時に工学の課題に方策を授けていた。「ものつくりの科学」の歴史をひもとく。

関数解析
宮寺功

偏微分方程式論などへの応用をもつ関数解析。バナッハ空間論からベクトル値関数、半群の話題まで、そのの基礎理論を過不足なく丁寧に解説。(新井仁之)

数理物理学の方法
J・フォン・ノイマン 伊東恵一編訳

多岐にわたるノイマンの業績を展望するための文庫オリジナル編集。本巻には量子力学・統計力学など物理学の重要論文四篇を収録。全篇新訳。

作用素環の数理
J・フォン・ノイマン 長田まりゑ編訳

終戦直後に行われた講演「数学者について」とⅠ〜Ⅳの計五篇を収録。一分野としての作用素環論を確立した記念碑的業績を網羅する。

新・自然科学としての言語学
福井直樹

気鋭の文法学者によるチョムスキー言語学の生成文法解説書。文庫化にあたり旧著を大幅に増補改訂し、付録として黒田成幸の論考「数学と生成文法」を収録。

電気にかけた生涯
藤宗寛治

実験・観察にすぐれたファラデー、電磁気学にまとめたマクスウェル、ほかにクーロンやオームなど科学者十二人の列伝を通して電気の歴史をひもとく。

科学の社会史
古川安

大学、学会、企業、国家などと関わりながら「制度化」の歩みを進めて来た西洋科学。現代に至るまでの約五百年の歴史をもとに概観した定評ある入門書。

ロバート・オッペンハイマー
藤永茂

マンハッタン計画を主導し原子爆弾を生み出したオッペンハイマーの評伝。多数の資料をもとに、政治に翻弄され、歎かれた科学者の愚行と内的葛藤に迫る。

科学的探究の喜び
二井將光

何を知り、いかに答えを出し、どう伝えるか。そのプロセスとノウハウを独創的研究をしてきた生化学者が具体例を挙げ伝授する。文庫オリジナル。

πの歴史
ペートル・ベックマン 田尾陽一/清水韶光訳

円周率だけでなく意外なところに顔をだすπ。ユークリッドやアルキメデスによる探究の歴史に始まり、オイラーの発見でπの不思議にいたる。

やさしい微積分
L・S・ポントリャーギン 坂本實訳

微積分の基本概念・計算法を全盲の数学者がイメージ豊かに解説。初版を重ねて読み継がれる定番の入門教科書。練習問題・解答付きで独習にも最適。

相対性理論(下)
W・パウリ　内山龍雄訳

アインシュタインが絶賛し、物理学者内山龍雄をして研究を措いてでも訳したかったと言わしめた、相対論三大名著の一冊。（細谷暁夫）

調査の科学
林 知己夫

消費者の嗜好や政治意識を測定するとは――。集団特性の数量的表現の解析手法を開発した統計学者による社会調査の論理と方法の入門書。（吉野諒三）

インドの数学
林 隆夫

ゼロの発明だけでなく、数表記法、平方根の近似公式、順列組合せ等大きな足跡を残してきたインドの数学を古代から16世紀まで原典に則して辿る。

幾何学基礎論
D・ヒルベルト　中村幸四郎訳

20世紀数学全般の公理化への出発点となった記念碑的著作。ユークリッド幾何学を根源まで遡り、斬新な観点から厳密に基礎づける。（佐々木力）

素粒子と物理法則
R・P・ファインマン／S・ワインバーグ　小林澈郎訳

量子論と相対論を結びつけるディラックのテーマを対照的に展開したノーベル賞学者による追悼記念講演。現代物理学の本質を堪能させる三重奏。

ゲームの理論と経済行動Ⅰ（全3巻）
ノイマン／モルゲンシュテルン　銀林／橋本／宮本監訳　阿部／橋本訳

今やさまざまな分野への応用いちじるしい「ゲームの理論」の嚆矢とされる記念碑的著作。第Ⅰ巻はゲームの形式的記述とゼロ和2人ゲームについて。

ゲームの理論と経済行動Ⅱ
ノイマン／モルゲンシュテルン　銀林／橋本／宮本監訳　銀林／橋本訳

第Ⅰ巻でのゼロ和2人ゲームの考察を踏まえ、第Ⅱ巻ではプレイヤーが3人以上の場合のゼロ和ゲーム、およびゲームの合成分解について論じる。

ゲームの理論と経済行動Ⅲ
ノイマン／モルゲンシュテルン　銀林／橋本／宮本監訳　銀林／橋本／下島訳

第Ⅲ巻では非ゼロ和ゲームにまで理論を拡張。これまでの数学的結果をもとにいよいよ経済学的解釈を試みる。全3巻完結。

計算機と脳
J・フォン・ノイマン　柴田裕之訳

脳の振る舞いを数学で記述することは可能か。現代のコンピュータの生みの親でもあるフォン・ノイマン最晩年の考察。新訳。（野﨑昭弘）

オイラー博士の素敵な数式
ポール・J・ナーイン　小山信也訳

数学史上最も偉大で美しい式を無限級数の和やフーリエ変換、ディラック関数などの歴史的側面を説明した後、計算式を用い丁寧に解説する入門書。

遊歴算家・山口和「奥の細道」をゆく
鳴海 風　高山ケンタ・画

全国を旅し数学を教えた山口和。彼の道中日記をもとに数々のエピソードや数学愛好者の思いを描いた和算時代小説。文庫オリジナル。

不完全性定理
野﨑昭弘

事実・推論・証明……。理屈っぽいりくつとケムにたがられがちな話題をも、なるほどと納得させながら、ユーモアたっぷりにひもといたゲーデルへの超入門書。（上野健爾）

数学的センス
野﨑昭弘

美しい数学とは詩なのです。いまさら数学者にはなれないけれどそれを楽しみたい……。そんな期待に応えてくれる心やさしいエッセイ風数学再入門。

高等学校の確率・統計
黒田孝郎／森毅／小島順／野﨑昭弘ほか

成績の平均や偏差値はおなじみでも、実務の水準と隔たり。基礎からやり直したい人のために伝説の検定教科書を指導書付きで復活。

高等学校の基礎解析
黒田孝郎／森毅／小島順／野﨑昭弘ほか

わかってしまえば日常感覚に近いものながら、数学挫折のきっかけの微分・積分。その基礎を丁寧にひもといた再入門のための検定教科書第2弾！

高等学校の微分・積分
黒田孝郎／森毅／小島順／野﨑昭弘ほか

高校数学のハイライト「微分・積分」に続く本格コース『基礎解析』。公式暗記の学習からはほど遠い、特色ある教科書の文庫化第3弾。

算数・数学24の真珠
野﨑昭弘

算数・数学には基本中の基本〈真珠〉となる考え方がある。ゼロ、円周率、＋と－、無限……。数学のエッセンスを優しい語り口で説く。（亀井哲治郎）

数学の楽しみ
テオニ・パパス　安原和見訳

ここにも数学があった！石鹼の泡、くもの巣、雪片曲線、一筆書きパズル、魔方陣、DNAらせん……。イラストも楽しい数学入門150篇。

一般相対性理論　P・A・M・ディラック 江沢洋訳

一般相対性理論の核心に最短距離で到達すべく、卓抜いた数学的記述で簡明直截に書かれた天才ディラックによる入門書。詳細な解説を付す。

幾何学　ルネ・デカルト 原亨吉訳

哲学のみならず数学においても不朽の功績を遺したデカルト。『方法序説』の本論として発表された『幾何学』、初の文庫化！　（佐々木力）

不変量と対称性　今井淳／寺尾宏明／中村博昭

変えても変わらない不変量とは？　そしてその意味や用途は？　ガロア理論と結び目の現代数学に現われる、上級の数学的センスをさぐる7講義。

数とは何かそして何であるべきか　リヒャルト・デデキント 渕野昌訳・解説

「数とは何か？」「連続性と無理数」の二論文を収録。現代の視点から数学の基礎付けを試みた充実の訳者解説を付す。新訳。

代数的構造　遠山啓

ビジネスにも有用な数学的思考法とは？　言葉を厳密に使う〈量を用いて考える、分析的に考える〉といったポイントからとことん丁寧に解説する。

現代数学入門　遠山啓

群・環・体など代数の基本概念の構造を、構造主義の歴史をおりまぜつつ、卓抜な比喩とていねいな計算で確かめていく抽象代数学入門。　（銀林浩）

代数入門　遠山啓

現代数学、恐るるに足らず！　学校数学より日常の感覚の中に集合や構造、関数や群、位相の考え方を探る大人のための入門書。　（エッセイ　亀井哲治郎）

微分と積分　遠山啓

文字から文字式へ、そして方程式へ。巧みな例示と丁寧な叙述で「方程式とは何か」を説いた最晩年の名著。遠山数学の到達点がここに！　（小林道正）

微分積分は本質にねらいを定めて解説すれば意外に簡単なものであると著者は言う。曖昧な説明や証明の省略を一切排した最高の入門書。　（新井仁之）

ガウスの数論　高瀬正仁

青年ガウスは目覚めとともに正十七角形の作図法を思いついた。初等幾何に露頭した数論の一端！ 創造の世界の不思議に迫る原典講読第2弾。

評伝 岡潔 星の章　高瀬正仁

詩人数学者と呼ばれ、数学の世界に日本的情緒を見事開花させた不世出の天才・岡潔。その人間形成と研究生活を克明に描く。誕生から研究の絶頂期へ。

評伝 岡潔 花の章　高瀬正仁

野を歩き、花を摘むように数学的自然を彷徨した伝説の数学者・岡潔。本巻は、その圧倒的数学世界を、絶頂期から晩年、逝去に至るまで丹念に描く。

高橋秀俊の物理学講義　高橋秀俊・藤村靖

ロゲルギストを主宰した研究者の物理的センスとは。力について、示量変数と示強変数、ルジャンドル変換、変分原理などの汎論四〇講。（上條隆志）

物理学入門　武谷三男

科学とはどんなものか。ギリシャの力学から惑星の運動解明まで、理論変革の跡をひも解いた科学論の三段階論で知られる著者の入門書。（田崎晴明）

数は科学の言葉　トビアス・ダンツィク／水谷淳訳

数感覚の芽生えから実数論・無限論の誕生まで、数万年にわたる人類と数の歴史を活写。アインシュタインも絶賛した数学読み物の古典的名著。

常微分方程式　竹之内脩

初学者を対象に基礎理論を学ぶとともに、重要な具体例を取り上げ、それぞれの方程式の解法と解について解説する。練習問題を付した定評ある教科書。

対称性の数学　高橋礼司

モザイク文様等〝平面の結晶群〟ともいうべき周期性をもった図形の対称性を考察し、視覚イメージから抽象的な群論的思考へと誘う入門書。（梅田亨）

数理のめがね　坪井忠二

物のかぞえかた、勝負の確率といった身近な現象の本質を解き明かす地球物理学の大家による数理エッセイ。後半に「微分方程式雑記帳」を収録する。

飛行機物語	鈴木真二
なめらかな社会とその敵	鈴木健
集合論入門	赤攝也
確率論入門	赤攝也
現代の初等幾何学	赤攝也
現代数学概論	赤攝也
数学と文化	赤攝也
微積分入門	W・W・ソーヤー 小松勇作訳
新式算術講義	高木貞治

なぜ金属製の重い機体が自由に空を飛べるのか？ その工学と技術を、リリエンタール、ライト兄弟などのエピソードをまじえ歴史的にひもとく。近代の根本的なバージョンアップを構想した画期的著作、ついに文庫化！　複雑な世界を複雑なまま生きることはいかにして可能か。本書は今こそ新しい。

「ものの集まり」という素朴な概念が生んだ奇妙な世界、集合論。部分集合・空集合などの基礎から、丁寧な叙述で連続性や順序数の深みへと誘う。

ラプラス流の古典確率論とボレル–コルモゴロフ流の現代確率論。両者の関係性を意識しつつ、確率の基礎概念と数理を多数の例とともに丁寧に解説。

ユークリッドの平面幾何を公理的に再構成するには？　現代数学の考え方に触れつつ、幾何学が持つ面白さも体感できるよう初学者への配慮溢れる一冊。

初学者には抽象的でとっつきにくい〈現代数学〉。「集合」「写像とグラフ」「群論」「数学的構造」といった基本的概念を手掛かりに解説した入門書。

諸科学や諸技術の根幹を担う数学、また「論理的・体系的な思考」を培う数学。この数学とは何ものなのか？　数学の思想と文化を究明する入門概説。

微積分の考え方は、日常生活のなかから自然に出てくるもの。∫やlimの記号を使わず、具体例に沿って説明した定評ある入門書。

算術は現代でいう数論。数の自明を疑わない明治の読者にその基礎を当時の最新学説で説く。『解析概論』の著者若き日の意欲作。（高瀬正仁）

数学をいかに使うか	志村五郎	「何でも厳密に」などとは考えてはいけない」。世界的数学者が教える「使える」数学とは。オリジナル書き下ろし。
数学をいかに教えるか	志村五郎	日米両国で長年教えてきた著者が日本の教育を斬る！ 掛け算の順序問題、悪い証明と間違えやすい公式のことから外国語の教え方まで。
記憶の切繪図	志村五郎	世界的数学者の自伝的回想。幼年時代、プリンストンでの研究生活と数多くの数学者との交流と評価。巻末に「志村予想」への言及及を収録。（時枝正）
通信の数学的理論	C・E・シャノン／W・ウィーバー 植松友彦訳	IT社会の根幹をなす情報理論はここから始まった。発展いちじるしい最先端の分野に、今なお根源的な洞察をもたらす古典的論文が新訳で復刊。
数学という学問 I	志賀浩二	ひとつの学問として、広がり、深まりゆく数学。数・微積分・無限など「概念」の誕生と発展を軸にその歩みを辿る。オリジナル書き下ろし。全3巻。
現代数学への招待	志賀浩二	「多様体」は今や現代数学必須の概念。「位相」「微分」などの基礎概念を丁寧に解説、図説しながら、多様体のもつ深い意味を探ってゆく。（平井武）
シュヴァレー リー群論	クロード・シュヴァレー 齋藤正彦訳	現代的な視点から、リー群を初めて大局的に論じた古典的著作。著者の導いた諸定理はいまなお有用性を失わない。本邦初訳。
現代数学の考え方	イアン・スチュアート 芹沢正三訳	現代数学は怖くない！「集合」「関数」「確率」などの基本概念をイメージ豊かに解説。直観で現代数学の全体を見渡せる入門書。図版多数。
若き数学者への手紙	イアン・スチュアート 冨永星訳	数学者になるってどういうこと？ 現役で活躍する数学者が豊富な実体験を紹介。数学との付き合い方から「してはいけないこと」まで。（砂田利一）

ゲルファント 座標法 やさしい数学入門	ゲルファント/グラゴレヴァ/キリロフ 坂本 實 訳	座標は幾何と代数の世界をつなぐ重要な概念。数直線のおさらいから四次元の座標幾何までを、世界的数学者が丁寧に解説する。訳し下ろしの入門書。
ゲルファント 関数とグラフ やさしい数学入門	ゲルファント/グラゴレヴァ/シーノル 坂本 實 訳	数学で「大づかみに理解する」ことは大事。グラフ化 = 可視化は、関数の振る舞いをマクロに捉える強力なツールだ。世界的数学者による入門書。
解 析 序 説	小林龍一/廣瀬健/佐藤總夫	自然や社会を解析するための「活きた微積分」のセンスを磨く! 差分・微分方程式までを丁寧にカバーした入門者向け学習書。(笠原晧司)
確率論の基礎概念	A・N・コルモゴロフ 坂本 實 訳	確率論の現代化に決定的な影響を与えた『確率論の基礎概念』に加え、有名な論文「確率論における解析的方法について」を併録。全篇新訳。
物理現象のフーリエ解析	小出昭一郎	熱・光・音の伝播から量子論まで、振動・波動にもとづく物理現象とフーリエ変換の関わりを丁寧に解説。物理学の泰斗による名教科書。(千葉逸人)
ガロワ正伝	佐々木 力	最大の謎、決闘の理由がついに明かされる! 難解なガロワの数学思想をひもといた後世の数学者たちにも迫った、文庫版オリジナル書き下ろし。
ブラックホール	佐藤文隆/R・ルフィーニ	相対性理論から浮かび上がる宇宙の「穴」。星と時空の謎に挑んだ物理学者たちの奮闘の歴史と今日的課題に迫る。写真・図版多数。
はじめてのオペレーションズ・リサーチ	齊藤芳正	問題を最も効率よく解決するための科学的意思決定の手法。当初は軍事作戦計画として創案されたが、現在では経営科学等多くの分野で用いられている。
システム分析入門	齊藤芳正	意思決定の場に直面した時、問題を解決し目標を達成する多くの手段から、最適な方法を選択するための論理的思考。その技法を丁寧に解説する。

熱学思想の史的展開1　熱とエントロピー

二〇〇八年十二月十日　第一刷発行
二〇二四年二月五日　第十刷発行

著　者　山本義隆（やまもと・よしたか）
発行者　喜入冬子
発行所　株式会社　筑摩書房
　　　　東京都台東区蔵前二―五―三　〒一一一―八七五五
　　　　電話番号　〇三―五六八七―二六〇一（代表）
装幀者　安野光雅
印刷所　大日本法令印刷株式会社
製本所　株式会社積信堂

乱丁・落丁本の場合は、送料小社負担でお取り替えいたします。
本書をコピー、スキャニング等の方法により無許諾で複製する
ことは、法令に規定された場合を除いて禁止されています。請
負業者等の第三者によるデジタル化は一切認められていません
ので、ご注意ください。

© Yoshitaka Yamamoto 2008 Printed in Japan
ISBN978-4-480-09181-9 C0142